Musikalische Grammatik und Musikalisches Problemlösen

Methodology of Music Research
Methodologie der Musikforschung

Edited by Nico Schüler

Band 3

PETER LANG

Frankfurt am Main · Berlin · Bern · Bruxelles · New York · Oxford · Wien

Otto E. Laske

Musikalische Grammatik und Musikalisches Problemlösen

Utrechter Schriften (1970–1974)

Herausgegeben von Nico Schüler
Texas State University

PETER LANG
Europäischer Verlag der Wissenschaften

Bibliografische Information Der Deutschen Bibliothek
Die Deutsche Bibliothek verzeichnet diese Publikation in der
Deutschen Nationalbibliografie; detaillierte bibliografische
Daten sind im Internet über <http://dnb.ddb.de> abrufbar.

Dieser Band erscheint mit freundlicher Unterstützung
der Texas State University in San Marcos, USA.

This project was supported, in part, by Texas State University,
San Marcos, USA.

Gedruckt auf alterungsbeständigem,
säurefreiem Papier.

ISSN 1618-842X
ISBN 3-631-52573-7
US-ISBN 0-8204-7395-2

© Peter Lang GmbH
Europäischer Verlag der Wissenschaften
Frankfurt am Main 2004
Alle Rechte vorbehalten.

Printed in Germany 1 2 3 4 5   7

www.peterlang.de

Gottfried Michael Koenig gewidmet

Inhalt

Nico Schüler

Otto Laske und die Kognitive Musikwissenschaft: Eine Einführung in Laskes Gesamtwerk und seine Utrechter Schriften

Otto Ernst Laske gehört heute zu den bedeutendsten Persönlichkeiten im Umfeld von Künstlicher Intelligenz und Musik. Er ist der Begründer einer "Kognitiven Musikwissenschaft", die in verschiedensten Fachrichtungen wurzelt. Eben jene Forschungsrichtungen, wie z.b. Musikwissenschaft, Philosophie, Informatik und Psychologie, auch Linguistik, Semiotik und Soziologie, sind alle mehr oder weniger von Laske studiert worden und sind eng mit seinen vielfältigen Tätigkeiten verbunden. Sie ermöglichten bei ihm in Verbindung mit den künstlerischen Prozessen Komposition und Poesie eine für die Kognitive Musikwissenschaft notwendige interdisziplinäre Denkweise.

Otto Laskes frühe deutschsprachige Schriften auf diesem Gebiet, die Utrechter Schriften der frühen 1970er Jahren, waren nicht nur bahnbrechend zu einer Zeit, in der Computer zu einem festen Bestandteil aller Lebens- und Fachbereiche wurden, sondern sind auch heute noch von großem wissenschaftlichen Wert. Da diese Schriften bislang nur sehr schwer zugänglich waren, soll deren Zugang mit diesem Band deutlich erleichtert werden.

Dieser Aufsatz möchte eine kurze Einführung in Laskes Leben und - sowohl künstlerisches als auch wissenschaftliches - Schaffen geben, um damit die Lektüre der in diesem Band herausgegebenen Schriften zu vereinfachen. Im folgenden werden kurze biographische Notizen zu Otto Laske gegeben, denen eine allgemeine Übersicht über Laskes kompositorisches und wissenschaftliches Schaffen folgen wird. Schließlich werden die Umstände und Hauptideen von Laskes Utrechter Schriften kurz diskutiert. Dieser Diskussion werden Auswahl-Bibliographien und ein Verzeichnis ausgewählter Kompositionen folgen. Zudem folgt dieser Einführung Laskes eigene kurze Stellungnahme zu den Utrechter Schriften.

Biographische Notizen zu Otto Laske
Otto Ernst Laske wurde am 23. April 1936 in Oels (Olesnica) / Schlesien, geboren. Mit seiner Mutter und Schwester floh er 1945 vor der sowjetischen Armee und gelangte so nach Lilienthat bei Bremen, dem Geburtsort seiner Mutter. Dort begann er mit neun Jahren Klavier zu spielen; 11-jährig begegnete er erneut seinem Vater, der seit 1945 in sowjetischer Kriegsgefangenschaft war; 13-jährig erfolgten unter dem Eindruck des Kriegstraumas erste lyrische Versuche. Wenn er das Klavierspiel und damit seine musikpraktische Tätigkeit mit 11 Jahren auch vorerst abbrach, verlor er jedoch durch das musische Klima zu Hause nie den Kontakt zur Musik.

Nach dem sozialwissenschaftlichen Abitur an der Wirtschaftsoberschule Bremen in 1955 und einjähriger Tätigkeit in der Verwaltung, begann er 1956 das Studium im Fach Betriebswirtschaftslehre in Göttingen. Angeregt durch das dortige soziologische Institut beschäftigte er sich schon in dieser Zeit intensiv mit Soziologie. Dieses soziologische Interesse führte ihn nach Frankfurt am Main an die Goethe-Universität und das Institut für Sozialforschung mit Max Horkheimer und Theodor W. Adorno. Die Ökonomie gab er später ganz auf, während die Soziologie ihn stärker zur Philosophie führte, die er, nach einem zweiten, klassischen Abitur, ab 1958 studierte. Hinzu kamen ab 1960 Musikwissenschaft (u.a. bei Helmuth Osthoff, Friedrich Gennrich und Lothar Hoffmann-Erbrecht) und ab 1964 Anglistik und Amerikanistik. Nach intensiver Beschäftigung mit griechischer Philosophie ab 1960, vor allem unterstützt durch Bruno Liebrucks, schrieb er seine Dissertation bei Theodor W. Adorno zum Thema "Über die Dialektik Platos und des frühen Hegel", die er 1966 vollendete.

Parallel zum akademischen Studium setzte er die seit der Aufgabe des Klavierspiels unterbrochene Beschäftigung mit der Musik mit 24 Jahren fort und begann 1961, in Auseinandersetzung mit Hindemiths "Untersuchung im Tonsatz", mit dem Komponieren. Zwischen 1963 und 1966 studierte Laske Komposition vor allem mit Konrad Lechner: erst an der Frankfurter Musikhochschule, später an der Akademie für Tonkunst in Darmstadt. Neben dem Studium bei Lechner, der insbesondere in der Tradition des Denkens von Guillaume de Machaut und Anton Webern stand, waren die Darmstädter Sommerkurse, bei denen Laske bedeutende Komponisten wie Stockhausen, Ligeti, Boulez, Babbitt u.a. kennenlernte, äußerst anregend für seine musikalische Ausbildung. In Darmstadt begegnete er 1964 auch Gottfried Michael Koenig, was für die Entwicklung seiner Kompositionstheorie und der Kognitiven Musikwissenschaft entscheidend wurde.

Nach der Promotion war Laske von 1966 bis 1968 Fulbright-Stipendiat am New England Conservatory, Boston (USA), wo er einen Master of Music in Komposition erwarb. Es folgten - von 1968 bis 1970 - je ein Jahr Lehre als Professor für Philosophie in Ontario (Kanada) und als Professor für Musikwissenschaft (insbesondere Musik des Mittelalters, der Renaissance und des Barocks) an der McGill University in Montreal (Kanada). Auf Einladung Koenigs unterrichtete und studierte er von 1970 bis 1975 am Institut für Sonologie in Utrecht (Niederlande). Aus diesem Zeitraum stammen die in diesem Band veröffentlichten Schriften. Von 1971 bis 1974 war er Stipendiat der Deutschen Forschungsgemeinschaft mit dem Projekt "Die logische Struktur einer generativen musikalischen Grammatik". Bedeutungsvoll für Laske war, neben der Zusammenarbeit mit Koenig und Barry Truax, die Ausbildung im klassischen elektronischen Studio. Hier, auch beeinflußt durch ein (informelles) Informatik-Studium (1972-1974), entstanden die Grundlagen seiner Kognitiven Musikwissenschaft.

Nach einem zweijährigen Studium (1975-1977) in Psychologie und Informatik als Postdoctoral Fellow an der Carnegie-Mellon University in Pittsburgh, Pennsylvania, und einem Lehr-Aufenthalt an der University of Illinois in Urbana (1978), beschäftigte sich Laske intensiver mit Künstlicher Intelligenz. Er arbeitete von 1980 bis 1985 als Software- und Wissensingenieur und wirkte von 1986 bis 1991 als Berater für die Erstellung von Expertensystemen, vor allem in der Schweiz, Deutschland und den Niederlanden. Außerdem war er für ein Jahr Gastprofessor für Informatik am Boston College in Chestnut Hill, Massachusetts. Schon seit 1984 galt sein Interesse weniger dem Programmieren als dem Prozeß, durch den man Expertenwissen erlangt, um dieses Wissen dann in Expertensysteme zu übertragen.

Von 1981 bis 1991 war Laske - anfänglich mit Curtis Roads - Künstlerischer Leiter der New England Computer Music Association (NEWCOMP). Während dieser Zeit veranstaltete er 65 Konzerte für mixed media und gab Kurse in computergestützter Komposition in Stuttgart (1981), Darmstadt (1981), Boston (1981-1984) und Karlsruhe (1988/89). 1992 wandte er sich der Entwicklungs- und klinischen Psychologie zu (Harvard University), um theoretische Grundlagen für eine Theorie des Coaching zu gewinnen. Von 1995 bis 1999 studierte Laske Klinische Psychologie an der Massachusetts School of Professional Psychology und erwarb einen Doktor der Psychology (Psy.D.) mit seiner Dissertation "Transformative Effects of Coaching on Executives' Professional Agenda" (1999). Er gründete zunächst die Beratungsfirma *Laske and Associates LLC* (2000), dann das *Interdevelopmental Institute* (2004), ein Institut für fortgeschrittene Coacherziehung und Kaderschulung.

Anerkennung fanden seine frühe deutsche sowie seine englische Lyrik, deren Veröffentlichung in den Sammel-Bänden *Schlesische Sprachschmiede*, 1955-1995, (München: K. Friedrich Verlag) und *Becoming What I See: Poetry*, 1985-1995, in Vorbereitung ist. Eine Festschrift zu seinem 60. Geburtstag ehrte sein theoretisches und kompositorisches Werk.[1]

Bemerkungen zu Laske's kompositorischer Arbeit
Zwischen 1964 und 1970 komponierte Laske - unter dem Einfluß einerseits seines Lehrers Konrad Lechner ("Mikro-Kontrapunkt", Anton Webern), andererseits von Darmstadt (Karlheinz Stockhausen) und Renato de Grandis - ausschließlich instrumentale bzw. vokale Werke ohne Computer. Jedoch waren bereits seine *Zwei Klavierstücke* (1967-69) "top down" entworfen, wie später durch Koenigs Computerprogramm "Project 1". Laske traf Koenig 1964 in Darmstadt. Besonders anregend war eine Vorlesung Koenigs über das Komponieren mit Computern, wobei im wesentlichen Prinzipien des späteren "Projekt

---

[1] Tabor, Jerry (Hrsg.), *Otto Laske: Navigating New Musical Horizons*, Westport, CT: Greenwood Press, 1999.

1" vermittelt wurden. Dieses Programm für interpretative Komposition ist das bis heute von Laske vorrangig benutzte Programm. Anfang der 1970er Jahre hatten jedoch Koenigs Programme zunächst geringen praktischen, dafür aber starken theoretischen Einfluß auf Laske. Einflüsse hinsichtlich kontrapunktischer Neigungen gab es durch Avram David (Boston, Massachusetts), während Robert Cogan (Boston) Laskes Verständnis musikalischer Form erweiterte. Im wesentlichen blieb Laske jedoch Autodidakt.

Laskes Musik der 1970er Jahre war vom klassischen elektronischen Studio geprägt; elektroakustische Musik überwog. Verwendung fand vor allem Barry Truax' POD. Viele Werke wurden vom Computerdenken nur beeinflußt (etwa *Quatre Fascinants* für 3 Alte und 3 Tenore mit Texten von Renee Char, 1971), aber erst *Perturbations* für Flöte, Klarinette, Violine, Viola, Violoncello, Klavier und 2 Schlagzeuge (1979) wurden gänzlich mit Hilfe von "Projekt 1" komponiert. In den 1980er Jahren schrieb Laske sowohl Tonbandmusik als auch instrumentale bzw. vokale Werke, wobei "Projekt 1" das synthetische Programm für alle Kompositionen war. Eine "elektronische Wende" deutete sich mit *Furies and Voices* für Lautsprecher (1989-90) an - verwendet wurde PODX (Granularsynthese) -, da die melodisch-rhythmische Konfiguration der auf "Projekt 1" beruhenden Tonbandstücke der 1980er Jahre durch ein mehr auf Dichte und Klangfarbe beruhendes Denken abgelöst wurde. Diese Entwicklung setzte sich auch in den 1990er Jahren fort: es dominierten vor allem auf eigener Lyrik basierende Werke für Tonband (z.B. *Treelink*, 1992; *Twin Sister*, 1995). Hier wurde erstmalig - mit Hilfe von Kyma - "bottom up" komponiert, mit dem Klangmaterial beginnend. Für das *3. Streichquartett* (1992-96) und *Organ Piece* (1998-99) verwendete Laske erstmals "Projekt 2", doch kehrte er in *Trilogy* für Tonband (*Echo des Himmels, Erwachen, Ganymed*; 1999-2001) zu "Projekt 1" zurück. Obwohl Laske nach 2001 auch Cmask verwendete (*Symphony No. 1*), fand er mit *Symphony No. 2* (2003-04) wieder zu "Projekt 1" zurück.

In Laskes instrumentalen Werken überwiegt eine differenzierte klangfarbliche Kontrapunktik, die auch in Verbindung mit Vokalstimmen wirksam ist, während die a-cappella-Werke oft harmonische Experimente aufweisen. In den Tonbandstücken der 1970er und 1990er Jahre dominiert ein primäres Interesse am Klang, während die der 1980er Jahre oft kontrapunktisch gefügt sind. Für Laske ist Musik vorwiegend eine lyrische Äußerung, der Episches und Dramatisches meist untergeordnet sind. Seine Musik ist in ihrer Vielfältigkeit persönlicher Ausdruck mit neuen technischen Mitteln. Sie erstrebt Expressivität durch klanglich und metrisch beziehungsreich realisierte Konstruktion.

Otto Laske sieht eine wesentliche Veränderung bei mit Computern arbeitenden Komponisten in der "allmählichen Veränderung von *modellbegründetem* Denken durch *regel-begründetes* Denken" trotz der in der Entwicklungstendenz musikalischen Denkens liegenden Motivation zur Rückkehr zu modellbegründetem Denken.[2] Während in der älteren Kompositionspraxis die existierende Musik die Basis, das Modell des Komponierens bildete, ist bei der Komposition mit Computerprogrammen neben die existierende Musik "mögliche Musik"[3] hinzugetreten. Unter möglicher Musik versteht Laske dabei jene Musik, "die sich aufgrund einer abstrakten, in einem Computerprogramm niedergelegten Regelmenge von einem musikalischen Experten imaginieren läßt."[4] Diese abstrakten Regelmengen können dabei zu neuen musikalischen Formen und Ausdrucksweisen führen.

Komponieren mit Computern vollzieht sich bei Laske auf drei verschiedene Weisen: Partitursynthese, Klangsynthese und Musique Concrete[5]: Während der Computer bei der Klangsynthese als Klangquelle und für Musique Concrete als klangtransformierendes Instrument benutzt wird, werden bei der Partitursynthese Partiturdaten für bestimmte Parameter wie Tonhöhe, Tondauer, Dynamik usw. mit Hilfe des Computerprogramms generiert ("synthetisiert"), die später interpretierend notiert oder in Daten für eine Orchestersprache umgesetzt werden. So verwendet Laske Partitursynthese sowohl für notierte Musik als auch für Tonbandkompositionen, die auf Klangsynthese (anstatt Klangtransformation) beruhen. Der entscheidende Schritt dabei ist die Interpretation numerischer Daten, die zu völlig verschiedenen Resultaten führen kann. Partitursynthese steht bei Laske in Verbindung mit der Verwendung von Koenigs "Projekt 1" und "Projekt 2". Da im elektronischen Bereich partiturgebundene Musik eine Ausnahmestellung einnimmt, wird sie heute oft "score based sampling" genannt und mit Laskes Namen verbunden.

Fast alle nach 1971 komponierten instrumentalen und vokalen Werke Laskes sind durch Partitursynthese, alle Kompositionen für Tonband der 1980er Jahre durch "top down score synthesis" mit Hilfe von "Projekt 1" entstanden. Laskes Werkverzeichnis weist zu etwa gleichen Teilen Musik für Lautsprecher und instrumentale Kammermusik bzw. Musik für Solo-Instrumente auf. Drei Stücke für Lautsprecher sind mit eigener Lyrik verarbeitet; fremde Lyrik verwendet Laske im Tonbandbereich nicht. Daneben gibt es noch zahlreiche Stücke für Solo-Gesang und Kammerensemble bzw. Musik a cappella, von denen sechs Kompositionen eigene Lyrik vertonen.

Komponieren ist für Otto Laske eng mit seiner wissenschaftlichen Tätigkeit verbunden: "Aber ich interessiere mich nicht nur für Programme und Maschinen, die Kompositionen hervorbringen, sondern für Maschinen, die mich über den Kompositionsprozeß nachdenken lassen, wobei dann auch eine Kom-

---

[2] Otto Laske: Die Integration neuer Technologien in die Denkweisen des Musikers, unveröffentlichtes Manuskript, 1989, S. 3.
[3] Ebd.
[4] Ebd.
[5] Vgl. Otto Laske: Sieben Antworten auf sieben Fragen von N. Schüler, unveröffentlichtes Manuskript, 1994.

position herauskommen kann."[6] In diesem Sinne ist Laskes küstlerische Tätigkeit ein Teil seiner wissenschafts-theoretischen Forschung. Jedoch tritt in den kompositorischen Arbeiten seit 1990 der Nachdruck auf den theoretischen Aspekt von Computerprogrammen zurück, gegenüber ihrem Gebrauch als Grundlage kompositorischen Denkens.

Skizzierung von Laskes wissenschaftlichem Werk
Laskes vielfältige wissenschaftliche Tätigkeiten und die damit verbundene Entwicklung der "Kognitiven Musikwissenschaft" sind schwer von seinem künstlerischen (kompositorischen wie poetischen) Schaffen zu trennen, da die Kompositionstheorie für ihn im Zentrum beider Bereiche steht. Besondere Bedeutung kommt der Untersuchung musikalischer Prozesse zu, die sich mittels Computerprogrammen prozedural darstellen lassen. Daß kompositorisches Wissen dabei den Ausgangspunkt bildete, ist mit diesem Hintergrund nicht verwunderlich, zumal erstens die Komposition (neben der Improvisation) als musikalische *Aktivität* den Beginn einer musikalischen Kommunikation bildet, zweitens Laske die Verborgenheit seines eigenen kompositorischen Wissens nicht zusagte und drittens, weil bis dahin die Explikation musikalischen Wissens nur informell, anstatt explizit durch Computerprogramme geschah, und weil selbst Computerprogramme für algorithmische Komposition nur eine unvollständige Darstellung bieten.

Insbesondere mit seiner Tätigkeit im Bereich der Expertensysteme gewann Laske die Einsicht, daß viel flexiblere Systeme der Darstellung musikalischen Wissens möglich seien. Sein methodologisches Vorgehen erweiterte er hinsichtlich der Suche nach einer Theorie der Musikalität im weitesten Sinne. Das Ziel dieser Kognitiven Musikwissenschaft Laskes ist somit, Modelle musikalischer Intelligenz zu erstellen, um zu einer empirisch fundierten Theorie musikalischer Intelligenz zu gelangen. Wichtigstes Hilfsmittel ist dabei der Computer, mit dem man Theorien musikalischen Handelns formulieren kann, die empirisch überprüfbar sind. Dabei sollen sowohl die musikalische Kompetenz und Performanz (Aktivität) als auch musikalische Artefakte in ihrer Polarität untersucht werden, was bedeutet, daß die Untersuchung von musikalischen Artefakten nicht nur in sich selbst, sondern auch aufgrund der ihnen zugrundeliegenden Kompetenz und Performanz zu erfolgen hat. Musik wird dabei als eine Reihe von Aufgaben (*tasks*) konzipiert, deren kognitive Struktur und Prozessualität es zu erforschen gilt. Zu derartiger Methodologie gelangt zu sein, ist das Resultat von Laskes Beschäftigung mit Linguistik, vor allem aber mit Psychologie, Computerwissenschaft und Künstlicher Intelligenz. Musik wird als eine kognitive Leistung verstanden, die zu begreifen eine strukturelle wie pro-

---

[6] Zitiert nach Nico Schüler, *Erkenntnistheorie, Musikwissenschaft, Künstliche Intelligenz und der Prozeß. Ein Gespräch mit Otto Laske*, Peenemünde: Dietrich, 1995, S. 24.

zessuale Analyse von Aufgaben erfordert. Zum Beispiel sind das Lesen und Analysieren einer bestimmten Partitur durch Dirigenten, Musikwissenschaftler, Historiker und Musikanalytiker verschiedene Aufgaben (Performanz), obwohl sie eine gemeinsame musikalische Kompetenz voraussetzen. In dieser Sicht wird auch Musikwissenschaft selber zu einer Aufgabe, deren Struktur und Prozeß zu verstehen ein Ziel der Kognitiven Musikwissenschaft ist.

Laskes Utrechter Schriften (1970-1974)
Wie bereits erwähnt, studierte und unterrichtete Otto Laske auf Einladung Gottfried Michael Koenigs von 1970 bis 1975 am Institut für Sonologie in Utrecht (Niederlande), erst als freier Komponist und von 1971 bis 1974 als Stipendiat der Deutschen Forschungsgemeinschaft (DFG). Das von der DFG geförderte Projekt betraf "Die logische Struktur einer generativen musikalischen Grammatik". Zwischen 1970 and 1974 verfaßte Laske die folgenden deutschsprachigen Schriften, die in diesem Band erstmals der breiteren Öffentlichkeit zugänglich gemacht werden:

- *Die logische Struktur einer generativen musikalischen Grammatik: Darstellung der Grundzüge eines Forschungsprojektes* (1970)
- *Über Probleme eines musikalischen Vollzugsmodells* (1971)
- *Eine methodologische Untersuchung der Computerkomposition* (1971)
- *Einführung in die generative Theorie der Musik* (1972)
  • *Über musikalische Strategien in Hinsicht auf eine generative Theorie der Musik*
  • *Fortschrittsbericht über das Projekt "Die logische Struktur einer generativen musikalischen Grammatik"*
- *Auf dem Wege zu einer Wissenschaft musikalischen Problemlösens* (1973)
- *Zwei Ansätze zu einem expliziten Modell kompositorischen Problemlösens* (1974)

Der Abdruck dieser Schriften in diesen Band erfolgt in der ursprünglichen, chronologischen Reihenfolge, obgleich dies nicht bedeutet, daß die früheren Schriften von geringerem wissenschaftlichen Wert sind. Jedoch kann durch die chronologische Reihenfolge die Entwicklung der Ideen und Theorien verfolgt werden. Während die früheren Schriften von grundlegend theoretischer Bedeutung sind, so sind die späteren "praktischer" in ihrer Anwendbarkeit.

Die erstgenannte Schrift, *Die logische Struktur einer generativen musikalischen Grammatik: Darstellung der Grundzüge eines Forschungsprojektes* (1970), stellt eine Skizzierung des geplanten Forschungsvorhabens zur logischen Struktur einer generativen musikalischen Grammatik dar, das sowohl ästhetischer als auch musiktheoretischer Natur ist. Als "generative" Grammatik wird dabei jene Grammatik verstanden, die von grammatikalischen Regeln zur einer von ihr ableitbaren musikalischen Sprache vordringt (was den Prozeß der Synthese darstellt); im Gegensatz dazu ist eine analytische (traditionelle) Grammatik jene Grammatik, die von existierenden musikalischen Strukturen selbst abgeleitet wird. Diese Forschung stützt sich vor allem auf die durch Noam Chomsky in der mathematischen Linguistik gewonnene Einsichten. Laskes Idee war es, allgemeine musikalische Kompetenz methodologisch adäquat in formaler Weise darzustellen. Das Ziel war dabei, daß das generative Modell auf verschiedene musikalische Modelle anwendbar sei. Obgleich nicht von großem wissenschaftlichen Wert, so ist die Plan-Skizzierung dieses Forschungsvorhabens von 1970 doch ein notwendiger Baustein, um Einblick in die Entwicklung der Laskeschen Theorien zu gewinnen.

Die folgende Schrift, *Über Probleme eines musikalischen Vollzugsmodells* von 1971, ist eine methodologische Untersuchung, die die Anwendung der Automatentheorie auf Probleme musikalischer Kommunikation diskutiert. Dabei ist das "Automaton" als eine formale Sprache definiert, die auf ein Alphabet sowie auf Regeln beruht, und die Symbole, die Teil eines Endzustandes sein können, produziert. Diese "Kommunikation" beruht dabei auf zwei verschiedenen Arten von Wissen: solches, das sich auf die Struktur des Automaton bezieht, also die "Kompetenz", und solches, das sich auf die Art und Weise der Anwendung einer solchen Kompetenz bezieht, also der "Vollzug" oder "Performanz" (vom englischen Befriff "performance"). Die letztgenannte Wissensart bezieht sich also auf den *Prozeß* der Kommunikation. Laske versucht damit, eine Theorie musikalischer Kommunikation zu entwickeln, die auf den *Prozeß der Anwendung* musikalischer Kompetenz gerichtet ist. Während das Ziel eines solchen Automaton (z.B. eines Computerprogramms zur Komposition) ist, mit begrenzten, wohldefinierten Regeln eine unbegrenzte Anzahl von "Ausgaben" zu produzieren, so ist das Ziel der Theorie solcher Automata, den Prozeß der Produktion derartiger "Ausgaben" (z.B. musikalische Strukturen, Kompositionen oder Teile davon) zu untersuchen. Diese Produktion unbegrenzter Ausgaben stellt "Kreativität" dar. Laskes frühe Schrift *Über Probleme eines musikalischen Vollzugsmodells* beruht vor allem auf den Linguistik-Theorien Noam Chomskys, die auch später in der Forschung zu musikalischen Grammatiken von anderen Autoren aufgegriffen wurden. Desweiteren gaben Pierre Schaeffers Forschungen über "objets sonores" und jene George A. Millers zu Verhaltensstrukturen ausschlaggebende Anregungen für die Entwicklung von Laskes Theorien.

Der Aufsatz *Eine methodologische Untersuchung der Computerkomposition* (1971) ist eine Anwendung der Theorie formalisierter musikalischer Sprachen speziell auf die Komposition mit Computern. Während sich der erste Teil dieses Aufsatzes mit dem logistischen System einer formalisierten musikalischen Sprache befaßt, so ist der Gegenstand des zweiten Teiles die Interpretation dieses logistischen Systems. Somit stellt diese Schrift zum einen eine erste Fassung von Laskes Kompositionstheorie dar, die speziell auf Computermusik gerichtet ist, und zum anderen eine Theorie der Klangsynthese. Diese Schrift wurde ursprünglich in Englisch geschrieben und vom Autor im selben Jahr ins

Deutsche übersetzt. Im speziellen zeigt diese Schrift, daß die Ansätze zur musikalischen Grammatik, also auch zur Kognitiven Musikwissenschaft, ursprünglich sowohl auf die Princeton Schule (Milton Babbitt, Michael Kassler) der frühen 1960er Jahre als auch auf die transformationelle Linguistik Chomskys und dem sonologischen traité von Pierre Schaeffer zurückgehen. Desweiteren sind sie beeinflußt von Laskes Studie zur künstlerischen Kommunikation, eine (leider verlorengegangene) Studie der Jahre 1967 bis 1970, die in der Semiotik wurzelte. Die Arbeit *Eine methodologische Untersuchung der Computerkomposition* ist ein Versuch, die technologische Bestimmtheit der Musik der frühen 1970er Jahre theoretisch ernst zu nehmen, und dadurch elektroakustische und Computer-Musik erstmals in die musikwissenschaftliche Forschung einzubeziehen. Die kompositionstheoretischen Grundlagen der Laskeschen Musikwissenschaft ist bis zu den Schriften der 1990er Jahre hin beibehalten worden und macht die Besonderheit seines Ansatzes aus.

Die *Einführung in eine generative Theorie der Musik* (1972) ist eine Einführung in die beiden Schriften *Über musikalische Strategien in Hinsicht auf eine generative Theorie der Musik* (1972) und *Fortschrittsbericht über das Projekt "Die logische Struktur einer generativen musikalischen Grammatik"* (1972). Die erste Schrift, *Über musikalische Strategien ...*, ist eine Erweiterung von Laskes Forschung zur musikalischen Kompetenz. Diese Kompetenz ist eine Voraussetzung zur Entwicklung einer Theorie musikalischen Problemlösens. Die zweite Schrift von 1972, der *Fortschrittsbericht*, beschäftigt sich mit der Wissenschaft musikalischen Problemlösens selbst. Laskes Ziel ist es, Programme zu entwickeln, die kompositorische und Wahrnehmungs-Prozesse explizieren. Laske unterscheidet dabei drei Klassen von Programmen: resultat-orientierte Programme, musikalische Lernsysteme sowie autonome musikalische Problemlöser. Während die erste Klasse von Programmen keine musikalische Kompetenz explizieren kann, so diskutiert Laske die Bedingungen, unter denen die beiden anderen Klassen dies tatsächlich leisten können. Laske erweiterte seine ursprüngliche Konzeption des Projektes vor allem im Hinblick auf die Anwendung von Methoden der Künstlichen Intelligenz, beeinflußt vor allem von der Künstlichen-Intelligenz-Forschung Herbert A. Simons. Somit macht dieser Aufsatz die Gründe deutlich, aus denen sich die ursprüngliche Forschungsintention von einer autonomen formalen Grammatik abwandte und sich dem maschinentheoretischen Ansatz der Künstlichen Intelligenz annäherte. Wie Laskes spätere Schrift *Music, Memory, and Thought* von 1977 zeigt, wurde eine auf Informationspsychologie gegründete Erforschung musikalischer Intelligenz angestrebt. Diese Forschung folgte der Hypothese, daß sich ohne Einsicht in tatsächlich beobachtbare musikalische Vollzüge von Menschen ein musikalischer Roboter nicht definieren läßt. Insofern wurde eine Psychologie des Problemlösens als Grundlage musikalischer Intelligenzforschung betrachtet.

Wie bereits erwähnt, sind die beiden verbleibenden Schriften "praktischer" Natur. Laske verstand den Inhalt der frühen Utrechter Schriften als Hypothese, während die Schriften von 1973 und 1974 Untersuchungen individueller Kompositionsprogramme beinhalten, und somit praktische Resultate formulieren. Insbesondere werden in der Abhandlung *Auf dem Wege zu einer Wissenschaft musikalischen Problemlösens* (1973) die resultat-orientierten Programme PROJEKT 2 von Gottfried Michael Koenig (1970) und POD 4 von Barry L. Truax (1972) und deren theoretische Implikationen diskutiert. Desweiteren stellt Laske erstmals das von ihm in Zusammenarbeit mit Barry L. Truax entwickelte musikalische Lernsystem OBSERV 1 (1973) vor, das auf dem Konzept der Sonologie basiert. Sonologie wurde dabei als Disziplin definiert, die den Entwurf von klanglichen Artefakten erforscht und die zur Formulierung von musikalischen Vollzugssystemen führt. (Diese Formulierung von musikalischen Vollzugssystemen geht dabei in drei Stufen vonstatten: (1) Klangerzeugung und sonische Darstellung von Klängen, (2) Mustererkennung und sonologische Darstellung von Klängen sowie (3) musikalische Darstellung von Klängen und intelligenter musikalischer Systeme.) Musikalische Lernsysteme wie OBSERV 1 versuchen es, die Aufgaben des Programm-Benutzers nachzubilden, doch nicht dessen Probleme. Obgleich dies OBSERV 1 nur andeutungsweise zeigte, so gab die Studie Einblick in strategische Invarianten musikalischen Problemlösens und zeigte damit, was musikalisches Problemlösen ist und welche Verfahren musikalischen Problemlösens notwendig sind.

Während die 1973er Schrift noch auf das Fehlen formaler Bewertungsverfahren für Benutzerprotokolle verweisen mußte, so ist Protokollanalyse und Angemessenheitsanalyse der Hauptgegenstand der letzten Utrechter Schrift, *Zwei Ansätze zu einem expliziten Modell kompositorischen Problemlösens* (1974). Laske zeigt dort, daß sich die von Herbert A. Simon und Allen Newell entwickelte Theorie symbol-manipulierender Systeme auf kompositorisches Problemlösen anwenden läßt. Als Beispiel ist das von Laske, B. Truax und Henk Koppelaar weiterentwickelte OBSERVER-Programm detailliert besprochen, das allerdings noch derart unvollständig war, so daß die Protokollanalyse noch nicht automatisiert war. Besonderer Wert dieser Studie besteht auch im Vergleich zwischen menschlichem und mechanischem Verhalten. Für diese Studie komponierten Kinder Melodien mit Hilfe des OBSERVER-Programms. Sämtliche Eingaben und deren Abfolge wurden dabei protokolliert. Diese Abfolge, als Explikation kognitiver Prozesse, waren der Gegenstand von Laskes (aktions-orientierter) Performanz-Forschung. Somit war OBSERVER auch das erste Computerprogramm zur musikalischen Wissens-Akquisition.[7]

---

[7] Eine Zusammenfassung von Resultaten der Arbeit mit OBSERVER findet man in O. Laske, "Goal Synthesis and Goal Pursuit in a Musical Transformation Task for Children Between Seven and Twelve Years of Age", Interface 9/2, S. 207-235.

Das vierjährige Utrechter Projekt war bahnbrechend in vielerlei Hinsicht, vor allem aber im Hinblick auf die tiefen Einsichten in zwei musikalisch-kognitive Bedingtheiten: grammatische Kompetenz und prozedurale Performanz, die zu einer Analyse musikalischen Handelns eingesetzt werden. (Interessanterweise findet sich deren Dialektik in Laskes Theorie des Coaching des frühen 21. Jahrhunderts wieder, worin "potential capability" einer "applied capability" dialektisch entgegengesetzt wird.) Die Forschungen zur generativen Grammatik zeigten dabei, daß eine generative Grammatik zwar einen wichtigen Bestandteil von Kompetenz-Modellen darstellt, aber nicht imstande ist, autonome Problemlöser zu entwickeln, die als eine Art von Musik-Roboter eine Meta-Theorie musikalischer Kompetenz darstellen würden. Dazu sind, wie Laske um 1973 erkannte, Methoden der Künstlichen Intelligenz notwendig. In dieser Hinsicht sind Laskes Theorien bis heute von nur sehr wenigen Wissenschaftlern aufgegriffen, und die ihnen innewohnende Interdisziplinarität ist leider noch heute eine Ausnahme in der Musikforschung.

Auswahl-Bibliographie

Schüler, Nico: *Erkenntnistheorie, Musikwissenschaft, Künstliche Intelligenz und der Prozeß: Ein Gespräch mit Otto Laske*, Peenemünde: Dietrich, 1995.

Schüler, Nico: "Otto Laske", *Komponisten der Gegenwart*, hrsg. von Hanns-Werner Heister und Walter-Wolfgang Sparrer. München: edition text+kritik, 11. Nachlieferung, 1997. 2 S.

Schüler, Nico: "Otto E. Laske", *Die Musik in Geschichte und Gegenwart*, hrsg. von Ludwig Finscher, Personenteil Bd. 10. Kassel: Bärenreiter, 2003. S. 1235-1237.

Tabor, Jerry (Hrsg.): *Otto Laske: Navigating New Musical Horizons*. Westport, CT: Greenwood Press, 1999.

Ausgewählte Schriften von Otto Laske

Nota Bene: Ein vollständiges Schriftenverzeichnis befindet sich in dem oben aufgeführten, von Jerry Tabor herausgegeben Buch.
- "Toward a Musical Intelligence System: OBSERVER", *Numus West* 4 (1973), S. 11-16.
- "Towards a Theory of Musical Cognition", *Interface* 4/2 (1975), S. 147-208.
- *Music, Memory and Thought: Explorations in Cognitive Musicology*, Ann Arbor: UMI, 1977.
- "Introduction to Psychomusicology", *Journal of the Indian Musicological Society* 8/2 (1977), S. 25-54.
- *Music and Mind: An Artificial Intelligence Perspective*, 2 Bände, San Francisco: International Computer Music Association, 1983.
- "Keith: A Rule System for Making Music-Analytical Discoveries", *Musical Grammars and Computer Analysis*, hg. von M. Baroni und L. Callegari, Florenz: Leo S. Olschki, 1984, S. 165-199.
- "Toward a Computational Theory of Musical Listening", *Communication and Cognition* 18/4 (1986), S. 363-392.
- "Introduction to Cognitive Musicology", *The Journal of Musicological Research* 9/1 (1989), S. 1-22.

- "Composition Theory in Koenig's Project One and Project Two", *The Music Machine: Selected Readings from 'Computer Music Journal'*, hrsg. von Curtis Roads, Cambridge, MA: The MIT Press, 1989, S. 119-130.
- "Composition Theory: An Enrichment of Music Theory", *Interface* 18/1-2 (1989), S. 45-59.
- "Toward an Epistemology of Composition", *Interface* 20/3-4 (1991), S. 235-269.
- *Understanding Music With AI* (hrsg. zusammen mit M. Balaban und K. Ebcioglu), Menlo Park, CA: AAAI Press, 1992.
- "An Epistemic Approach to Musicology", *Music Processing*, ed. by G. Haus, Madison, WI: A-R Editions, 1993, S. 109-118.
- "Mindware and Software: Can they Meet?" *Proceedings of the International Workshop on Knowledge Technology in the Arts*, Osaka 1993, S. 1-18.
- *The Imaginative Self: Essays*, West Wedford, MA, 1995.
- "Knowledge Technology and the Arts", *Computers and Mathematics with Applications* 32/1 (1996), S. 85-88.
- "What Artistic Development Tells about Adult Development", *Sixth Biennial Symposium for Arts and Technology*, hrsg. von N. Zahler, New London, CT: Connecticut College, 1997, S. 93-115.
- "Subscore Manipulation as a Tool for Compositional and Sonic Design", *Electroacoustic Music: Analytical Perspectives*, hrsg. von Thomas Licata, Westport, CT: Greenwood Press, 2002.

Ausgewählte Kompositionen von Otto Laske

Nota Bene: Ein vollständiges Werkverzeichnis sowie eine Diskographie befinden sich in Tabor 1999.
- *Radiation* für Klarinette, Baß-Klarinette, Sopran-Saxophon, 2 Trompeten, 2 Posaunen, Streicher, 2 Schlagzeuger (1966)
- *How Time Passes* für Oboe, Englisch Horn, Fagott, 2 Hörner, 2 Trompeten, Posaune, Tuba, Klavier (1967/69)
- *Woodwind Quintet* (1967)
- *Kyrie Eleison* (1968)
- *Distances and Proximities* (*Structure IV*) für Tonband (1973)
- *Eruptions* (*Structure VI*) für Tonband (1974)
- *De Produndis* (*Structure VII*) für Tonband (1974)
- *La Forêt Enchantée* für Tonband (1986-87)
- *Soliloquy* für Kontrabaß (1984)
- *Vocalise* [O. Laske] für Sopran, Violoncello und Schlagzeug (1982)
- *Symmetries* für Orchester (1982)
- *Voices of Night* [O. Laske] für Sopran und Streichquartett (1985)
- *Die Seele des Menschen gleicht dem Wasser* [J. W. Goethe] für 4-stimmig gemischten Chor (1987)
- *Interchanges for Two Pianos* (1986)
- *Furies and Voices* für Tonband (1989-90)
- *Hallucination* für Tonband (1991)
- *Treelink* [O. Laske] für Sprecher und Tonband (1992)
- *String Quartet No. 3* (1997)
- *Trilogy: Erwachen, Echo des Himmels, Ganymed* für Tonband (1999-2001)
- *Beyond*, Electroacoustic Symphony No. 1 (2003)
- *Death of Virgil*, Electroacoustic Symphony No. 2 (2004)

Otto E. Laske

Vorbemerkungen zu diesem Band (2003)

Gottfried Michael Koenig gewidmet

Die Utrechter Schriften sind ein Versuch, ohne direkte Kritik der herkömmlichen Musiktheorie und Musikwissenschaft eine von völlig anderen Voraussetzungen ausgehende kognitive Theorie der Musik zu schaffen, die sich des durch Computer nahegelegten Denkens bedient, um ein Fenster in die Zukunft der Musik zu öffnen. Der Autor argumentiert, daß es nicht musikalische Resultate sondern geistige Prozesse sind, die eine Musiktheorie zu verstehen habe, so daß nicht Kompositionen sondern deren Beziehung zu ihrem Entstehungsprozeß ins Zentrum der Musiktheorie rückt. Der Gedanke ist deshalb, daß auch Musikwissenschaft als kognitive Disziplin sich derart zu wandeln habe, daß die Komplexität musikhistorischer Denkprozesse als autonomer Gegenstand zu erforschen, und für die Erkenntnis musikalischer Werke einzusetzen sei. Dieser Vorschlag beinhaltet, daß Musik kein Gegenstand, sondern ein in fortwährender Entfaltung begriffener geistiger Prozeß ist, sowohl im Schaffen des Komponisten als auch auch des Hörers, Analytikers und Historikers. Daraus wird der Schluß gezogen, daß Musik ein Tun ist, dessen tote Ablagerungen die "Werke" darstellen, die einzig durch in der Gegenwart angewandte geistige Prozesse lebendig werden. In diesem Sinne gibt es gar keine musikalische Vergangenheit, sondern einzig die Gegenwart des im Augenblick und im gegenwärtigen historischen Kontext Musik-Denkenden.

Die Utrechter Schriften bezeugen ferner die Überzeugung, daß die kreative und "irrationale" Seite der Musik keinerlei Schaden leidet, wenn die im historischen Augenblick präzisesten verfügbaren Methoden zur ihrer Erkennung angewandt werden. Im Gegenteil ist es die Überzeugung des Autors, daß Kreativität und musikalische Kompetenz "ein weites Feld" sind und daß die erstere viel weiter gespannt ist als die letztere. Er wirft es der musikalischen Forschung vor, diese beiden Aspekte des Musikschaffens niemals klar getrennt zu haben, und entscheidet sich deshalb, der Bedeutung musikalischer Kompetenz auf den Grund zu gehen. Durch die Unterscheidung zwischen musikalischer Kompetenz und Performanz will der Autor zwei Dinge deutlich machen: erstens, daß "hors temps" Kompetenz sich nicht auf "en temps" Performanz reduzieren läßt, sondern ihrer eigenen Darstellung als musikalische Grammatik fähig ist; zweitens, daß durch Erforschung von Kompetenz und Performanz, und deren Verbindungen in einem Performanzmodell, Kreativität erst in ihrer ganzen Unendlichkeit sichtbar wird. Kreativität wird in den Schriften im Anschluß an Noam Chomsky als die Fähigkeit verstanden, aufgrund musik-grammatikalischer Prinzipien (welche Kompetenz artikulieren), eine unendliche Menge neuer musikalischer

Gedanken hervorzubringen. Solche Prinzipien finden auch Eingang in kompositorische Computerprogramme, welche sie in klarer Weise darzustellen vermögen. Letzten Endes handeln also die Utrechter Schriften von musikalischer Schöpfung, der sie sich jedoch auf einem indirekten Wege nähern.

Es ist ein weiterer Aspekt der Utrechter Schriften, daß sie Klarheit zu schaffen suchen hinsichtlich der fundamentalen grammatikalischen Dimensionen, die zu einer Form zusammenschließen müssen, um Musik entstehen zu lassen. Diese Dimensionen werden, wieder Chomsky nachfoldend, als "syntaktisch", "sonologisch" und "semantisch" postuliert. Diese Dreiteilung musikalischer Substanz ist weiterhin von der elektroakustischen Musik inspiriert, in der das klangliche Element sich gegenüber der instrumental-vokalen Musik, was kompositorische Kontrolle angeht, deutlich ausweitet. Ferner läßt sich in elektroakustischer Musik der Klang weiter in einen "klanglichen" (sonic) und "sonologischen" Aspekt trennen, wobei der erstere dem akustischen Bereich, und der letztere dem grammatischen Bereich (der Phonologie vergleichbar) angehört. Dies macht es einfach, zu zeigen, daß die kompositorische und auf Hören gegründete Formung instrumental-vokaler Musik nicht nur andere klangliche, sondern auch andere geistige Prozesse als die elektroakustische Musik in Anspruch nimmt (siehe dazu das Buch *Electroacoustic Music: Analytical Perspectives*, herausgegeben von Thomas Licata, Westport, CT: Greenwood Press, 2002). Es wird dem Leser deutlich sein, daß diese Perspektive aufs engste mit der Tatsache zusammenhängt, daß der Autor selber Komponist ist. Als Komponist und Theoretiker ist der Autor durch seine Arbeit am Utrechter Institut für Sonologie (1970-1975) in seinem Denken nachhaltig geprägt worden, insbesondere durch die kompositorischen und theoretischen Arbeiten von G. M. Koenig, dem diese Schriften gewidmet sind. Es ist also als Musik-Schaffender, daß es ihm eine Neuorientierung musikalischen Denkens nicht nur im Bereich der Komposition, sondern auch der Musikforschung zu tun ist.

Es ist in diesem Zusammenhang erwähnenswert, daß der Autor ein Schüler von Theodor W. Adorno ist, bei dem er 1966 eine Dissertation über Hegel und Plato geschrieben hat. In dieser Dissertation ist von geistigen Prozessen die Rede, die nach der Einsicht des Autors in der späteren Disziplin der Künstlichen Intelligenz eine zentrale Rolle spielen, zu welcher er selber in den siebziger und achtziger Jahren einen entscheidenden Beitrag geleistet hat. Es ist in der Tat die dialektische Beziehung syntaktischer, sonologischer und semantischer Elemente in der Musik, die für den Autor ein zentrales Thema (auch historischer Untersuchung) darstellt. Im Gegensatz zu Adornos luzider Behandlung davon, wie historische Prozesse musikalische Denk- und Aufnahmeprozesse beeinflussen, geht es dem Autor der Utrechter Schriften darum klarzumachen, daß nur nach Trennung diese drei Dimensionen sich dialektisch wieder zusammenbringen lassen. (Wie Hegel sagte, kann man nicht zusammenbringen, was nicht zuvor klar getrennt wurde.)

Insgesamt also bieten die Utrechter Schriften dem heutigen Leser, 30 Jahre nach ihrer Vollendung, ein Model neuen Musikdenkens, aufgrunddessen sich alte und neue Vorurteile revidieren lassen. Sie teilen historisch den Geist der Darmstädter Musiktage, an denen der Autor zwischen 1962 und 1966 aktiv teilgenommen hat.

Die logische Struktur einer Generativen Musikalischen Grammatik: Darstellung der Grundzüge des Forschungsprojektes

(1970)

Diese Forschungsarbeit ist eine ästhetische und musiktheoretische Untersuchung, welche sich auf jüngst in der mathematischen Linguistik gewonnene Einsichten stützt, sofern sie das Problem einer methodologisch adäquaten Darstellung sprachlicher Kompetenz (*competence*) betreffen.

Es ist nicht das Vorhaben dieser Arbeit, die Theorie eines individuellen musikalischen Systems vorzutragen; vielmehr sollen die Grundlagen einer Theorie solcher individuellen Systeme untersucht werden, und zwar mit Hilfe der Konstruktion eines allgemeinen generativen[8] Modells, das in Hinsicht auf seine Beziehung zu Modellen individueller musikalischer Systeme, der musikalischen Poetik und zu Vollzugsmodellen (*performance models*) für spezialisierte musikalische Tätigkeiten untersucht wird. Die Untersuchung als ganze besteht aus drei Teilen:

I. dem Abriß einer Metatheorie der Musik als eines allgemeinen Modells musikalischer Kompetenz (im Gegensatz zu einer Theorie der Aktualisierung solcher Kompetenz, d.h. des musikalischen Vollzuges);

II. einer analytischen Untersuchung individueller musikalischer Vollzugsmodelle, in diesem Falle einer kompositorischen Strategie (strategy), d.h. eines Kompositionsprogramms;

III. der Rekonstruktion der dem Kompositionsprogramm aufweisbar zugrundeliegenden Kompetenz in Form einer individuellen musikalischen Grammatik.

Der erste, strikt theoretische Teil wird die folgenden Themen umfassen:

I.1. Methodologische Erörterung: die Theorie der Musik verstanden als generative Grundlage aller besonderen musikalischen Grammatiken;

---

[8] Der englische Begriff "generative" (= erzeugend), wie er in der mathematischen Linguistik verwandt wird, bezieht sich auf eine bestimmte Menge von grammatischen Regeln und charakterisiert die Grammatik auf doppelte Weise: 1. als ein System von formalisierten "Umschreibungsregeln" (rewriting rules), deren Geltungsbereich und Anwendungsbedingungen strikt definiert sind; 2. als regelhafte Projektion einer endlichen Menge empirischer Strukturen des Korpus auf eine potentiell unendlich große Menge grammatisch angemessener (grammatical) Strukturen.

I.2. die innere Struktur eines Grundmodells musikalischer Kompetenz: seine syntaktische, sonologische und semantische Komponente;

I.3. die Beziehung des Grundmodells zu individuellen musikalischen Systemen als Grammatiken;

I.4. die Beziehung des Grundmodells zu einer Theorie individueller Kompositionen, d.h. zu einer musikalischen Poetik;

I.5. Folgerungen für ein Grundmodell des musikalischen Vollzuges;

I.6. Theorie des musikalischen Programms als Theorie spezieller Vollzugsmodelle und als integraler Bestandteil einer allgemeinen musikalischen Grammatik.

Der erste Teil der Untersuchung unternimmt es, Antwort zu geben auf methodologische Fragen, die einer Theorie der Ästhetik und im besonderen eine Theorie der Musik zugehören: a) welches ist der Geltungsbereich einer Theorie der Musik, d.h. welche Probleme muß diese Theorie grundsätzlich darstellen können und welche Probleme liegen außerhalb ihrer Verantwortlichkeit; b) was sind die Ziele der Theorie in deskriptiver Hinsicht und in Anbetracht von Erklärung; c) welche Mittel setzt sie ein, um ihre Ziele zu erreichen; d) was sind die empirischen und methodologischen Bedingungen, denen sie gehorcht; und e) welche Folgerungen hat die Konzeption der Theorie als generativer Grammatik für außerhalb ihres Bereichs fallende musikalische Disziplinen, wie etwa die historische Musikwissenschaft, Theorien musikalischen Lernens und Musikkritik.

Was den Geltungsbereich einer Theorie betrifft, die ein wirksames Entscheidungsverfahren[9] für musikalische Kompetenz darstellen soll, so wird die Einleitung zum ersten Teil der Untersuchung darlegen, warum und in welchem Sinne die traditionelle Konzeption der Musiktheorie, als eines Verfahrens der Auffindung musikalischer Grammatiken (*discovery procedure*[10]), das Niveau von Erklärung (*explanatory adequacy*[11]) nicht zu erreichen vermag und daher als mögliche Konzeption einer Theorie der Musik ausscheidet.

Ferner wird die Einleitung die methodologischen Gründe für eine strikte Scheidung musikalischer Grammatik und musikalischer Poetik dartun und wird in abtracto die im Grundmodell und in den speziellen Disziplinen der Theorie verwandten 'imaginären Maschinen' und Methoden darstellen. Sie wird den Begriff einer Metatheorie der Musik als logisch allen musikalischen Disziplinen

---

[9] Siehe Martin Davis, *Computability and Unsolvability*, New York: McGraw-Hill, 1958, passim.

[10] Siehe Noam Chomsky, *Syntactic Structures*, The Hague: Mouton, 1957, S. 51.

[11] Siehe Noam Chomsky, "Current Issues in Linguistic Theory", *The Structure of Language: Readings in the Philosophy of Language*, hrsg. von Jerry A. Fodor und Jerrold J. Katz, Englewood Cliffs, NJ: Prentice-Hall, 1964, S. 50-118, hier S. 63.

vorausgehend definieren und das Grundmodell als ein System von formaliter und substantialiter universellen Bestimmungen (*formal and substantive universals*[12]) postulieren, die von den individuellen Grammatiken auszuführen sind.

Auf der Grundlage dieses Postulats von universellen musikalischen Kategorien und einer Spezifikation der Komponenten des Grundmodells ist die Theorie imstande, die ihr zugehörigen individuellen musikalischen Disziplinen als entweder Grammatiken oder als Vollzugsmodelle zu charakterisieren und sowohl ihre gegenseitigen Beziehungen als auch diejenigen, welche sie zum Grundmodell unterhalten, darzustellen. Auch kann sie des näheren das Maß an methodologischer Angemessenheit in Beobachtung und Beschreibung festlegen, das von den individuellen Disziplinen zu fordern ist, sofern sie als integrale Bestandteile der Theorie sollen gelten können.

Der erste Teil wird insbesondere die generativen Mechanismen erörtern, die notwendig sind, um das Ziel einer allgemeinen Theorie der Musik zu erreichen, und wird ferner die methodologischen Einschränkungen studieren, denen jene generativen Mechanismen als grammatisch erzeugende unterliegen.[13] Dieses Problem wird in Hinsicht auf die Theorie der Automaten abgehandelt.

Da im ersten Teil der Untersuchung das Thema des Vollzugs von Kompetenz (performance) nur in allgemeiner Form abgehandelt wird, bleibt es dem zweiten Teil überlassen, Folgerungen aus der allgemeinen Theorie des Kompetenzvollzugs zu ziehen.

Die Untersuchung betrachtet musikalische Aktivität grundsätzlich als regel-bestimmte Kreativität (rule-governed creativity[14]), welche die Produktion und / oder das Erkennen einer prinzipiell unbegrenzten Anzahl von grammatisch angemessenen (grammatical) musikalischen Strukturen zum Zweck hat. Das Grundmodell unternimmt es, diese Produktivität in ganz allgemeinen Begriffen zu rekonstruieren, d.h. als eine Grammatik oder ein grundlegendes Modell musikalischer Kompetenz, auf das sich alle Verwirklichungen regel-bestimmter Produktivität, sei es als Komposition, musikalisches Hören oder musikalische Aufführung, beziehen.

Musikalische Vollzüge im Sinne der generativen Grammatik (musical performance) werden daher als mehr oder weniger direkte Manifestationen grammatischer Kompetenz rekonstruiert. Sie werden als Weisen der Abweichung von Grammatikalität (grammaticalness) angesehen, welche durch die Einführung geistiger und psychologischer Faktoren zustandekommen, die sich zur Grammatik selbst äußerlich verhalten, wie z.B. Endlichkeit des (men-

---

[12] Siehe Noam Chomsky, *Aspects of the Theory of Syntax*, Cambridge, MA: M.I.T. Press, 1965, S. 27.

[13] Siehe Noam Chomsky, "On Certain Formal Properties of Grammars", *Information and Control* 2 (1959), S. 137-167, hier S. 138f.

[14] Siehe Noam Chomsky, "Current Issues ...", a.a.O., S. 59, wo dieser Begriff von *rule-changing creativity*, oder Vollzug, abgesetzt wird.

schlichen) Gedächtnisses, ästhetische Intention und die Verfolgung einer persönlichen Strategie. Die Unterscheidung von Kompetenz und Vollzug führt zu einer bedeutsamen Revision der Vorstellung davon, was einen annehmbaren Korpus musikalischer Theorie darstellt. *Es wird gezeigt, warum individuelle Kompositionen, als wesentlich durch Strategien des Vollzuges definierte Strukturen, als Ausgangspunkt der Konstruktion einer musikalischen Grammatik unannehmbar sind.* Vielmehr sind sie, dieser Konzeption zufolge, einer musikalischen Poetik zuzuweisen, die eindeutig definierbare Beziehungen zur Grammatik unterhält. Daher kann der Versuch gemacht werden, die sich in einem bestimmten Werk manifestierende Produktivität als regel-bestimmte zu rekonstruieren, nämlich in dem Maße, als die musikalische Poetik des betreffenden Werkes selbst als von der Grammatik abhängige und von ihr bestimmte Disziplin aufweisbar ist.

Der zweite Teil der Untersuchung ist im wesentlichen eine ins einzelne gehende Analyse von *Projekt 2* von Gottfried Michael Koenig[15], das eine programmierte Strategie für (instrumentale) Komposition darstellt. Dieses Kompositionsprogramm wurde als empirischer Ausgangspunkt einer Theorie von Modellen musikalischen Vollzuges, insbesondere der Komposition, gewählt. Durch Ausnutzung der Kapazität des genannten Programms wird es möglich sein, die musiktheoretische Natur einer (kompositorischen) Vollzugsstrategie im einzelnen zu definieren, und ihre innere Struktur in Hinsicht auf das darin zur Darstellung kommende musik-grammatische System zu untersuchen. Ferner ist die Hypothese zu prüfen, welche das Programm bezüglich der Relation von Kompetenz und Vollzug aufstellt.

Diese Untersuchung eines individuellen Programms hat zum Ziel, die theoretischen Prämissen des ersten Teils zu testen. Daher wird das Programm im wesentlichen in Hinsicht auf seine Beziehung zu den individuellen Komponenten der Grammatik und auf die dadurch mitbestimmte Relation von Kompetenz und Vollzug untersucht, wie sie vom Grundmodell definiert wurde.

Der zweite Teil ist also gleichzeitig eine grammatische Studie und eine Theorie komplexen Verhaltens (complicated behavior[16]). Als grammatische Studie muß die Analyse des Programms die folgenden allgemeinen Fragen beantworten:

1. Welches ist die Definition der 'strategischen' gegenüber der 'grammatischen' Regel?

---

[15] Siehe *Electronic Music Report 3*, Institute for Sonology, Utrecht State University, December 1970.
[16] Im Sinne von George A. Miller und Noam Chomsky, "Finitary Models of Language Users", *Handbook of Mathematical Psychology*, hrsg. von R. Duncan Luce, Bd. 2, New York: Wiley, 1963, S. 483f.

2. Welches ist die Definition 'generativer Kapazität' einer strategischen Regel in Hinsicht auf die Grammatik?

3. Auf welche Komponenten der Grammatik ist ein gegebenes Programm direkt bezogen und welche Hypothese enthält es im allgemeinen, und in Hinsicht auf die individuellen grammatischen Komponenten im besonderen?

4. Schließlich: Welche Form muß ein effektives Bewertungsverfahren (evaluation procedure[17]) für musikalische Programme annehmen, das integraler Bestandteil des Grundmodells sein will, sofern diese Form die deskriptive Angemessenheit von Programmen in Hinsicht auf individuelle musikalische Systeme definiert?

Als Theorie komplexen Verhaltens muß die Analyse des Programms zu einem Vollzugsmodell führen, das die geistigen und psychologischen Prozesse der Anwendung grammatischer Kompetenz durch eine endliche Menge (teilweise) geordneter strategischer Regeln zur Darstellung bringt.[18]

In Übereinstimmung mit ihrer generativen Methode der Darstellung von musikalischer Produktivität behauptet die Untersuchung, daß "künstlerische Kommunikation" sinnvoll nur derart untersucht werden kann, daß methodologisch auf die grammatische Struktur des Bereichs Rücksicht genommen wird, innerhalb dessen sich die Kommunikation abspielt. Die Untersuchung wird daher anzugeben haben, in welchem Ausmaße und in welcher Form ein bestimmtes Programm eine definierbare Grammatik (ein Kompetenzmodell) zum Inhalt hat.

Die Untersuchung versteht unter komplexem Verhalten jeglichen von einer Grammatik abhängigen Vollzug, dessen Einzeloperationen sich im Sinne einer hierarchischen Struktur organisieren, welche eine dem syntagmatischen Diagramm (syntagmatic marker[19]) bzw. der strukturellen Beschreibung (structural description[20]) der Grammatik equivalente Rolle spielt.

Eine Theorie komplexen Verhaltens wird daher einen Algorithmus der Prozesse zu formulieren haben, aufgrund deren musikalische Pläne (plans[21]), d.h. geordnete Mengen strategischer Regeln auf der Grundlage grammatischer Kompetenz, sowohl geformt als auch ausgeführt werden; ferner muß der Algo-

---

[17] Siehe Noam Chomsky, *Syntactic Structures*, The Hague: Mouton, 1957, S. 51.

[18] Der zweite und dritte Teil der Untersuchung müssen daher gleichzeitig in Betracht gezogen werden.

[19] Siehe Emmon W. Bach, *An Introduction to Transformational Grammar*, New York: Holt, Rinehart and Winston, 1964, S. 71-72.

[20] Siehe Noam Chomsky, "On Certain Formal Properties ...", a.a.O., S. 138-139.

[21] Siehe George A. Miller, Eugene Galanter und Karl H. Pribram, *Plans and the Structure of Behavior*, New York: Holt, 1960, S. 15-16 und passim.

rithmus aufzeigen, wie solche Pläne zum Zweck ihrer Ausführung innerhalb der Grenzen eines endlichen Gedächtnisses in unmittelbar zu verwirklichende einerseits und aufzuschiebende andererseits von einem Vollzugssystem analysiert werden.

Unter dem Gesichtspunkt des Programms heißt das: es muß untersucht werden, in welchem Ausmaß und in welchem Sinne die strategischen Regeln des Programms Manifestationen ihnen eindeutig zugeordneter grammatischer Regeln oder ganzer Mengen solcher Regeln[22] eines individuellen musikalischen Systems darstellen (welches übrigens nicht notwendig unabhängig vom Programm existieren muß).

Eine solche Theorie wird zeigen müssen, wie und welche Gruppen grammatischer Regeln zur Konstruktion von Hypothesen herangezogen werden, die sich auf die Lösung von Problemen musikalischer Produktion und / oder musikalischen Erkennens beziehen, und des weiteren wie Pläne entstehen, die solche Hypothesen entweder bestätigen oder widerlegen.

Die Theorie eines Programms, verstanden als individuelles Vollzugsmodell (für Komponisten), wird daher eine endliche Menge Plan-erzeugender Regeln (plan formation rules) darstellen, welche die Formung und Ausführung von Plänen durch die Relation charakterisieren, die zwischen grammatischen und strategischen Regeln innerhalb eines bestimmten Kompetenz- und Vollzugsbereichs besteht.

Um deskriptiv angemessen zu sein, muß eine solche Theorie versuchen, Meßverfahren für die Komplexität von Strategien zu formulieren und darzutun, wie Gruppen strategischer Regeln unter dem Einfluß neuer Hypothesen umgeformt und neu organisiert werden und dadurch zur Schaffung neuer Pläne führen.

Die Untersuchung einer individuellen kompositorischen Strategie wird es ermöglichen, die im ersten Teil hinsichtlich des grundlegenden Vollzugsmodells formulierten Hypothesen zu testen. Ferner wird die wesentliche Identität individueller Vollzugsweisen (performance tasks), wie sie die Theorie grundsätzlich annimmt, Schlüsse auf die Besonderheit von außerhalb der kompositorischen Tätigkeit liegenden Vollzugsweisen, wie z.B. der musikalischen Analyse, des musikalischen Hörens und der Aufführung von Musik, zulassen.

Im dritten Teil der Untersuchung wird aufgrund der mit Hilfe des Programms gewonnenen Einsicht ein individuelles musikalisches System konstruiert. Dies ist in dem Maße möglich, in dem sich das Programm als Manifestation regel-bestimmter Produktivität im Sinne einer individuellen Grammatik aufweisen läßt.

Im Vergleich zum ersten Teil der Untersuchung, der eine Metatheorie der Musik im Sinne eines universalen Grundmodells darstellt, definiert daher der

---

[22] Siehe Jerrold J. Katz, "Semi-Sentences", in Katz and Fodor (Hrsg.), a.a.O., S. 407 foll.

30

dritte Teil ein individuelles, das Grundmodell (jedenfalls partiell) ausführendes System. Das System stellt die Grammatik einer bestimmten Familie musikalischer Strukturen dar. Diese werden daher als Strukturen gekennzeichnet, die den Anforderungen nicht nur der Annehmbarkeit (*acceptability*[23]), sondern der Grammatikalität genügen, wie sie durch das System der grammatischen Regeln definiert ist.

Indem wir unternehmen, auf der Grundlage eines (Kompositions-) Programms Elemente der Kompetenz und des Vollzugs zu scheiden und die Kompetenz als Grammatik darzustellen, testen wir zwei Dinge gleichzeitig:

1. die Konzeption der Beziehung zwischen Grundmodell und individueller Grammatik, wie sie der erste Teil formulierte;
2. die im zweiten Teil formulierte Konzeption des Programms als eines individuellen Vollzugsmodells, das per definitionem eine Hypothese bezüglich der Beziehung von Kompetenz und Vollzug einschließt.

Während der dritte Teil im Hinblick auf (1) die Darstellung der von einer individuellen Grammatik beinhalteten, formell und inhaltlich universellen Kategorien ist, rekonstruiert er im Hinblick auf (2) die im Programm auftretende Strategie als regel-bestimmte Produktivität.

Deskriptiv angemessen formuliert, ist diese Grammatik ein generativer Mechanismus, der eine unbegrenzte Anzahl dem Korpus gegenüber neuer Strukturen erzeugt, die alle gewisse Kriterien von Grammatikalität erfüllen.

Durch ihren Aufweis, daß eine besondere Familie musikalischer Strukturen grammatisch angemessen (grammatical) ist, erhellt eine individuelle Grammatik zugleich den Unterschied, der zwischen einem Kompetenzmodell für Klassen musikalischer Strukturen einerseits, und einem - zwar auf Grammatik basierenden, doch sie überschreitenden - Modell der Rekonstruktion individueller Komposition andererseits zu treffen ist.

Die Grammatik wird daher alle jene Elemente des Programms ausschließen, die eine persönliche Vollzugsstrategie (des Komponisten) darstellen, für die ein equivalentes System grammatischer Regeln sich nicht auffinden läßt. Dennoch wird implizit der Komponist, und nicht in erster Linie der Hörer, als Repräsentant musikalischer Kompetenz angesehen.

Betrachten wir die skizzierte Untersuchung insgesamt, so läßt sich sagen: wir tragen in diesem Forschungsprojekt den Gedanken vor, musikalische Produktivität, wie sie als Komposition, musikalisches Hören, musikalische Analyse so-

---

[23] Während Annehmbarkeit (*acceptability*) auf Vollzug verweist, weist Grammatikalität (*grammaticalness*) auf Kompetenz hin.

wie musikalische Aufführung auftritt, aufgrund einer begrenzten Menge geordneter, rekursiver Regeln oder als eine Grammatik zu rekonstruieren. Diese Grammatik stellt einen grundlegenden, generativen Mechanismus dar, den wir als hypothetisches Grundmodell aller musikalischen Kompetenz in Anspruch nehmen, und als dessen Verwirklichung wir individuelle musikalische (musikgrammatische) Systeme betrachten, die wiederum ihre definierbaren Korrelate in Gestalt musikalischer Poetiken für einzelne Werke haben. *Als methodologische Grundbestimmung stellen wir die Unterscheidung von Kompetenz und Vollzug zur Erörterung* und bezeichnen als Theorie der Musik eine Disziplin, welche einerseits die formalen Eigenschaften individueller Grammatiken, zum anderen ihre Aktualisierung im Medium spezifischer Vollzugsmodelle musikalischer Produktivität untersucht.

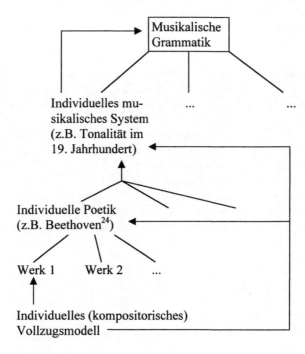

Die Ausführung der hier skizzierten generativen musikalischen Grammatik ist so angelegt, daß aus Gründen methodologischer Klarheit auf jegliche äußere Kritik der traditionellen Musiktheorie verzichtet wird. Jedoch wird die ausge-

---

[24] ... oder auch Beethoven1, Beethoven2, usf., nach Schaffensperioden.

führte Grammatik denen, die mit der traditionellen Musiktheorie vertraut sind, als implizite Kritik einsichtig sein.

Von einem allgemeineren Gesichtspunkt aus betrachtet, d.h. außerhalb ihrer unmittelbaren Relevanz für ein Studium der Grundlagen musikalischer Theorie, will die gegenwärtige Untersuchung einen Beitrag zur philosophischen Ästhetik und zur Theorie der Künstlichen Intelligenz leisten. Sie stellt einen Schritt zur Formalisierung künstlerischer Kompetenz dar. Solche Formalisierung ist keineswegs ein Selbstzweck, sondern ein Mittel der Gewinnung von Einsichten, die sich erst und einzig auf einem bestimmten Niveau der Abstraktion einstellen[25].

Indem die Untersuchung strikt zwischen Kompetenz und Vollzug unterscheidet, trennt sie methodologisch Ästhetik als Theorie künstlerischer Kompetenz von Ästhetik als Vollzug solcher Kompetenz. Sie ist daher imstande, den Unterschied zwischen den individuellen "künstlerischen Disziplinen", den die Ästhetik per definitionem zu nivellieren gewohnt ist, als Unterschied zwischen Vollzugsweisen zu verstehen, deren jede eine als Grammatik charakterisierbare Kompetenz zur Darstellung bringt. Dieser 'Grammatik' genannte generative Mechanismus wird als angemessene Rekonstruktion von Kompetenz nur insofern gelten können, als er eine begrenzte, geordnete Menge von rekursiven Regeln darstellt, die gewissen rigoros definierten methodologischen Bedingungen gehorchen. Zu einer linguistischen Philosophie, die das Verhältnis sprachlicher und kognitiver Kompetenz erörtert, möchte diese Untersuchung dadurch beitragen, daß sie das Verhältnis natürlicher, artistischer und artifizieller Sprachen diskutiert.

Es ist zu hoffen, daß die von ihr angestrebten Einsichten in die Struktur künstlerischer Kompetenz zu einer sich linguistisch orientierenden Theorie des Geistes anregen, welche kognitive, sprachliche und künstlerische Kompetenz in ihrem Zusammenhang zu sehen unternimmt.

---

[25] Siehe Noam Chomsky, *Syntactic Structures*, The Hague: Mouton, 1957. S. 5.

Über Probleme eines Musikalischen Vollzugsmodells[1]
(1971)

Das Thema dieser Abhandlung ist die Untersuchung methodologischer Fragen, wie sie die Anwendung der Theorie der Automaten (oder formaler Sprachen) auf Probleme der musikalischen Kommunikation aufwirft.

Ganz allgemein können wir ein Automaton als ein Gebilde definieren, das aus einer Anzahl von Zuständen (Speicher) besteht. Dieses Gebilde akzeptiert oder produziert eine Folge von Symbolen eines definierten Alphabets in Übereinstimmung mit einer endlichen, wohldefinierten Menge von Regeln. Unter der Voraussetzung, daß wir einen Anfangszustand und eine Reihe von Endzuständen des Gebildes festlegen, können wir die Ausgabe des Automaton als eine formale Sprache definieren. Diese Sprache besteht aus denjenigen Verkettungen von Symbolen, welche das Automaton während seines regelhaften Fortschreitens vom Anfangszustand zum Endzustand - sei es akzeptiert oder produziert - hat.[2]

Wir denken uns eine Kommunikation als eine regel-bestimmte Tätigkeit, die sich auf zwei verschiedene Arten von Wissen gründet:

a) jenes Wissen, das sich auf die Struktur des Mediums bezieht, in welchem die Kommunikation stattfindet; dieses Wissen wird *Kompetenz* genannt;

b) jenes Wissen, das die Art und Weise betrifft, auf welche diese Kompetenz während des Akts der Kommunikation Verwendung findet; für diese zweite Art von Wissen führen wir den Begriff *Vollzug* ein, um damit den englischen terminus technicus 'performance' wiederzugeben; *Vollzug* weist also immer auf den Vollzug oder die Aktualisierung von Kompetenz hin.

Die Regeln der ersten Wissensart bestimmen, wie musikalische Strukturen aufgrund einer endlichen Menge metamusikalischer Kategorien prinzipiell - d.h. der Möglichkeit nach - erzeugt werden können. Regeln der zweiten Wissensart sind dagegen 'pragmatisch' oder 'strategisch' in dem Sinne, in dem sie explizieren, wie in einer gegebenen musikalischen Situation der kommunizie-

---

[1] Dieser Aufsatz stellt eine Übersetzung (durch den Verfasser) der englischen Abhandlung *On Problems of a Performance Model for Music* (1971) dar; die in der englischen Fassung folgende kritische Auseinandersetzung mit bislang vorgeschlagenen Vollzugsmodellen ist in die Übersetzung nicht aufgenommen worden.

[2] Noam Chomsky und Marcel Paul Schützenberger, "The Algebraic Theory of Context-Free Languages", *Computer Programming and Formal Systems*, hrsg. von Paul Braffort und David Hirschberg, Amsterdam: North-Holland Pub., 1963, S. 118-161, hier S. 156-157.

rende Organismus jene Elemente der Kompetenz verwendet, welche er für die Lösung von den in der Situation gestellten Probleme als unerläßlich notwendig erachtet oder zur Verfügung hat.

Im Sinne einer Theorie der Automaten suchen wir also eine Maschine, die imstande ist, eine Forschungsaktivität des Organismus zu simulieren. Es wird angenommen, daß das Automaton versucht, jene Ausgabe zu erzeugen, die es ihm ermöglicht, einen Ausweg aus der musikalischen Situation zu finden, wie sie die Eingabe definiert, und so seine Tätigkeit zum Abschluß zu bringen. Die Erfindung dieser Situation selbst ist eine Leistung der Kreativität, die unabhängig von der Grammatik als Kompetenzmodell zu erstellen ist.

Diese Formulierung des Problems der musikalischen Kommunikation läßt vermuten, daß die Theorie, die wir zu formulieren suchen, zwei prinzipiell verschiedene strukturelle Beschreibungen wird geben müssen:

1. die der Kompetenz als eines 'unbewußten, verborgenen'[3] Wissens, welches musikalischen Aktivitäten - wie dem Komponieren, Zuhören, der Aufführung von Partituren und der Ausübung musikalischer Kritik - zugrundeliegt;
2. die des Vollzuges oder der Aktualisierung dieser Kompetenz.

Wir nennen den ersten Typ von Beschreibung 'grammatikalisch', den zweiten eine Beschreibung 'komplizierten (musikalischen) Verhaltens'. Mit dem Begriff 'kompliziert' deuten wir an, daß es um ein Verhalten geht, welches nicht allein durch den Vollzugsprozeß als solchen, sondern gleichermaßen durch musikgrammatikalische Bedingungen determiniert ist. Diese Bedingungen stellen einen integralen Bestandteil der Eingabe dar, den das Verhalten zum Gegenstand hat.

Eine Theorie der musikalischen Kommunikation, wie sie hier verstanden ist, stellt also eine Theorie des Vollzuges musikalischer Kompetenz dar. Eine solche Theorie ist im wesentlichen eine Explikation des informell verwandten Begriffs 'musikalische Aktivität'. Unter der Annahme, daß die Regeln der Kompetenz als solche nicht unmittelbar und gleichzeitig solche der Verwendung von Kompetenz sind, wird eine Theorie des musikalischen Vollzuges einerseits eine grammatikalische Untersuchung, zum anderen eine Studie komplizierten Verhaltens sein müssen. Sie wird also die beiden oben genannten strukturellen Beschreibungen in Verbindung zu setzen haben. Deren Differenz ist für unsere Exposition von großer Bedeutung.

---

[3] Im Englischen wird dies als "intrinsic, tacit knowledge" bezeichnet; Noam Chomsky, *Aspects of the Theory of Syntax*, Cambridge, MA: M.I.T. Press, 1965, S. 140.

Betrachten wir die Ausgabe des Automaton, das musikalische Kompetenz rekonstruiert, als eine formale Sprache K (für Kompetenz), so will das besagen, daß wir uns die eine musikalische Oberflächenstruktur bildenden Einheiten als Elemente eines vom Automaton produzierten Endalphabets (V_T) vorstellen, für das eine Wohlgeformtheitsbedingung festgesetzt wurde.

Ferner nehmen wir an, daß die Elemente dieses Alphabets von einer begrenzten Menge von Symbolen eines Anfangsalphabets (V_{NT}) aufgrund einer numerisch endlichen Anzahl wohldefinierter Umschreibungsregeln abgeleitet und ihnen gemäß verkettet worden sind. 'Umschreibungsregel' will besagen, daß der Prozeß der Erzeugung der Oberflächenstrukturen im wesentlichen ein mechanisches Verfahren der Substitution darstellt, durch das Elemente des Anfangsalphabets durch solche des Endalphabets unter genau definierten Bedingungen ersetzt werden.

Die Symbole des Anfangsalphabets stellen daher metamusikalische Kategorien in dem Sinne dar, in dem sie nicht selbst integrale Elemente der musikalischen Struktur sind. Vielmehr repräsentieren sie Konstituenten, die imstande sind, der musikalischen Oberflächenstruktur (d.h. den verketteten Elementen des Endalphabets) eine von der chronologischen Sukzession unabhängige Struktur aufzuprägen.

Diese Konstituenten sind Bestimmungen höherer Allgemeinheit, welche die in der Oberflächenstruktur verwirklichte Zeitfolge und Funktion der Endverkettungen determinieren. Die den Endverkettungen auferlegte Wohlgeformtheitsbedingung will besagen, daß nur jene vom Anfangsalphabet abgeleiteten Einheiten der Oberflächenstruktur angehören, welche gewisse syntaktische Erfordernisse erfüllen.

Das Modell bringt also regelbestimmte musikalische Produktivität als ein System formeller und explizit definierter Regeln zur Darstellung. Als allgemeines Modell einer formalen Sprache K wird es jene Kompetenz explizieren, welche notwendig ist, um eine potentiell unendliche Menge von neuen musikalischen Strukturen zu erzeugen - gleichgültig, um welche musikalische Tätigkeit oder um welches besondere musikalische System es sich handelt.

Ein solches Modell stellt ein System rekursiver Regeln dar, welche eine der Möglichkeit nach unendliche Ausgabe hervorbringen. Man kann es daher als eine musikalische Grammatik auffassen, für die definitionsgemäß Vollzugsbeschränkungen psychologischer Natur, wie etwa die Begrenzung des verfügbaren Gedächtnisses (Speichers) oder ästhetische Intentionen, nicht bestehen.

Zum einen stellt ein solches Modell also ein unendliches Automaton dar, das beliebig vieler Verschlingungen von Abhängigkeiten der Symbole (*embeddings*) fähig ist; jedoch wird zum anderen ein solches Automaton nicht eine einfache Turing-Maschine sein können, sondern wird in definierter Weise zu beschränken sein, um methodologisch bedeutsame strukturelle Beschreibungen zu liefern.[4]

Wir definieren eine formale Sprache V (für Vollzug) als eine Menge von Verkettungen von Aktionen, die eine musikalische Aktivität darstellen. Die Endverkettungen eines solchen operationellen Systems sind Resultate der Umschreibung eines Anfangsalphabets 'strategischer' Konstituenten, die Determinanten ihnen strukturell untergeordneter taktischer Einheiten der Aktivität sind. Die Substitutionsregeln eines solchen Systems explizieren die Art und Weise, auf welche eine komplizierte Vollzugsaufgabe in untergeordnete Teilaufgaben aufgelöst wird, welche im Gedächtnis des Automaton aufbewahrt, erinnert und in vorbestimmter Weise wiederaufgenommen werden.

Die Wohlgeformtheitsbedingung, der die Verkettungen der Endsymbole zu gehorchen haben, betrifft hier die strategische Zulänglichkeit der durch die Aktivität hervorgebrachten Resultate. Diese Zulänglichkeit ergibt sich, wenn man die Resultate mit einer die Ausgabe betreffenden Hypothese (einem innerlich erzeugten Kriterium) vergleicht, demzufolge das System grundsätzlich funktioniert.

Sowohl im Modell für die Erzeugung wohlgeformter musikalischer Strukturen (formale Sprache K), als auch in dem für die Verkettung von Aktionen eines musikalischen Vollzuges (formale Sprache V) sind wir mit der Aufgabe befaßt, jene Interpretation der Elemente des Anfangsalphabets (V_{NT}) zu finden, die sich als metamusikalische Kategorien mechanisch und systematisch durch Elemente eines Endalphabets (V_T) ersetzen lassen. Wir müssen also Kategorien und Regeln finden, welche es ermöglichen, die prinzipiell unendliche Vielfalt von Ausgaben durch eine rigoros, doch sinnvoll begrenzte Anzahl von Grundbestimmungen zu explizieren.

Im Falle musikalischer Strukturen wird das Anfangsalphabet eine Anzahl von metamusikalischen Grundbegriffen umfassen müssen, die imstande sind, die die Ausgabe darstellende Oberflächenstruktur - sei sie grammatisch oder taktisch - der Ordnung und Funktion ihrer Einheiten gemäß zu markieren. Diese Aufgabe ist gleichbedeutend mit der, die Beziehung dieser Einheiten zu ihren strukturellen Determinanten höherer Allgemeinheit nach Regeln zu explizieren.

Die Ausgabe beider dargestellten Systeme ist prinzipiell unendlich, während die Ableitungsregeln eine endliche Menge ausmachen. Diese Regeln explizieren musikalische Produktivität, wie sie sich einmal in der Hervorbringung neuer musikalischer Strukturen, zum anderen in deren kommunikativem Gebrauch manifestiert. Wohlgeformtheit der Ausgabe betrifft daher im ersten Falle

---

[4] Noam Chomsky, "On Certain Formal Properties of Grammars", *Information and Control* 2 (1959), S. 137-167, hier S. 137 f.

die 'Grammatikalität' produzierter Strukturen in Hinsicht auf ein bestimmtes musikalisches System. Im zweiten Falle hat Wohlgeformtheit der Ausgabe mit strategischer Zulänglichkeit oder Annehmbarkeit (*acceptability*) zu tun. Wir explizieren musikalische Produktivität, indem wir zeigen, daß die Fähigkeit der Erzeugung und Verwendung musikalischer Strukturen aufgrund einer endlichen, wohldefinierten Menge von grammatischen oder strategischen Regeln geschieht, die in rekursiver Anwendung eine unendliche Menge neuer Strukturen oder Aktionen hervorbringen.

Die von unserem Modell gegebenen Beschreibungen betreffen also einerseits musikalische Strukturen, andererseits das Verhalten, welches diese Strukturen mehr oder weniger direkt zum Zweck der musikalischen Kommunikation verwendet.

Dieser Aufsatz besteht im wesentlichen aus einer Anzahl von methodologischen Untersuchungen, welche die abstrakte Form eines allgemeinen musikalischen Vollzugsmodells betreffen. Ein solches Modell stellt ein endliches Automaton dar, insofern es grundsätzlich nach Prinzipien eines endlichen Gedächtnisses verfährt. Es ist also ein endliches Modell der Verwendung musikalischer Strukturen.

Die Behandlung unseres Themas ist durchaus programmatisch. Die Gründe dafür sind offenbar: Auf einem so unentwickelten Gebiet wissenschaftlicher Untersuchung als es dasjenige ist, wovon wir handeln, kann man auf Resultate selbst geringer Relevanz nicht hoffen, solange nicht die folgenden Fragen ihre methodologische Aufklärung gefunden haben[5]:

1. Was ist der Bereich einer Theorie musikalischen Vollzuges?
2. Welches sind ihre deskriptiven Ziele, und was sucht die Theorie zu erklären?
3. Welches sind die formalen Gebilde, welche sie einsetzt, um diese Ziele zu erreichen?
4. Welche sind die empirischen und methodologischen Einschränkungen, denen sie sich unterwerfen muß, um als Theorie zulänglich zu sein?

Methodologische Zulänglichkeit einer Theorie kann auf verschiedenen Niveaus festgestellt werden.[6] Der Bereich der uns beschäftigenden Theorie ist jene Menge von Modellen, die man entwerfen kann, um die formalen Eigenschaften mu-

---

[5] Jerrold J. Katz und Jerry A. Fodor, "The Structure of a Semantic Theory", *Language* 39 (1963), S. 170-210, hier S. 170.
[6] Noam Chomsky, "Current Issues in Linguistic Theory", *The Structure of Language: Readings in the Philosophy of Language*, hrsg. von Jerry A. Fodor und Jerrold J. Katz, Englewood Cliffs, NJ: Prentice-Hall, 1964, S. 50-118, hier S. 63.

sikalischer Aktivität darzustellen. Eine solche Theorie kann beobachtungsmäßig adäquat heißen, wenn sie eine erschöpfende Darstellung von Eingaben zu geben vermag, die musikalische Aktivität zum Gegenstand hat. Die Theorie wird eine zureichende Beschreibung musikalischer Aktivität geben, falls sie die Ausgabe ihrer Modelle so definiert, daß man sie sich als einer grammatikalischen Wohlgeformtheitsbedingung unterworfen denken kann. Schließlich kann man die Theorie erklärend nennen, falls sie imstande ist, die innere Struktur des Vollzugsmodells in Hinsicht auf Regeln grammatikalischer Kompetenz zu definieren, von denen musikalische Kommunikation, wenigstens grundlegend, abhängig ist.

Das deskriptive Ziel der von uns gesuchten Theorie ist die Untersuchung formaler Eigenschaften von musikalischen Vollzugsmodellen. Diese Theorie kann nur dadurch erklärend wirken, daß sie einen Algorithmus (ein effektives Verfahren) für den Vergleich verschiedener, deskriptiv gleichermaßen zureichender Modelle entwickelt. Sofern es sich um ein allgemeines Modell handelt, werden die Resultate eines solchen Vergleichs Gültigkeit - unabhängig von der Besonderheit bestimmter Vollzüge, wie etwa der Komposition oder des Zuhörens - haben müssen. Sie werden auf einem Kriterium der Einfachheit von Vollzugsmodellen zu beruhen haben, das von der Theorie zu definieren ist.

Eine Betrachtung der empirischen Bedingungen der Theorie wird sogleich ihre besonderen Schwierigkeiten darlegen. Empirisch einschränkende Bedingungen sind dadurch gegeben, daß wir es im Falle von Vollzugsmodellen - im Gegensatz zu Grammatiken - mit Automata von begrenztem Gedächtnis zu tun haben. Andererseits jedoch haben wir in Betracht zu ziehen, daß die Eingabe zu solchen Automata - wenigstens zum Teil - grammatikalisch determiniert ist. Dies trifft in dem Maße zu, in dem der musikalische Strukturen kommunikativ Verwendende Elemente von Kompetenz aktualisiert. *Das Problem der Beziehung zwischen grammatischen und strategischen Regeln besteht also im wesentlichen darin, wie ein Automaton mit endlichem Gedächtnis Regeln der Art enthalten kann, die einem grundsätzlich unendlichen ('grammatikalischen') Automaton angehören.*[7]

Methodologisch einschränkende Bedingungen der Theorie ergeben sich aus der fundamentalen Unterscheidung von Kompetenz und Vollzug. Obwohl Regeln musikalischer Grammatik als solche nicht die Frage beantworten können, wie wohlgeformte musikalische Strukturen kommunikative Verwendung finden, so liegen sie nichtsdestoweniger solcher Verwendung zugrunde. Recht verstanden sind nämlich kommunikative Vollzüge 'musikalisch' nur insofern,

---

[7] Die Unendlichkeit bzw. Endlichkeit von Automata hat mit ihrer Fähigkeit zu tun, weitreichende Verschlingung von Abhängigkeiten zwischen Symbolen entweder produzieren (akzeptieren) zu können oder nicht.

als sie sich auf eine definierbare Menge von Regeln gründen, welche musikalische Kompetenz zur Darstellung bringen. Der Begriff 'musikalisch', wie er im Ausdruck "musikalische Aktivität" verwandt wird, ist also methodologisch gesehen ein zum Bereich der Kompetenz gehöriger Begriff. Kommunikationsaufgaben sind daher als 'musikalische' nur in dem Maße vergleichbar, in dem sich in ihnen ein und dieselbe regelbestimmte Produktivität manifestiert.

Es ist hier vorgeschlagen worden, daß diese Produktivität grundsätzlich als eine formale Sprache K oder als eine musikalische Grammatik rekonstruierbar sei. Als formale Gebilde der Theorie haben wir daher jene Umschreibungssysteme anzugeben, deren allgemeine Definition anfänglich gegeben wurde. Wir werden eine ins einzelne gehende Definition dieser Gebilde nur im Verlaufe weiterer Erörterungen ausführen können.

Eine Theorie musikalischen Vollzuges wird *formal* genannt, wenn sie ausschließlich die Ordnung (Reihenfolge) und die Funktion der Teile untersucht, in welche eine musikalische Aufgabe untergliedert werden kann. Die Theorie wird *explizit* genannt, wenn sie selbst die Eigenschaften einer Menge von Vorschriften besitzt, die imstande ist, die zu beschreibende Aktivität hervorzubringen.[8]

Die formalen Gebilde der Theorie erzeugen Einheiten musikalischen Verhaltens auf mechanische Weise, nämlich durch schrittweise Ableitung eines Endalphabets von strategischen Konstituenten. Diese Ableitung stellt einen Algorithmus dar, welcher die strukturelle Komplexität der vom Verhalten begründeten Aktivität expliziert. Man kann sich die Gesamtheit von Einheiten musikalischen Verhaltens (behavioral sequence) als eine geordnete Menge von strategischen Regeln denken, die wir 'Plan' nennen. Eine Kommunikation ist danach die Ausführung eines musikalischen *Plans* (oder musikalischer Pläne), insofern das ihr zugrundeliegende Verhalten durch die hierarchische Struktur des Plans determiniert bzw. erzeugt wird. Der Plan stellt eine erschöpfende und innerlich geordnete Beschreibung der strategischen (übergeordneten) und taktischen (untergeordneten) Einheiten der Aktivität dar. Wir können einen solchen Plan dadurch demonstrieren, daß wir uns eine musikalische Tätigkeit X in eine Reihe von Teilaufgaben Y1, Y2, und Y3 aufgeteilt denken. Wir nehmen an, daß Y1 sich ferner in Z1 und Z2 aufspaltet. In diesem Falle kann das für die Aktivität X notwendige Maß von Aufschiebung der Teilaufgaben (depth of postponement) mit Hilfe eines strategischen Diagramms dargestellt werden[9]:

[8] George A. Miller, Eugene Galanter und Karl H. Pribram, *Plans and the Structure of Behavior*, New York: Henry Holt, 1960, S. 16.
[9] George A. Miller und Noam Chomsky, "Finitary Models of Language Users", *Handbook of Mathematical Psychology*, hrsg. von R. Duncan Luce, Robert R. Bush und Eugene Galanter, Bd. 2, New York: Wiley, 1963, S. 487.

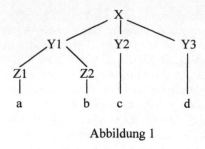

Abbildung 1

Das Diagramm impliziert, daß die Teilaufgaben der Aktivität X im Gedächtnis aufbewahrt, erinnert und in wohldefinierter Reihenfolge wiederaufgenommen werden.[10] Die von dem strategischen Diagramm gegebene strukturelle Beschreibung der Aktivität X kann in Form eines Umschreibungssystems folgendermaßen dargestellt werden:

1.	X	---	Y1 + Y2 + Y3
2.	Y1	---	Z1 + Z2
3.	Z1	---	a
4.	Z2	---	b
5.	Y2	---	c
6.	Y3	---	d

Abbildung 2

In diesem System stellen X,Y,Z strategische und a,b,c,d taktische Einheiten der Aktivität dar; das Symbol "---" wird als "ist zu ersetzen durch ..." gelesen.

Man kann eine solche hierarchische Menge von Vorschriften als ein System von Substitutionsregeln betrachten, welches den Kontrollwechsel (*transfer of control*) von einer Teilaufgabe zur anderen regelt. Es handelt sich bei den Regeln also um Instanzen der Kontrolle der Reihenfolge, in welcher die eine Aktivität ausmachenden Aktionen ablaufen.

Methodologisch gesehen, stellt das System die Hypothese dar, daß musikalische Pläne im wesentlichen Programme (Computerprogramme) sind, welche musikalische Aktivität simulieren. Diese Programme stellen eine Theorie or-

---

[10] In diesem Falle sind die Regeln des Systems nur teilweise geordnet. Keine Regel ist aufgestellt, welche besagt, daß das System nach Z2 unmittelbar nach Y2 zurückkehrt; vielmehr steht es ihm frei, zuvor nach a und b (den taktischen Aufgaben) fortzuschreiten.

ganismischer Pläne dar, welche die einer Kommunikation zugrundeliegenden Verhaltensweisen hervorbringen. Das ausgeführte Diagramm macht einige wesentliche Kriterien der Komplexität von Aktivitäten sichtbar[11]:

1. das für die Aktivität notwendige Maß von Aufschiebung der Teilaufgaben (postponement) oder die Belastung des Gedächtnisses;
2. die strukturelle Komplexität des Verhaltens, ausdrückbar durch das Verhältnis der Summe aller Verzweigungspunkte (nodes) zur Anzahl der Endpunkte (in diesem Falle, das Verhältnis 10:4);
3. (sofern zutreffend) das Maß von Selbst-Verschlingung (self-embedding) von Aufgaben und Teilaufgaben.

Die hierarchische Struktur P (1-6), welche die Reihenfolge von Teilaufgaben der Aktivität darstellt, kann in zweifacher Weise interpretiert werden. Aufwärts gelesen, beschreibt sie eine Aktivität, die zu den strategisch bestimmenden Aufgaben über die Lösung taktischer (administrativer) Probleme führt. Abwärts gelesen, dokumentiert sie eine Tätigkeit, deren taktische Teile eindeutig von den strategisch entscheidenden abhängen. In beiden Fällen stellen die Regeln des Systems den Zusammenhang der Elemente des Verhaltens als geordnete Folge von Teilaufgaben dar und bestimmen den Kontrollwechsel innerhalb der Aktivität.

Der Plan ist demnach eine in ihrer Reihenfolge exakt definierte Abfolge von Aktionen, die 'musikalisches' Verhalten in dem Maße hervorbringen, in dem die strategischen Instruktionen zugleich Regeln des Vollzuges musikalischer Kompetenz sind. Sofern sie von einer hierarchisch geordneten Anzahl strategischer Instruktionen determiniert ist, stellt also musikalische Kommunikation den Plan dar, welchen ein musikalisches Vollzugssystem ausführt.

Eine Theorie musikalischen Vollzuges, welche Kommunikation als regelbestimmte Aktivität erklärt, wird also grundsätzlich zwei Probleme zu lösen haben:

1. das Problem der Entstehung (Bildung) von Plänen;
2. das Problem der Ausführung von Plänen.

Um zu verstehen, wie Pläne entstehen, müssen die beiden folgenden Fragen gestellt werden: a) Gibt es eine allen Aktionen des Plans gemeinsame analytische 'Einheit des Verhaltens'?; b) Welcher Natur ist die dem Vollzugssystem zufallende Hauptaufgabe, die es auszuführen trachtet?

---

[11] Miller und Chomsky, a.a.O., S. 484-485.

43

Einer 'kybernetischen' Hypothese zufolge[12], läßt sich annehmen, daß jede Aktion grundsätzlich aus zwei Teilen besteht: einem Test und einer Reihe ihm verbundener Operationen (O). Man kann sich Test (T) und Operationen als durch eine Rückkoppelungs-Schleife (*feedback loop*) aktiv verbunden denken, die durch 'exit' (E) terminiert[13]:

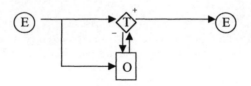

Abbildung 3

Die Testphase und Operationsphase verbindende Schleife stellt dann die Wiederholung von Tests dar, welche sicherstellt, daß die ausgeführten Operationen zureichend sind. Die Operationen müssen schließlich Resultate liefern, die ein intern erzeugtes Kriterium (eine Hypothese) erfüllen, dem gemäß die Tests entworfen wurden. Eine Aktion ist beendet in dem Augenblick, in dem ein Kontrollwechsel zur nächsten Aufgabe hin stattfindet. Das System findet zum Ausgang unter der Bedingung, daß die getesteten Resultate der Operationen das formulierte Kriterium erfüllen. Das Kriterium stellt also jene Gruppe von Bedingungen dar, welche das System zu erfüllen unternimmt. Dieser Konzeption zufolge besteht jeder Teil der simulierten Aktivität aus einer Reihenfolge von Einheiten, die durch die Abfolge 'Test-Operation-Test-Exit' definiert sind und daher kurz TOTE-Einheiten genannt werden können.[14] *Diese TOTE-Einheiten stellen somit die gesuchten analytischen Grundelemente aller Aktionen eines Plans dar.* Vergegenwärtigen wir uns, daß sich musikalische Aktivitäten stets auf eine bestimmte Menge von Information beziehen, die zu verarbeiten ist. Unter dieser Voraussetzung ist es begründet anzunehmen, daß das für die Definition der Testphase benötigte Kriterium Resultat einer (vorläufigen) Analyse der Eingabe des Systems darstellt.

Eine Reihe definierter Tests kann Strategie heißen. Das Kriterium wäre also eine Anzahl hypothetisch angenommener, strategischer Bedingungen, welche das System zu befriedigen sucht. Das in ihnen enthaltene hypothetische Element muß sich demnach auf jenen Ausgleichszustand des Systems beziehen, in

---

[12] Miller, Galanter und Pribram, a.a.O., S. 22 f.
[13] Miller und Chomsky, a.a.O., S. 486
[14] Miller, Galanter und Pribram, a.a.O., S. 22 f.

welchem die Inkongruenz zwischen Eingabe und Hypothese nicht länger existiert. Im Falle eines musikalischen Vollzugssystems wird ein solcher Ausgleichszustand konkret von der jeweilig untersuchten Aktivität abhängen. Jedoch kann man in Hinsicht auf die allen Vollzügen als 'musikalischen' zugrundeliegende Kompetenz annehmen, daß die diese Kompetenz rekonstruierende Grammatik als einschränkende Bedingung der überhaupt möglichen Hypothesen wirkt, die sich für ein bestimmtes musikalisches System aufstellen lassen. Die eine musikalische Aktivität bildenden Operationen stellen also eine von Tests kontrollierte musikalische Strategie dar, die es zur Aufgabe hat, die zwischen einer problem-schaffenden Eingabe des Automaton und einer die Tests determinierenden Hypothese bestehende Dichotomie aufzuheben. Dies geschieht derart, daß die Resultate der mit den Tests verbundenen Operationen beständig durch eine Rückkoppelungsschleife überprüft und berichtigt werden, und zwar solange, bis die (vielleicht im Licht neuer Evidenz revidierte) Hypothese entweder bestätigt oder abgewiesen ist.[15]

Das Automaton vermag offenbar nur dann zu funktionieren, wenn ein Kriterium definiert wird, das vorschreibt, welche Bedingungen die strategischen sowie taktischen Testphasen zu erfüllen haben, damit das System von einer zur anderen Operation fortschreiten und schließlich einen Exit erreichen kann. Im Falle, daß es in der Tat Aufgabe der den Plan ausmachenden Aktionen ist, "jeglichen Unterschied zwischen einer äußeren Situation (Eingabe) und einem gewissen innerlich erzeugten Kriterium aufzuheben"[16], läßt sich vermuten, daß die Hauptaufgabe des gesamten Systems die Erzeugung einer Menge von *Vergleichsstrukturen* ist, welche mit der äußeren Situation zureichend übereinstimmen. Solche Übereinstimmung bedeutet nicht Identität, sondern Kongruenz im Sinne der Aufhebung eines zu erreichenden Zieles. Die Vergleichsstrukturen stellen also die vom Automaton angestrebte Lösung zu dem von der Eingabe gestellten Problem dar. Die Bedeutung der veranschaulichten kybernetischen Hypothese liegt darin, daß sie die traditionelle Annahme verwirft, es handele sich im Prozeß der musikalischen Kommunikation um einen passiven Registrationsprozeß, der sich auf Segmentierung der Eingabe und die Identifikation ihrer Bestandteile gründe. Der formulierten Hypothese nach ist es eher ein aktives Forschen nach Lösungen, nämlich nach Lösungen von Problemen, welche von der Eingabe des Automaton aufgeworfen werden. Diese forschende Aktivität könnte als ein Prozeß der Erzeugung musikalischer Vergleichsstrukturen ange-

---

[15] Ein solches System kann sich in Rückkoppelungsschleifen verstricken, die andeuten, "daß es dem Plan nicht gelang, jene Resultate hervorzubringen, für welche die entscheidenden Tests entworfen wurden". In solchem Falle ist es notwendig, weitere Vorkehrungen für die Aufdeckung und Beseitigung der Rückkoppelungsschleifen zu treffen. Siehe Miller, Galanter und Pribram, a.a.O., S. 37, Fußnote 12.

[16] Miller und Chomsky, a.a.O., S. 485.

sehen werden, die imstande sind, der aufgrund der Eingabe-Analyse formulierten Hypothese Genüge zu tun.

Eine solche Annahme würde erfordern, daß man die (für Vollzugsmodelle traditionelle) Behauptung aufgäbe, "Musik sei eine Menge von musikalischen Reaktionen". Im Gegensatz zu einer solchen Annahme wäre musikalische Aktivität als eine geordnete Reihenfolge von Operationen eines Planes zu definieren, die musikalisches Verhalten dadurch erzeugen, daß sie eine Menge von (durch Eingaben provozierten) Vergleichsstrukturen hervorbringen. Diese Definition musikalischer Aktivität ist in der Tat notwendig, falls man die Annahme aufrechterhalten will, daß musikalische Kommunikation wesentlich Vollzug, d.h. eine Aktualisierung musikalischer Kompetenz, darstelle. Diese Annahme kann durch die Hypothese formalisiert werden, daß sich musikalische Aktivität durch ein Programm für die Hervorbringung von musikalischen Vergleichsstrukturen simulieren lasse, die eine - sich auf die Ausgabe des Systems beziehende - Hypothese erfüllen.

Im Unterschied zu einem derartig formalisierten Vollzugsmodell ist die durch eine Grammatik (Rekonstruktion musikalischer Kompetenz) zu lösende Aufgabe, die Fähigkeit zu explizieren, auf der Grundlage eines beschränkten musikalischen Korpus eine potentiell unendliche Menge neuer Strukturen zu erzeugen. Diese Fähigkeit 'musikalischer Produktivität' scheint nur erklärbar, wenn man annimmt, daß der Musiker eine endliche Menge rekursiver Regeln, Grammatik genannt, von dem ihm zugänglichen Korpus abstrahiert und zur Erzeugung neuer Strukturen eingesetzt habe. Ein musikalisches Vollzugsmodell, das seine Aufgabe, die Verwendung von Kompetenz zu erklären, dadurch zu lösen suchte, daß es annähme, der Musiker vollbringe die Formulierung einer Vergleichsstruktur durch ein Verfahren passiver Registration der relevanten Eingabe, verstieße sicherlich gegen weitverbreitete Auffassungen vom Wesen musikalischer Produktivität (Intuitionen, die nicht einfach 'wissenschaftlich' weg-zu-erklären sind). Adäquater erscheint die Annahme, daß es sich bei dem Prozeß des Vergleichs zwischen Eingabe und im musikalischen Vollzug hervorgebrachter Struktur um eine aktiv forschende Tätigkeit handle und daß musikalischer Vollzug sich in definierter Weise auf die rekursiven Regeln einer ihm zugrundeliegenden Grammatik beziehe. (Als 'generative' Grammatik ist nämlich das musikalische Kompetenzmodell gleichermaßen 'projektiv', d.h. es erzeugt die unendliche Menge aller überhaupt möglichen, nicht nur wirklich vorkommende musikalische Strukturen.) Auch wird die Eingabe des Vollzugssystems Vergleiche herausfordern und also Probleme aufwerfen; dies aber nur insofern, als er grammatische Information beinhaltet, die von allen an der Kommunikation Beteiligten absorbiert wurde. *Problembestimmte Kommunikation ist also nur in dem Maße möglich, in dem sie auf Kompetenz beruhender Vollzug ist.*

Unter dieser Bedingung wird sich das im Kommunikationsakt verwirklichte grammatikalische Wissen (erste Wissensart) als einschränkende Determinante jener Strukturen auswirken, die grundsätzlich 'verständlich' ('verstehbar') oder 'komponierbar' (etc.) sind. Dieses Wissen wird also die Anzahl der Hypothesen beschränken, die in Hinsicht auf eine bestimmte Eingabe überhaupt sinnvoll sind. Es wird daher die Aufgabe, eine Reihe von Tests (d.h. eine Strategie) zu entwickeln, nicht nur erleichtern, sondern allererst möglich machen.

Die Bildung von Plänen musikalischer Kommunikation kann demnach als die Ausarbeitung von Tests angesehen werden, deren Gesamtheit eine musikalische Strategie darstellt. Diesen Tests liegt eine Hypothese hinsichtlich der Ausgabe (d.h. der Unbekannten) des Systems zugrunde, welche sich einer Analyse der Eingabe verdankt. Aufgabe der mit den Tests verbundenen Operationen ist es, die Hypothese auf strategischem und taktischem Niveau in vorbestimmter Reihenfolge zu testen. Anders gesagt, diese Operationen müssen einer Reihe von Bedingungen gehorchen, welche die Hypothese ausmachen. Die Aufgabe, die Hypothese zu bestätigen oder zu verwerfen, unternimmt das System aktiv dadurch, daß es musikalische Vergleichsstrukturen erzeugt, welche geeignet sind, die zwischen der Eingabe und der aufgestellten Hypothese bestehende Dichotomie aufzuheben und auf diese Weise die Aktivität des Systems zum Abschluß zu bringen. Selbstverständlich kann die Hypothese im Licht neuer Evidenz revidiert werden.

Die Ausführung musikalischer Pläne kann man sich demnach als aus zwei verschiedenen Prozessen zusammengesetzt denken:

1. der Ausarbeitung eines Programms für die Erzeugung von Vergleichsstrukturen;
2. der Ausarbeitung eines administrative Aktionen (Aufgaben) umfassenden Planes für Speicherung, vorläufige Analyse, Vergleich und Kontrolle der Reihenfolge von Operationen etc. (soweit die Aktionen nicht neuropsychologisch vorgegeben sind).

In Hinsicht auf Planbildung und Planausführung kann man annehmen, daß das Gedächtnis (Speicher) des Automaton in zweifacher Weise in Anspruch genommen wird: einmal zur Speicherung der für die Erzeugung von Vergleichsstrukturen erforderlichen grammatischen Regeln; zweitens zur Speicherung von Anweisungen, die sich auf den tatsächlichen Rechenvorgang beziehen. Die grundsätzliche Aufgabe des Automaton - zu entdecken, was zu tun sei, um eine mit der Eingabe übereinstimmende Vergleichsstruktur zu erzeugen - kann auch als die Aufgabe verstanden werden, eine symbolische Kodierung der Eingabe (und damit der Ausgabe) zu finden. Diese Aufgabe stellt eine "Umwandlung (*mapping*) der simultanen Komplexitäten des Gedankens in eine lineare Symbolfolge"[17] dar. In der Tat bereitet es Schwierigkeiten, sich die Umwandlung als einen ein-dimensionalen Prozeß vorzustellen. Eine solche Aktivität wird angemessener als eine Hierarchie von Aktionen betrachtet, die in strategisch dominierende und untergeordnete Teilaufgaben zerlegt wird und die gespeichert, erinnert und in kontrollierter Reihenfolge wiederaufgenommen werden. (Diese Aufteilung hat freilich ihre Grenzen dort, wo das verfügbare Gedächtnis voll ausgelastet ist.) Also bedarf man zur Darstellung von Kommunikationsaufgaben einer hierarchischen Struktur (eines Planes), die imstande ist, eine Anzahl von Aktionen zu einer innerlich geordneten musikalischen Strategie zusammenzufassen.

Der Begriff einer Hierarchie von Teilaufgaben läßt sich in einfacher Weise mit dem einer TOTE-Einheit als analytischer Grundeinheit des Verhaltens in Einklang setzen, wenn man annimmt, daß sich die operationelle Phase einer Tätigkeit zu einer Reihe untergeordneter TOTE-Einheiten erweitern lasse. Anders gesagt, man nimmt an, "daß die operationellen Komponenten einer TOTE-Einheit selbst TOTE-Einheiten sind"[18]. Unter dieser Voraussetzung beschreibt das TOTE-Schema sowohl das strategische als auch taktische Niveau einer Tätigkeit. Eine strategisch konstitutive TOTE-Einheit Y1 vermag daher selbst eine Reihe von untergeordneten Tests Z1, Z2 zu enthalten, deren jeder mit entsprechenden Operationen verbunden ist[19]:

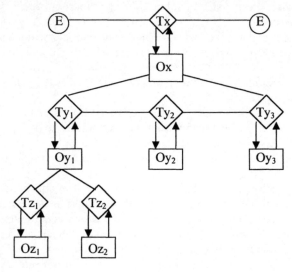

Abbildung 4

[17] Miller und Chomsky, a.a.O., S. 483.
[18] Miller, Galanter und Pribram, a.a.O., S. 32.
[19] Miller und Chomsky, a.a.O., S. 487.

Während die Anzahl der grundsätzlichen Tests einer musikalischen Aktivität relativ beschränkt ist, läßt sich also ihre operationelle Phase beliebig um untergeordnete Tests erweitern. Für den Entwurf musikalischer Pläne wird man zwei grundsätzlich verschiedene Arten von Information verwenden müssen:

1. dem musikalischen Kontext zugehörige Information (notwendig vor allem zur Hervorbringung des Kriteriums der Testphasen),
2. grammatische Information (vor allem zur Entwicklung eines Programms für die Erzeugung von Vergleichsstrukturen).

Die musikalischem Kontext entstammende Information gehört allein dem Vollzugszusammenhang an. Die Aufgabe, zu bestimmen, wie solche Information gespeichert und genutzt wird, scheint gegenwärtig kaum lösbar, weil sie eine Antwort auf die Frage der Beziehung von Kompetenz und Vollzug voraussetzt, welche es aufzudecken gilt. Da demonstriert werden kann, daß sich ein allgemeines musikalisches Kompetenzmodell ebenso wie individuell verschiedene Grammatiken grundsätzlich ausarbeiten lassen, ist es angebrachter, die Aufgabe in Angriff zu nehmen, welchen Beitrag zu musikalischen Vollzügen grammatische Information grundsätzlich liefert.

Für die Lösung einer solchen Aufgabe würde zu untersuchen sein, welche Beziehung zwischen grammatischen und strategischen Regeln besteht. Eine Antwort auf diese Frage würde entscheidend davon abhängig sein, ob man sich die Verwendung von Kompetenz im musikalischen Vollzug als eine direkte oder nur heuristische dächte. Im ersten Falle (direkter Verwendung) würde man die Hypothese aufstellen können, daß strategische Regeln grundsätzlich systematische Abweichungen von grammatischen Regeln darstellen; ferner, daß ein erschöpfendes grammatikalisches Wissen für die Erzeugung adäquater Vergleichsstrukturen unerläßlich sei. Im zweiten Falle (heuristischer Verwendung) würde grammatikalisches Wissen als Analogon zur Erzeugung von Vergleichsstrukturen herangezogen; die Annahme, alle Elemente von Kompetenz seien im Vollzug gleichermaßen notwendig, würde man aufgeben. In beiden Fällen wäre es erforderlich, das für die Erzeugung wohlgeformter musikalischer Strukturen notwendige minimale grammatikalische Wissen zu bestimmen. Dies würde die Aufgabe einschließen, zu bestimmen, welche Klassen von Strukturen (eines individuellen musikalischen Systems) der Musik-Vollziehende strategisch überhaupt zu verstehen vermag.[20] Eine Lösung des Verstehensproblems würde zugleich die Lösung von Problemen einschließen, die mit der Unterschiedlichkeit eines Automaton vom endlichen Gedächtnis eines Kompetenzmodells (einer

---

[20] 'Verstehen' bedeutet hier die Fähigkeit, eine (im Sinne von Kompetenz adäquate) Hypothese hinsichtlich der Ausgaben des Vollzugssystems aufstellen und bestätigen oder abweisen zu können.

Grammatik) zusammenhängen. Es liegt nahe anzunehmen, daß nur ein Automaton mit langfristigem Gedächtnis imstande ist, grammatikalische Bedingungen zu verwenden. Kurzfristiges Gedächtnis ist daher nur für strikt administrative (taktische) Aufgaben verwendbar.

Die Hauptaufgabe eines sich als Theorie musikalischen Vollzuges verstehenden Modells der Kommunikation scheint in der Untersuchung der formalen Eigenschaften solcher Vollzugsmodelle zu bestehen, die grammatikalisch induzierte Erzeugungsprozesse darzustellen vermögen. In einer solchen Untersuchung würde die Explikation der Beziehung zwischen Hypothese und Plan eine zentrale Stellung einnehmen, denn sie impliziert die Relation grammatischer und strategischer Regeln. Vielleicht ließe sich sagen, das prinzipielle Problem einer Theorie musikalischer Kommunikation bestehe darin, zu beschreiben, wie die ein bestimmtes musikalisches System Verwendenden grammatikalisches Wissen jenen Hypothesen einverleiben, die sie aufstellen müssen, um Pläne (Strategien) für die Lösung der von akustischen Eingaben gestellten Probleme zu entwerfen.

Hypothese (Vorstellung) und Plan (Strategie) schließen sich keineswegs aus: nur als dem Plan auf dem Wege über die Hypothese einverleibt, kann Kompetenz auf die Aktivität einwirken; und nur auf dem Wege über die Ausführung von Plänen kann eine Hypothese bestätigt, revidiert oder abgewiesen werden. Die Eingabe ist mit der Hypothese durch die Tests verbunden, die zur Lösung eines bestimmten Problems formuliert werden. Daher ist die Aufstellung von Plänen primär die Entwicklung von Tests, die für die Durchführung der Hypothese geeignet sind. Jedoch stellt die Hypothese, von denen die Tests abhängen, nicht einen unmittelbaren Bestandteil des Plans dar. Eine Revision der Hypothese wird unvermeidlich den Plan verändern. Kommunikationsaufgaben - oder ihre Modelle - lassen sich daher in Beziehung auf drei grundlegende Kategorien vergleichen:

1. die von Eingaben abhängige, Ausgaben betreffende Hypothese;
2. das System strategischer Regeln (der Plan), das zum Zwecke der Bestätigung oder Widerlegung der Hypothese definiert wird;
3. die besondere Art und Weise, in welcher die auf Kompetenz beruhende Hypothese der Strategie verbunden ist.

Musikalische Kommunikation auszuüben, scheint also die folgenden Fähigkeiten vorauszusetzen:

a) die Fähigkeit, ein musikalisches System zu erlernen und das in einem solchen System sich manifestierende grammatikalische Wissen mit anderen Teilnehmern der Kommunikation zu teilen;

b) die Fähigkeit, in einer musikalischen Situation eine Hypothese darüber aufstellen zu können, welcher Ausgabe des Vollzugssystems einen Ausgleichszustand hinsichtlich der zwischen Eingabe und internen Zuständen des Systems bestehenden Inkongruenz darstelle;

c) die Fähigkeit, sich vorstellen zu können, welche Bedingungen zu testen seien, um zur Erzeugung eines der Eingabe gleichkommenden Ausgabe auf dem Wege über grammatikalisches Wissen zu gelangen;

d) schließlich die Fähigkeit, die chronologische (oder auch parallele) Folge der mit den Tests des Plans verbundenen Operationen zu kontrollieren, die notwendig sind, um die Hypothese entweder zu bestätigen oder zu widerlegen.

Musikalische Vollzüge, unter diesen vier Aspekten identisch, lassen sich bedeutsam nur insofern vergleichen und in Beziehung setzen, als sie durch ein und dasselbe System von grammatischen Regeln hervorgerufen werden, welches der Musik-Vollziehende verinnerlicht hat. Eine Theorie der musikalischen Kommunikation wird daher als Theorie musikalischen Vollzuges zu erklären haben, welche Beziehung zwischen musikalischen Systemen einerseits und musikalischen Strategien andererseits besteht.[21]

Um den Anforderungen der Formalität und Explizität zu genügen, wird eine solche Theorie auch solche Begriffe zu explizieren haben, die gewöhnlich von Vollzugsmodellen herangezogen werden, wie z.B. den Begriff der Intention, der Erwartung und der Gewohnheit. Die Explikation dieser Begriffe ist in der Tat implizit schon vorgetragen worden. Wir definieren die *Intention eines Vollzugssystems* als die Gesamtheit aller zu einem gegebenen Augenblick aufgeschobenen Teilaufgaben des Systems. *Erwartungen* können verstanden werden als eben jenes intern erzeugte Kriterium, welches das Vollzugssystem hervorbringt und das eine Dichotomie zwischen der Eingabe und internen Zuständen des Systems verursacht. Was die *Gewohnheiten* angeht, so wären sie als systematische Umwandlungen vormaliger in neue Pläne zu verstehen.[22] Vorausgesetzt, daß die strategischen Diagramme der umgewandelten Pläne bekannt sind, lassen sich Umformungsregeln aufstellen, welche den Wandel von alten zu neuen Plänen, sogar in ein und derselben Situation, eindeutig beschreiben. *Will sie also die Annahme aufrechterhalten, daß es sich in der Kommunikation um eine regel-bestimmte Aktivität handle, so wird eine musikalische Vollzugstheorie eine Theorie der Umformung strategischer Pläne beinhalten müssen.* Unter

---

[21] Wir werden im zweiten Teil dieser Abhandlung den Entwurf einer musikalischen Grammatik vortragen.
[22] Miller und Chomsky, a.a.O., S .486.

den mannigfachen, die Herkunft musikalischer Strategien betreffenden Hypothesen ist gewiß am überzeugendsten die Annahme, daß neue Pläne umgeformte alte Pläne sind.[23] *Daher wird eine Theorie musikalischen Vollzuges auch eine Theorie musikalischen Lernens sein müssen.*

Nehmen wir an, daß ein musikalisches Vollzugssystem eine geordnete Menge von Umschreibungsregeln sei, die explizit darlegen, wie eine strategische Aufgabe durch eine Reihe von gespeicherten (etc.) Teilaufgaben ersetzt wird. Unter dieser Voraussetzung kann man sich vorstellen, daß sowohl musikalisches Lernen als auch die Umwandlung musikalischer Pläne auf zwei alternative Weisen zustandekommen: einmal durch die Einführung neuer Regeln, ferner durch eine Umordnung existierender Regeln. Eine dritte Weise der Veränderung eines Vollzugssystems ließe sich als Verwendung von Regeln größerer Kapazität (als sie bloße Umschreibungsregeln besitzen) beschreiben. Solche 'mächtigeren' Regeln wären imstande, jene strategischen Prozesse zu explizieren, welche von der Ableitungsgeschichte der umgeschriebenen Symbole (Teilaufgaben) abhängen. Sie würden also mehr als ein einzelnes Symbol zur Zeit berücksichtigen können.

Im wesentlichen würden solche Regeln komplexe Beziehungen zwischen Teilaufgaben wiedergeben, die nicht notwendig eine Folge funktionaler Beziehungen einzelner Teilaufgaben zu einer Hauptaufgabe sind.

Eine Untersuchung der formalen Eigenschaften von Vollzugsmodellen für verschiedene musikalische Aktivitäten besteht vor allem in der Ausarbeitung eines Systems von Substitutionsregeln, die Verkettungen von Aktionen auf der Grundlage von TOTE-Einheiten darstellen. Eine formale Charakterisierung der Musik-Vollziehenden (music users) kann 'syntaktisch' genannt werden in dem Sinne, daß die Berücksichtigung der Besonderheit einer Vollzugsaufgabe einer anderen gegenüber bereits eine semantische Interpretation des Modells darstellt. Die Tatsache, daß sich verschiedene musikalische Aktivitäten prinzipiell auf der Grundlage einer (sie hervorbringenden) Hierarchie von TOTE-Einheiten - einem Programm von Instruktionen - vergleichen lassen, zeigt, daß diese Aktivitäten nicht nur eine bestimmte Kompetenz gemeinsam haben, sondern auch dasjenige Wissen teilen, das sich auf die Verwendung von Kompetenz bezieht. Dieser Aspekt legt es nahe anzunehmen, daß Probleme der musikalischen Kommunikation nicht vor allem solche vergleichbarer Ein- und Ausgaben von Vollzugssystemen sind, sondern vielmehr das Problem einer vergleichenden Analyse der Struktur musikalischer Strategien betreffen.

Eine solche Untersuchung wiederum ist entschieden befaßt mit der zwischen musik-grammatikalischen und strategischen System bestehenden Abhängigkeit. In der Tat wird die Theorie, um als erklärende auftreten zu können, Kri-

---

[23] Siehe jedoch weiter unten.

terien für die vergleichende Bewertung von Vollzugsmodellen zu entwickeln haben. Die Theorie wird also nicht nur einzelne Vollzugsmodelle auf ihre Konsistenz und Einfachheit hin betrachten, sondern wird vor allem Vollzugsmodelle verschiedener, doch auf der Grundlage von Kompetenz vergleichbarer Aktivitäten auf ihre Struktur hin untersuchen. Während Ein- und Ausgaben solcher Vollzugsmodelle gewiß für unterschiedliche Kommunikationsaufgaben verschieden sind, ist es für das erklärende Wesen der Theorie solcher Modelle entscheidend, daß sie ein effektives Vergleichsverfahren hinsichtlich der inneren Struktur musikalischer Strategien entwickelt. Daher geht man kaum fehl, wenn man als den eigentlichen Bereich der Theorie die Untersuchung des Aufbaus musikalischer Strategien des TOTE-Formats betrachtet. Eine solche Theorie wird zu zeigen haben, wie musik-grammatische und strategische Regeln innerlich verbunden sind. Sofern die Theorie ein allgemeines (nicht ein besonderes) Vollzugsmodell darstellt, wird sie also ihre Einsichten unabhängig von der Eigenart individueller musikalischer Vollzüge, wie etwa des Komponierens oder des Zuhörens, zu formulieren haben. Methodologisch gesehen ist eine solche Theorie in keiner Weise von erkenntnistheoretischen 'Standpunkten' oder von Lösungen erkenntnistheoretischer Probleme (wie etwa dem der Rationalität von Wahrnehmungsprozessen) abhängig. Vielmehr lassen sich solche Probleme eindeutig nur im Rahmen von Modellen behandeln, die Fragen Künstlicher Intelligenz zu beantworten suchen.

Die Theorie wird eher in entscheidendem Maße von der Konzeption musikalischer Kompetenz bestimmt sein, welche man für das Studium von Vollzugsmodellen als notwendig erachtet. Im besonderen hängt ihre Form und Adäquatheit davon ab, ob man die Rekonstruktion von Kompetenz 'an sich' für relevant zu erachten beginnt, anstatt sich (wie bisher) mit der Betrachtung kommunikativ stets schon eingesetzter Kompetenz (*competence in use*) zufriedenzugeben.

Bevor wir eine Diskussion von Problemen der Kompetenz beginnen, werden wir die Hauptaufgaben einer formalen und expliziten Theorie musikalischer Vollzugsmodelle kurz zusammenfassend darstellen.

Wir schlagen vor, daß sich eine solche Theorie auf zwei Probleme konzentriere: 1. das Problem, zu erklären, wie Hypothesen zustandekommen, die die einen Ausgleichszustand des Systems bewirkenden Ausgaben betreffen; 2. das Problem, die Erzeugung von Vergleichsstrukturen zu erklären, welche imstande sind, die vom System aufgestellte Hypothese zu bestätigen oder zu widerlegen. Im einzelnen wird daher die Theorie die folgenden Elemente eines musikalischen Plans explizieren müssen:

a) die Eingaben des Vollzugssystems;

b) die überhaupt möglichen Hypothesen (Gruppe von Bedingungen), die sich der Musik-Vollziehende vorgeben kann, und für die er eine geordnete Folge von Tests oder eine Strategie zu entwickeln unternimmt;

c) die den musikalischen Plan bestimmenden hauptsächlichen Tests, die Eingaben und Hypothesen verbinden;

d) die Natur der mit den Tests verbundenen Operationen, sowohl auf strategischem als auch auf taktischem Niveau;

e) die interne Struktur des die Vergleichsstrukturen erzeugenden Moduls, sowohl in seinen administrativen als auch direkt auf Erzeugung bezogenen Aspekten;

f) die Ausgaben, sowohl in Kategorien der angestrebten Kommunikation (message) als auch im Sinne der für die unmittelbare Form der Kommunikation verantwortlichen grammatikalischen Komponenten;

g) das Prinzip des - Test und Operationen verbindenden - Kontrollwechsels;

h) das durch den Ausgleichszustand definierte Prinzip der Beendigung einer Aktivität (das letzten Endes bereits mit der Hypothese gesetzt ist).

In ihren strukturellen Beschreibungen musikalischer Aktivität wird die Theorie ferner Begriffe wie 'Komplexität musikalischer Pläne' und 'Umformung von musikalischen Plänen' zu explizieren haben. Ist es doch gerade in Begriffen struktureller und transformationeller Verwickeltheit von Plänen, daß sich eine formale Charakterisierung von Musik-Vollziehenden geben läßt.

Die Frage, woher musikalische Pläne kommen, kann nicht abgehandelt werden, bevor eine adäquate Theorie musikalischen Lernens existiert. Dieses Problem führt schließlich auf die Frage musikalischer Prinzipien (*universals*), wie sie sich nur im Rahmen eines formalisierten Kompetenzmodells abhandeln läßt.

*

Es wurde dargetan, daß die Aufgabe musikalischer Kommunikation im wesentlichen zwei Fähigkeiten in Anspruch nimmt: diejenige, eine geordnete Reihe von Tests (eine Strategie) festzulegen; ferner jene, diese Tests in einer der Reihenfolge nach kontrollierten Abfolge von Operationen auszuführen. Dabei wurde angenommen, daß eine Aktivität in dem Maße durch einen Plan erzeugt werde, als sie ihn ausführe. Es scheint evident, daß die Menge jener musikalischen Strukturen, die als plan-provozierende infrage kommen, prinzipiell eine unendliche ist. Daher ist es von entscheidender Bedeutung, die einschränkenden Bedingungen zu explizieren, die auf die Eingabe eines Vollzugssystems grundsätzlich einwirken. Solche Bedingungen erleichtern nicht nur die Aufgabe, sich musikalische Probleme zu stellen; vielmehr machen sie die Entwicklung musikalischer Pläne allererst möglich. Um sich nämlich überhaupt musikalischer Probleme bewußt zu werden, bedarf der Musik-Vollziehende einer adäquaten Hypothese in Hinblick auf die Ausgabe des Vollzugssystems. Ferner muß er bestimmen, was die für die Produktion einer solchen Ausgabe angemessenen Tests und Operationen sind. Angesichts dieser Probleme ist es gewiß keine erhellende Antwort, auf die durch frühere Ausführung musikalischer Strategien gewonnenen Einsichten zu verweisen. Ein solcher Verweis würde die Lösung des Problems, inwiefern denn musik-grammatikalisches Wissen den kommunikativen Vollzug determiniere, nur hinauszögern, sie nicht aber herbeiführen.[24]

Obwohl es eine konventionell akzeptierte methodologische Entscheidung darstellt, *das Problem einer Rekonstruktion musikalischer Kompetenz unabhängig von deren Vollzügen als irrelevant zu vernachlässigen,* kann dieser Autor in einer solchen Entscheidung nur eine willkürliche, ganz ungerechtfertigte Verharmlosung des Problems musikalischer Kommunikation sehen. Eine solche Einschränkung der Reichweite des zu lösenden Problems wäre allenfalls berechtigt, wenn man durch eine Diskussion von Vollzugsmodellen, die jeglicher musik-grammatischer Elemente entbehren, zeigen könnte, daß die Aufgabe, eine prinzipiell unendliche Menge von Eingaben allein aufgrund von 'pragmatischen' (durch das Vollzugssystem selbst gesetzten) Bedingungen zu bewältigen, grundsätzlich lösbar sei. Solche Modelle würden zu demonstrieren haben, daß das für musikalische Aktivität erforderliche Wissen nicht primär ein die grammatische Struktur des Kommunikationsmediums betreffendes Wissen sei, sondern vielmehr ausschließlich von den (dann zu Unrecht) 'musikalisch' genannten Aktionen des Vollzugssystems abhänge.

Eine solche ungerechtfertigte Annahme schlechterdings zu akzeptieren, kommt der Postulierung einer 'musikalisch' genannten universalen psychologischen 'Natur' aller Kommunizierenden gleich. Jedoch ist das eigentlich relevante Problem nicht das solcher Alternativen; es besteht vielmehr gerade aufgrund der Tatsache, *daß sowohl die musik-grammatikalische als auch die psychologische Determinante von gleicher Bedeutung für die Kommunikation sind* (ohne daß sich die erstere in die zweite auflösen ließe).

Modelle, die Komponenten von Kompetenz überhaupt ausschließen, sind wirklich in Gefahr, überhaupt nicht mit musikalischer Aktivität befaßt zu sein, da sie nur Oberflächenaspekte der verwandten musikalischen Struktur in Betracht ziehen. Sogar diese Beschränkung wäre zu dulden, wenn nur solche Modelle zeigen könnten, daß die semantisch (interpretatorisch) relevanten Elemen-

---

[24] Falls der Verweis 'Gewohnheiten' betrifft, wird man die Transformation musikalischer Pläne studieren müssen.

te der verwandten Struktur in der Tat Elemente der Oberfläche von Musik darstellen, die sich den Eingaben ohne weiteres ablesen lassen. Wäre dies der Fall, so wäre musikalische Analyse, in welcher Form auch immer, gewiß ganz überflüssig. Auch gäbe es keine Veranlassung, musikalische Vollzugsmodelle zu entwerfen, die es ja entschieden mit der Schwierigkeit zu tun haben, die semantisch relevanten strukturellen Elemente einer Eingabe aufzudecken. In der Tat könnten solche Vollzugsmodelle nicht einmal 'musikalische' heißen, da man mit Recht bezweifeln könnte, daß in der Abwesenheit sämtlicher Komponenten musikalischer Kompetenz eine intersubjektive Kommunikation möglich sei, auf der musikalische Mitteilung doch wesentlich beruht. Die Annahme absoluter Privation hinsichtlich musik-grammatikalischen Wissens ist also grundsätzlich selbstvernichtend. Wir werden daher kompetenzfreie Modelle als von vornherein beobachtungsmäßig inadäquat ansehen, da sie offenbar die Eingaben von Vollzugssystemen verfälschen, nicht zu sprechen von deren Ausgabe.

Gleichermaßen möchten wir das gegensätzliche methodologische Extrem von vornherein ausschließen, dem zufolge Probleme musikalischer Kommunikation einfach als Probleme der 'Anwendung musikgrammatikalischen Wissens' behandelt werden, etwa in dem Sinne, daß man sich grammatische Regeln als an sich selbst strategische vorstellt. Man kann vielleicht eine absolute Abhängigkeit musikalischer Vollzüge von Kompetenz im Falle gewisser Arten von Musik (wie der von der späten europäischen Kultur hervorgebrachten 'absoluten Musik') nicht ohne weiteres ausschließen. Nichtsdestoweniger stellt aber die Annahme, daß Regeln einer musikalischen Strategie nichts weiter als (tolerierbare) Abweichungen von musik-grammatischen Regeln darstellen, eine grobe Vereinfachung des Problems dar. Denn eine solche Annahme würde nicht nur die Differenz grammatikalisch wohlgeformter und ästhetisch individueller musikalischer Strukturen übergehen; sie würde ferner behaupten, daß die der Ausgabe des Vollzugssystems aufzuerlegende strategische Wohlgeformtheitsbedingung mit der des Kompetenzmodells identisch sei. Wie immer direkt oder indirekt wir die Beziehung musikalischer Kompetenz zu musikalischem Vollzug definieren wollen, stets werden wir anzunehmen haben, *daß eine exakt bestimmbare Relation strategische Regeln und solche der Kompetenz verbinde.* Wir sind daher in jedem Falle mit den folgenden Problemen befaßt:

1. der Definition des Begriffs 'musik-grammatische Regel';
2. der Definition des Begriffs 'strategische Regel';
3. der Explikation der Weise, in der grammatische Regeln die Bildung musikalischer Pläne bestimmen;
4. einer Klärung der Natur solcher Pläne, sofern sie unter dem Einfluß von Kompetenz geformt werden;

5. der Explikation der Weise, in welcher grammatische Regeln die Ausführung von Plänen, also die Erzeugung von musikalischen Vergleichsstrukturen, bestimmen.

Die ersten beiden Probleme betreffen im wesentlichen die Definition des Formats, der Ordnung und der generativen Kapazität von Regeln. Wir beginnen eine Erörterung der genannten Probleme mit der des Begriffs 'musik-grammatische Regel'.

Der Bereich einer Theorie, die musikalische Kompetenz an sich zu rekonstruieren sucht, ist jene Menge von Modellen, die durch strukturelle Beschreibung musikalischer Symbolverkettungen ('Sätze') einem formalen Umschreibungssystem gemäß die Fähigkeit des in der Musik Einheimischen (*native musician*) explizieren, eine prinzipiell unendliche Menge neuer, wohlgeformter Strukturen auf der Grundlage eines empirisch beschränkten Korpus hervorzubringen. Die von dieser Fähigkeit implizierte Aufgabe musikalischen Lernens kann man nur dadurch erklären, daß man annimmt, der vom Lernenden angetroffene und akzeptierte Korpus musikalischer Strukturen habe die Grundlage der Ausbildung eines Systems grammatischer Regeln gebildet. Diese Regeln müssen es dem Lernenden ermöglicht haben, akustische Signale (klangliche Eigenschaften)[25] zu einer Menge von semantischen Komponenten in Verbindung zu setzen und dadurch zu einer Interpretation musikalischer Konfigurationen zu gelangen.

*

Wir betrachten die Annahme als unwahrscheinlich und eines Beweises schwer zugänglich, daß zwischen musikalischem Klang und musikalischer Bedeutung eine direkte und eindeutige Beziehung bestehe. (Wo solche Beziehungen überhaupt bestehen, sind sie bloße "sonologische Signale", wie etwa die Nebelhörner in Vancouver, B.C., die sich nicht auf vollartikulierte Musik beziehen.) Dieser Annahme ziehen wir diejenige vor, daß sich eine klangliche und semantische Eigenschaften vermittelnde Struktur definieren lasse, die es ermöglichen zu erklären, warum gewisse klangliche Konfigurationen in bestimmter Weise interpretiert werden. Wir definieren daher 'musikalische Produktivität' als die Fähigkeit des Musik-Vollziehenden, ein System sowohl formaler als auch substanzieller Kategorien (*universals*) zu erlernen und mit anderen zu teilen, welche klangliche und semantische Eigenschaften musikalischer Strukturen systematisch verbinden. Solche Prinzipien ermöglichen es, eine grundsätzlich unendliche Menge wohlgeformter, zuvor nicht existierender musikalischer Verkettungen zu erzeugen.

---

[25] Siehe die später folgende Diskussion des Begriffs 'Sonologie'.

Das Modell einer durch solche Prinzipien definierten Kompetenz (eine Grammatik) ist ein System, das 'syntaktisch' zu nennende, einer semantischen wie klanglichen Interpretation fähige Konfigurationen hervorbringt. Diese Konfigurationen ermöglichen eine formale Spezifizierung der Funktion und zeitlichen Ordnung musikalischer Elemente auf verschiedenen Niveaus grammatikalischer Darstellung.

Unter der Voraussetzung, daß eine direkte und ein-eindeutige Beziehung klanglicher und semantischer Elemente der Musik nicht beweisbar ist, macht ein derartiger syntaktischer Algorithmus die zentrale Komponente einer 'generativen' musikalischen Grammatik aus. Eine solche Grammatik ist ein allgemeines Modell musikalischer Kompetenz. Sie ist ein System von Prinzipien, die als formale[26] Prinzipien das Format und die Ordnung der grammatischen Regeln sowie die Weise betreffen, in der diese Regeln unterschiedliche grammatikalische Komponenten bilden. Als substanzielle[27] Prinzipien betreffen diese Prinzipien die Interpretation von Elementen der beiden grundlegenden Alphabete (des Anfangs- und des Endalphabets), welche das Kompetenzmodell als Umschreibungssystem umfaßt.

Die Grammatik setzt sich aus drei grundsätzlichen Komponenten zusammen: der syntaktischen, sonologischen und semantischen Komponente. Sie ist ihrem Typus nach durch die Beziehung zu definieren, welche sie zwischen diesen Komponenten als tatsächlich bestehende voraussetzt. Eine solche Grammatik ist 'generativ' in dem doppelten Sinne, daß sie erstens eine erschöpfende und explizite Aufzählung (Erzeugung) 'aller und nur der' wohlgeformten Verkettungen darstellt, die sich von einer axiomatisch angenommenen Gruppe von primitiven Symbolen des Anfangsalphabets auf dem Wege über formalisierte (Umschreibungs-) Regeln ableiten lassen. Die Kapazität und Art der Verwendung dieser Regeln ist strikt definiert.

Die Grammatik ist zweitens 'generativ' im Sinne von 'projektiv', indem sie einen bestimmten, als relevant akzeptierten Korpus strukturell dadurch beschreibt, daß sie ihn auf eine grundsätzlich unendliche Menge grammatikalisch ('musikalisch') überhaupt möglicher wohlgeformter Strukturen projiziert. Zufolge der Annahme, daß zwischen der semantischen und sonologischen Komponente der Grammatik keine direkte Beziehung besteht, gehen wir in unseren Untersuchungen von der Voraussetzung einer sich auf Syntax gründenden (*syntactically based*) Grammatik G (S/M,P) aus. Das für diese Grammatik grundlegende Automaton ist also die syntaktische Komponente S, deren Ausgaben durch die semantische Komponente M und die sonologische Komponente P zwei unterschiedliche, aufeinander abbildbare Interpretationen erfährt. Die von der semantischen Komponente gegebene Interpretation beruht auf einer Menge von

---

[26] Noam Chomsky, *Aspects of the Theory of Syntax*, Cambridge: M.I.T. Press, 1965, S. 27.
[27] Ebenda.

'auslegenden' Einheiten, die sich systematisch-syntaktischen Konfigurationen zuordnen lassen. Schließlich erhalten diese syntaktischen Konstellationen eine klangliche Realisation durch die sonologische Komponente.[28] Die Grammatik insgesamt ist also eine Kombination dreier, relativ unabhängiger Automata, die in solcher Weise verbunden sind, daß die Ausgaben der grundlegenden syntaktischen Komponente als Eingabe sowohl der sonologischen als auch der semantischen Komponente dient. Wir definieren als *Tiefenstruktur* jene Elemente der syntaktischen Beschreibung, die semantische Relevanz haben. *Syntaktische Oberflächenstruktur* nennen wir hingegen diejenigen Elemente der strukturellen Beschreibung, denen eine sonologische Realisation zuteil wird.[29] Wir nehmen also an, daß wir es mit (wenigstens zwei) unterschiedlichen syntaktischen Niveaus zu tun haben. Jedes dieser Niveaus ist definiert durch die auf ihm vorkommenden Elemente und die Regeln ihrer Verkettung sowie durch Regeln, welche das Niveau dem nächst niedrigeren systematisch verbinden. Musikalische Strukturen werden durch die Grammatik als formale Sprachen beschrieben, oder als Mengen zeitlich geordneter Verkettungen von Elementen, die zwei sich ausschließenden Alphabeten angehören:

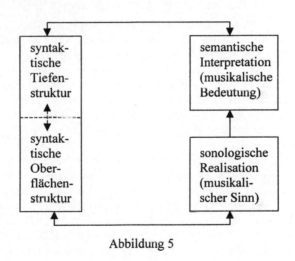

Abbildung 5

*

---

[28] Jede dieser Komponenten wird wenig später ausführlicher erörtert werden.
[29] Noam Chomsky, *Topics in the Theory of Generative Grammar*, The Hague: Mouton, 1966, S. 16.

Einer formalen und expliziten Definition zufolge[30] ist die syntaktische Komponente der Grammatik ein Quadrupel $S = (V, \Sigma, P, \sigma)$.

1. V ist ein Alphabet (die Vereinigung zweier sich ausschließender Alphabete, des V_{NT} und des V_T)[31]
2. $\Sigma \varepsilon V$ ist ein Endalphabet (= V_T)
3. P ist eine endliche Menge von geordneten Paaren (u,v), mit u in V_{NT} (= (V-Σ)) und mit v in V (d.h. entweder in V_{NT} oder V_T)
4. σ ist eine Wohlgeformtheitsbedingung, die als Anfangssymbol auftritt und sich also in V_{NT} befindet.

Die Grammatik G_S ist demnach ein Umschreibungssystem, das über einer endlichen Menge von Elementen eines Anfangsalphabets (V_{NT}) definiert und gemäß einer wohldefinierten und geordneten Menge P von Substitutionsregeln in Elemente eines Endalphabets (V_T) umzuschreiben ist. Regeln dieses Systems sind von der Form u --- v und gehorchen mehr oder minder restriktiven, expliziten Bedingungen. Die Wohlgeformtheitsbedingung σ stellt sicher, dass alle Elemente des die Oberflächenstruktur formenden Endalphabets (V_T) den durch die Regeln definierten syntaktischen Anforderungen des Systems genügen.

Wenn wir die Elemente des Anfangsalphabets (V_{NT}) als metamusikalische Variable oder syntaktische Klassen und das Anfangsalphabet selbst als die universale Menge syntaktisch überhaupt möglicher Konstellationen definieren, so können wir Rechenschaft geben von dem regelbestimmten, rekursiven Prozeß, durch welchen eine grundsätzlich unendliche Menge von Endverkettungen systematisch unter Berücksichtigung der Wohlgeformtheitsbedingung hervorgebracht wird.

Das syntaktische Automaton stellt also einen Algorithmus dar, welcher unter genau spezifizierten Bedingungen und in mechanischer Weise "alle und nur die" (Chomsky) grammatikalisch wohlgeformten Strukturen eines allgemeinen musikalischen Systems erzeugt. Von einem solchen allgemeinen Kompetenzmodell nehmen wir an, daß es allen möglichen besonderen syntaktischen Systemen der Musik in bestimmbarer Weise zugrundeliege. Das Automaton verfährt so, daß es allen im akzeptierten Korpus enthaltenen musikalischen Verkettungen (Sätzen) eine strukturelle Beschreibung zuordnet, aus welcher sich für alle die Oberflächenstruktur der Musik formenden Einheiten ergibt, die in eindeutiger Beziehung zu den Symbolen des Anfangsalphabets stehen. Diese Elemente des Anfangsalphabets sind als Determinanten der zeitlichen Ordnung

---

[30] Seymour Ginsburg, *The Mathematical Theory of Context-Free Languages*, New York: McGraw-Hill, 1966, S. 8.
[31] V_{NT} ist eine Abkürzung für 'nonterminal vocabulary'; V_T steht für 'terminal vocabulary'.

und Funktion jener Einheiten - oder als syntaktische Klassen - definiert worden.[32]

In dem Falle, in dem wir das skizzierte Umschreibungssystem um Regeln größerer generativer Kapazität (als einfache Substitutionsregeln besitzen) erweitern, sind wir imstande, die sich in elementaren wie komplexen musikalischen Sätzen manifestierende Kompetenz systematisch darzustellen. Dies setzt voraus, daß es uns gelingt, explizit die Regeln und Bedingungen ihrer Anwendung zu formulieren, welcher der schrittweisen Ableitung von wohlgeformten Endstrukturen des Systems zugrundeliegen.

Der grundsätzliche Zweck der von der syntaktischen Komponente gegebenen strukturellen Beschreibung ist es, die funktionalen Abhängigkeiten zu charakterisieren, in denen Elemente der Oberflächenstruktur zu syntaktischen Tiefenstrukturen stehen. Diese Beziehungen können durch ein 'syntagmatisches Diagramm'[33]) dargestellt werden, dessen Ursprung von einem die Wohlgeformtheitsbedingung repräsentierenden initialen Symbol (S, für 'musikalischen Satz') eingenommen wird und dessen Ausgänge von Symbolen des Endalphabets besetzt sind.

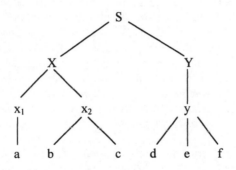

Abbildung 6

---

[32] Das Problem der Auslegung der metamusikalischen Variablen des Systems stellt eine der schwierigsten Probleme einer generativen musikalischen Grammatik dar. Auf Einzelheiten kann hier nicht eingegangen werden; Vorschläge zu einer Interpretation finden sich in meiner Arbeit (in progress) *On the Logic Structure of a Generative Grammar for Music*. [Anmerkung der Herausgebers: Diese Schrift wird weiter hinten in diesem Band - in deutscher Übersetzung - erstmals veröffentlicht.]

[33] Syntagmatisch sind Beziehungen zwischen Einheiten ein- und desselben Niveaus, die zusammen einen Kontext bilden. Als solche sind sie von paradigmatischen Beziehungen zu unterscheiden.

Diese Endsymbole (a bis f) sind durch das Diagramm ihrer Funktion und Ordnung nach erschöpfend analysiert.[34] Ferner demonstriert das syntagmatische Diagramm eindeutig die (derivative) Genese der musikalischen Oberflächenstruktur. Es wird angenommen, daß nur die syntaktischen Beziehungen (Symbole) höherer Ordnung für die semantische Interpretation relevant seien. *Die Beziehung zwischen der semantischen und der sonologischen Interpretation der Ableitung ist also eine indirekte, syntaktisch vermittelte.*

Aufgabe der sonologischen Komponente der Grammatik ist es, die syntaktische Oberflächenstruktur systematisch zu klanglichen Eigenschaften in Beziehung zu setzen. Klangliche Kategorien sind solche, die das dem Musik-Vollziehenden grundsätzlich mögliche Wissen über Beziehungen zwischen Klang und syntaktischer Wohlgeformtheit repräsentieren. (Einzelheiten folgen.)

Wir haben es also mit drei verschiedenen Arten von grammatischen Regeln zu tun: syntaktischen, sonologischen und semantischen. Entsprechend sind wir mit drei unterschiedlichen Komponenten grammatikalischen Wissens befaßt, nämlich der den drei Arten von Regeln entsprechenden Kompetenz. Der unmittelbar greifbare Unterschied zwischen Kompetenzregeln und strategischen Regeln leitet sich von der Tatsache her, daß ein Vollzugsmodell nicht, wie eine Grammatik, wesentlich 'projektiv' ist. Es unternimmt also nicht, einen endlichen Korpus auf eine prinzipiell unendliche Menge wohlgeformter Strukturen zu projizieren. Vielmehr hat es ein Vollzugsmodell mit der Verarbeitung einer endlichen Menge von Eingaben zu tun, welche die Erzeugung einer begrenzten Menge von Vergleichsstrukturen provoziert. *Während also psychologische und geistige Restriktionen für eine musikalische Grammatik nicht bestehen, sind Vollzugsmodelle grundsätzlich durch ein endliches Gedächtnis charakterisiert, und sind ferner nicht mit überhaupt möglichen, sondern wirklich existierenden Strukturen befaßt.*

Obwohl Selbst-Verschlingung (*self-embedding*) und auch rekursive Regeln in beiden Modellen vorliegen können (und somit unendliche Automata erfordern), haben strategische Regeln ihrer Natur gemäß die systematische Abwandlung grammatischer Regeln für Zwecke der Kommunikation zur Grundlage. Sie haben also nicht die Erzeugung einer unendlichen Menge von möglichen, grammatikalisch wohlgeformten Strukturen zur Aufgabe, sondern zielen auf die Hervorbringung einer begrenzten Anzahl von musikalischen Strukturen, welche bestimmte ('ästhetisch' genannte) Effekte hervorrufen.

Eine strategische Regel ist daher erzeugend im Sinne der Hervorbringung von *Aktionen*, die solche Effekte durch die Verwendung musik-grammatikalischen Wissens zu produzieren imstande sind. Für diese 'ästhetischen' Strukturen ist aber der Grad der Wohlgeformtheit im grammatikalischen Sinne nur ein Kri-

---

[34] Selbstverständlich sind sich überlappende Beziehungen denkbar, die sich nicht einem solchen Diagramm gemäß darstellen lassen.

terium unter anderen - und vielleicht nicht einmal das entscheidende. Während also eine Kompetenzregel grundsätzlich die Fähigkeit definiert, eine Reihe von akustisch-klanglichen Eigenschaften mit den Einheiten semantischer Interpretation zu verbinden, determiniert eine strategische Regel die Art und Weise, in der solche Kompetenz zu kommunikativen Zwecken eingesetzt wird. Sie expliziert also die Bildung und Ausführung musikalischer Pläne, welche Kompetenz im Rahmen eines durch seine Endlichkeit definierten Gedächtnisses in systematischer Weise verwenden.[35]

Um die Eingabe eines Vollzugssystems in seinen grammatischen Implikationen zu verstehen, vergegenwärtige man sich, daß es sich bei syntaktischem Wissen um Regeln handelt, die eine Menge P von klanglichen Eigenschaften einer Menge M von Sinnbeziehungen zuordnen. Im Falle einer Grammatik, die zwei unterschiedliche syntaktische Niveaus umfaßt, wird also zwischen den die Tiefenstruktur bestimmenden Regeln und semantischer Interpretation einerseits und zwischen den die Oberflächenstruktur definierenden Regeln und sonologischer Realisation andererseits eine direkte Beziehung bestehen. Diese Grammatik ist auf Syntax gegründet in dem Sinne der Hypothese, daß die Beziehung von musikalischem Klang zu musikalischer Bedeutung (M,P) durch eine endliche Menge syntaktischer Regeln (S) bestimmt werde.[36]

Wir nehmen an, daß die Ausgabe aller Vollzugsmodelle ungeachtet der Besonderheit der kommunikativen Aufgabe sonologisch sei oder eine in klanglichen Kategorien artikulierte (entweder gehörte oder notierte) Kommunikation darstelle. Wir können sodann die in Vollzugssystemen eintretenden Veränderungen systematisch studieren, die einer veränderten Hypothese hinsichtlich der Beziehung der grammatikalischen Komponenten entsprechen. Wir werden einer solchen Erörterung eine Betrachtung wesentlicher Probleme der semantischen und sonologischen Komponente vorausschicken.

Obwohl über eine formale musikalische Semantik wenig bekannt ist, können wir annehmen, daß es sich bei der Ausgabe der semantischen Komponente einer generativen Grammatik grundsätzlich um eine Menge von Legungen (*readings*) handelt, welche systematisch den die Tiefenstruktur vertretenden Symbolverkettungen der syntaktischen Ableitung zugeordnet werden. Die zwischen Symbolen dieser Verkettungen möglichen Sinnbeziehungen werden solche sein,

---

[35] Die Beschränkung des Gedächtnisses betrifft die Unfähigkeit des Automaton, Strukturen hervorzubringen, die durch rekursive Verschlingung (nesting) von Abhängigkeiten über ein bestimmtes Maß hinaus bestimmt sind.

[36] Da eine fertig ausgearbeitete generative Grammatik für Musik bisher nicht vorliegt, ist es nicht möglich, alternative Hypothesen vorzuschlagen. Siehe jedoch - weiter unten - die kurze Ausführung einer semantisch fundierten Grammatik.

die einer auf die Oberflächenstruktur beschränkten Betrachtung nicht ohne weiteres zugänglich sind.[37]

Wir nehmen an, daß sich ein Modell musikalischen Verstehens (*recognition model*) grundsätzlich auf die genannten semantischen Auslegungen stützt. Es dürfte offenbar sein, daß jeder Versuch, semantische Kompetenz außerhalb des Bezuges auf syntaktische und sonologische Kompetenz zu verwenden, die Vollzugsaufgabe der Eingabe-Analyse und der Formulierung einer planbestimmenden Hypothese hinsichtlich der Ausgabe unmöglich machen würde.

Gering ist die Anzahl der Versuche, systematisch das, was wir über klangliche Eigenschaften musikalischer Strukturen (jedenfalls intuitiv) zu wissen scheinen, zu den überhaupt möglichen oder doch existierenden syntaktischen (Oberflächen-) Strukturen in Verbindung zu setzen. Nichtsdestoweniger ist es möglich, die durch die sonologische Komponente einer musikalischen Grammatik gestellten Probleme in abstracto darzustellen.

Wir unterscheiden innerhalb der sonologischen Komponente drei verschiedene Niveaus:

1. das akustische,
2. das klangliche,
3. das (im eigentlichen Sinne) sonologische.

Wir bedürfen also einer Hypothese, welche diese Niveaus in solcher Weise verbindet, daß nicht nur sonologisches, sondern auch grammatikalisches Wissen dadurch gefördert wird. *Eine solche Hypothese ist um so mehr vonnöten, als für Probleme musikalischer Kommunikation eine Syntax und Semantik außer acht lassende sonologische Theorie ebenso unfruchtbar ist, wie eine syntaktische Theorie der Musik, die in keinem bestimmbaren Zusammenhang mit klanglichem Wissen steht.*

Wir können das Ziel einer sonologischen Theorie auf zweifache Weise darlegen. Beide Interpretationen müssen jedoch identisch sein, soll die Theorie deskriptiv adäquat heißen:

a) Sonologie expliziert die Realisierung syntaktischer Strukturen im Medium des Klanges;
b) Sonologie erklärt, welche möglichen akusmatischen[38] - unabhängig von einer Klangquelle betrachteten - Klangobjekte sich

---

[37] Diese sehr simplifizierte Darstellung der Beziehung zwischen syntaktischer und semantischer Komponente sei uns vergeben; sie wurde hier gewählt, um eine ins einzelne gehende Darstellung von Problemen des syntagmatischen Diagramms zu vermeiden.
[38] Das Wort 'akusmatisch' ist übernommen aus Pierre Schaeffers *Traité des Objets Musicaux*, Paris: Éditions du Seuil, 1966, S. 91. Schaeffer wollte seiner Theorie der objets sonores eine

mit welchen möglichen syntaktischen Oberflächenstrukturen verbinden, die durch ihre Ableitung an syntaktische Tiefenstrukturen gebunden sind.

Die methodologische Notwendigkeit, innerhalb des sonologischen Bereichs der Theorie drei unterschiedliche Niveaus anzunehmen, mag aus dem Folgenden hervorgehen.

Stellen wir uns sonologische Abschnitte einer Musik (gleichgültig ob notiert oder gehört) als jene Klangobjekte vor, welche die Realisation syntaktisch geplanter musikalischer Strukturen sind, so können wir nicht umhin, eine durchgehende Entsprechung solcher Strukturen mit akustischen Klangeigenschaften entschieden zu bezweifeln. Wir würden daher auf dem klanglichen - akustische und sonologische Darstellung der Musik vermittelnden, mittleren - Niveau eine Darstellung von Eigenschaften erwarten, die einerseits akusmatisch (von physischen Klangquellen unabhängig), andererseits asyntaktisch (von syntaktischer Derivation unabhängig) sind. Betrachten wir eine Menge solcher klanglichen Eigenschaften als die letzte von einer generativen Grammatik hervorgebrachte Darstellung musikalischer Kompetenz, so könnten wir zu der Auffassung gelangen, daß die 'klanglich' genannten Eigenschaften universale Kategorien in dem Sinne seien, daß sie das dem Organismus grundsätzlich mögliche klangliche Wissen über Musik repräsentieren.

Wir können uns eine sonologische Darstellung von Musik als eine Matrix denken, deren Kolonnen (in sonologische Abschnitte aufgeteilte) syntaktische Oberflächenstrukturen beinhalten und deren Reihen eine endliche Menge von (syntaktisch determinierten) sonologischen Merkmalen enthalten. Die Ausgabe einer solchen Matrix bestünde also aus nach sonologischen Merkmalen analysierten Segmenten syntaktischer Oberflächenstrukturen. Wie die klangliche Darstellung zwischen akustischem und eigentlich sonologischem Bereich vermittelt, so wird die sonologische Matrix klangliche und syntaktische Darstellung verbinden:

---

solche der objets musicaux folgen lassen, ist aber zu unserem großen Verlust zur Ausführung dieses Projektes nicht gelangt.

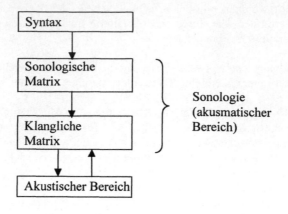

Abbildung 7

Die sonologische Theorie insgesamt würde also aus einer Menge von Regeln bestehen, die - nach drei Niveaus unterschieden - systematisch die Beziehungen zwischen akustischem und syntaktischem Bereich zur Darstellung brächten. Das Hauptproblem einer solchen Theorie wäre es, jene Menge 'sonologisch' zu nennender Regeln zu definieren, welche die (oben beschriebene) sonologische Matrix in eine klangliche Matrix umschreiben.

Die Kolonnen der klanglichen Matrix würden die Ausgaben der sonologischen Matrix (d.h. analysierte Oberflächenstrukturen) beinhalten. Die Reihen der Matrix wären durch eine endliche Menge akusmatischer wie asyntaktischer Kategorien besetzt, die erschöpfend anzugeben hätten, wie musikalische Strukturen klanglich prinzipiell verstanden werden.

Eine Theorie klanglicher Eigenschaften wäre dann eine Theorie grundsätzlichen klanglichen Wissens (*of sonic universals*). Die klangliche Matrix wäre der sonologischen Darstellung derart verbunden, daß Sonologie insgesamt die Beziehung explizierte, "die zwischen musikalischer Oberflächenstruktur und ihrer physischen (akustischen) Darstellung besteht, sofern diese Beziehung grammatischen Regeln untersteht."[39]

Sonologische Regeln würden durch (universale) klangliche Kategorien derart eingeschränkt, daß sie "alle grammatikalisch determinierten Elemente der Wahrnehmung einer musikalischen Struktur" zur Darstellung brächten.[40] Sono-

---

[39] Noam Chomsky und Morris Halle, *The Sound Pattern English*, New York: Harper & Row, 1968, S. 298.
[40] Ebd.

logie wäre also nicht eine Theorie physischer Klangeigenschaften (um ihrer selbst willen), sondern eine Explikation dessen, was der in Musik Einheimische (*native musician*) intuitiv von klanglichen Eigenschaften musikalischer Strukturen weiß.[41]

Transkriptionen in klangliche Kategorien machten dann die letzte, von der Grammatik erzeugte Darstellung musikalischer Verkettungen aus. Diese würden zeigen, wie der über musikalische Kompetenz Verfügende syntaktischen Strukturen systematisch Mengen klanglicher Eigenschaften zuordnet. Diese klanglichen Eigenschaften (universale klangliche Kategorien) wären der syntaktischen Oberflächenstruktur durch sonologische Regeln verbunden, welche die Umschreibung der sonologischen Matrix in eine klangliche Matrix determinierten.

Die Definition solcher sonologischer Regeln und damit die Lösung des Problems, wie die beiden Matrizen systematisch verbunden sind, würde weitgehend durch die Annahme erleichtert, es sei gerechtfertigt, ihre Beziehung einer Linearitäts- und Invarianzbedingung zu unterstellen.[42]

Eine Linearitätsbedingung würde erfordern, daß jedem Eingang (*entry*) der sonologischen Matrix eine endliche Menge von klanglichen Eigenschaften derart entspräche, daß die Reihenfolge in beiden Darstellungen strikt identisch ausfiele. Eine Folge (a,b) der sonologischen Matrix würde also in allen Fällen durch eine ihr eindeutig zugeordnete Reihe von Kategorien (x,y) derart zu kennzeichnen sein, daß wie (a) (b) vorausgeht, so auch die klangliche Bestimmung (x) der Bestimmung (y) voransteht. Eine Invarianzbedingung würde erfordern, daß für jeden Abschnitt (a) der sonologischen Matrix eine bestimmte, ihn und seine Varianten eindeutig definierende Menge $P(x_a)$ von klanglichen Eigenschaften existiere. Eine Ausweitung der Geltung beider Bedingungen auf das Verhältnis der akustischen und klanglichen Darstellung würde die Hypothese darstellen, daß man "im physischen Klang selbst eine Gruppe von Determinanten zu finden vermöge, deren jede eine (ein sonologisches Segment) definierende Eigenschaft darstelle".[43] Mit anderen Worten, es würde eine direkte Beziehung zwischen physischer und sonologischer Darstellung von Musik in Anspruch genommen.

Sogar in ihrer schwächsten Form, als die Beziehung der klanglichen und sonologischen Matrix betreffende Bedingung, ist offenbar die Hypothese ganz unhaltbar. Man akzeptiere für einen Augenblick die von P. Schaeffer als universale klangliche Bestimmungen beanspruchten Kategorien "masse, timbre har-

---

[41] Chomsky und Halle, a.a.O., S. 294

[42] Noam Chomsky und George A. Miller, "Introduction to the Formal Analysis of Natural Languages," *Handbook of Mathematical Psychology*, hrsg. von R. Duncan Luce, Robert R. Bush und Eugene Galanter, Bd. 2, New York: Wiley, 1963, S. 310 f.

[43] Chomsky und Miller, a.a.O., S. 318.

monique, dynamique, profil", etc.[44], und stelle sich vor, daß sie zu sonologischen Kategorien wie Tonhöhe, Dauer, Intensität etc. - Schaeffers 'espèces' - in eindeutigem Entsprechungsverhältnis stünden. Es wird ganz unmöglich sein, die Hypothese zu bestätigen, daß z.B. zwischen den erstgenannten (akusmatischen) Kategorien 'profil' oder 'timbre harmonique'[45] und einer Menge von Tonhöhen eine ein-eindeutige und direkte Zuordnungsbeziehung bestehe. Noch unwahrscheinlicher wäre natürlich die Hypothese, daß ein solches Entsprechungsverhältnis zwischen akustischer und klanglicher Darstellung bestehe.

Die Unmöglichkeit, die genannten Bedingungen auch nur für die Beziehung der sonologischen zur klanglichen Matrix aufrechtzuerhalten, haben bedeutsame Konsequenzen für die Formulierung eines Vollzugsmodells, das direkt oder indirekt musikalisches Verstehen betrifft.[46]

Die Annahme, daß sich eine Strategie musikalischen Verstehens auf die Aufteilung einer syntaktischen Oberflächenstruktur in sonologische[47] Abschnitte und deren klangliche Identifikation gründen lasse, beruht auf der Voraussetzung, daß es grundsätzlich möglich sei, eine sonologische zu einer klanglichen Struktur eindeutig in Beziehung zu setzen. Diese Voraussetzung beruht auf der Setzung jener beiden Bedingungen, von denen wir eben gezeigt haben, daß sie rechtmäßig nicht aufrechtzuerhalten seien.[48] Wir müssen uns also mit der Tatsache abfinden, daß die sonologische Theorie vereinfachende Bedingungen wie die oben genannten nicht enthält. *Eindeutige Entsprechungsverhältnisse können also weder zwischen sonologischer und syntaktischer Komponente noch innerhalb der sonologischen Komponente angenommen werden.*[49]

Wir nehmen an dieser Stelle den Vorschlag wieder auf, systematisch die Veränderungen zu untersuchen, die sich für ein Vollzugsmodell aus der Modifikation

---

[44] Pierre Schaeffer, a.a.O., S. 584-587.
[45] Obwohl bezweifelt werden muß, daß die Kategorien Schaeffers eine vollständige, hinreichend definierte Gruppe bilden, so ist doch nicht zu leugnen, daß sie prinzipiell akusmatische Kategorien der Art darstellen, wie sie eine 'universale klangliche Theorie' (als Teil der Sonologie) zu definieren hätte.
[46] Und zwar auch dann, wenn vorausgesetzt wird, daß sonologische Kompetenz nicht direkter (integraler) Bestandteil eines solchen Vollzugsmodells sei.
[47] Notiert oder gehört.
[48] Nicht zu erwähnen die Tatsache, daß eine solche Strategie der methodologisch extremen Hypothese folgt, daß grammatikalisches Wissen (hier: sonologische Kompetenz) einen integralen Bestandteil musikalischer Pläne darstelle.
[49] Wir haben bereits die Annahme abgewiesen, daß zwischen sonologischer und semantischer Darstellung ein eindeutiges Zuordnungsverhältnis bestehe. Was das Verhältnis semantischer zu syntaktischen Konfigurationen betrifft, so ist es schwierig, definitive Urteile zu fällen. Jedoch scheint es gleichermaßen unwahrscheinlich, daß sich eine syntaktische Konstellation ein-eindeutig in eine semantische Interpretation umsetzen ließe.

der die Beziehung grammatischer Komponenten betreffenden Hypothese ergeben. Nehmen wir an, die Existenz der syntaktischen Komponente werde verneint, dann wird die klanglich-sonologische Darstellung der Eingabe direkt der
semantischen Interpretation verbunden sein. Beide Darstellungen zusammen
werden die grammatikalische Grundlage für die Entwicklung eines Plans abgeben, der auf die Erzeugung von Vergleichsstrukturen zielt. Die vollständige Abwesenheit syntaktischer Einschränkungen wird es dem Musik-Vollziehenden
unmöglich machen zu bestimmen, welche Teile der Eingabe eine von der syntaktischen Komponente auferlegte Wohlgeformtheitsbedingung erfüllen. Mit
anderen Worten, er wird außerstande sein zu entscheiden, welche Elemente der
Eingabe sich zu anderen syntagmatisch verhalten.

Da sich sonologische Strukturen direkt mit semantischen verbinden, wird
es nicht möglich sein, die syntaktische Funktion zu verstehen, welche sonologische Strukturen in Beziehung auf metamusikalische Variable (syntaktische Kategorien höherer Ordnung) haben. Eine Hypothese, welche die strukturellen Determinanten musikalischer Oberflächenstruktur betrifft, ist also ausgeschlossen.

Wir haben es mit einer ein-dimensionalen Darstellung von Klangobjekten
zu tun, deren syntaktische Funktionen ganz ungeklärt bleiben. Unter diesen Bedingungen ist es unwahrscheinlich, daß die den sonologischen Segmenten
(Klangobjekten) zugeordneten Auslegungen, sollten sie existieren, als semantische Interpretationen in Anspruch genommen werden können. Denn semantisch
relevante Bedeutungen werden nur jenen Klangobjekten zuzuordnen sein, deren
syntaktische Funktionen (höherer Ordnung) eindeutig bekannt oder jedenfalls
intuiert sind.

Betrachten wir unter den genannten Bedingungen ferner das Problem, eine strategische Hypothese hinsichtlich der Ausgabe des Vollzugssystems aufgrund einer (vorläufigen) Analyse der Eingabe zu formulieren. In der Abwesenheit jeglicher syntaktischer Merkmale scheint es unmöglich, für die Erzeugung
von Vergleichsstrukturen relevante Tests zu entwickeln. Dem Fehlen einer die
syntaktischen Determinanten betreffenden Hypothese kann auch nicht durch
Zulassung eines nicht ein-eindeutigen Verhältnisses zwischen klanglicher und
sonologischer Darstellung (Matrix) abgeholfen werden. In diesem Falle wäre
die Beziehung zwischen sonologischer und semantischer Darstellung abhängig
von der Beziehung der beiden Matrizen. Aber die Tatsache einer Differenz zwischen sonologischen (z.B. Tonhöhe) und klanglichen Kategorien (z.B. masse)
wird der Eingabe des Vollzugssystems nicht mehr Struktur aufprägen, als er unter der Annahme ein-eindeutiger Beziehung beider Matrizen schon besaß. Überdies ist die Aufgabe, sonologische und semantische Strukturen direkt zu verbinden, ein hoffnungsloses Unterfangen, bedenkt man, *daß es doch die syntaktischen Beziehungen zwischen klanglichen Strukturen sind, welche diese seman-*

tisch (d.h. auch für musikalische Form) relevant werden lassen.[50] Die Fähigkeit, eine Gruppe von akustisch-klanglichen Elementen mit einer Gruppe von Bedeutungen in Verbindung zu setzen, scheint also nur unter der Bedingung erklärbar, daß man die Existenz einer syntaktischen Komponente zugibt.

Man könnte das begonnene Gedankenexperiment dadurch fortsetzen, daß man zwischen syntaktischer Tiefen- und Oberflächenstruktur einen Unterschied machte und die Existenz beider alternativ verneinte. Im ersten Falle (einer Negation der Oberflächenstruktur) würde man in Anspruch nehmen, daß eine direkte Beziehung zwischen syntaktischer Tiefenstruktur und sonologischer wie auch semantischer Darstellung bestehe, oder auch, daß sonologische Realisation direkt semantischen Strukturen zuteil werde. Diese Hypothese ist sehr unwahrscheinlich, da die Verwirklichung syntaktischer Strukturen im Medium des Klanges voraussetzen würde, daß eine syntaktische Oberflächenstruktur in all ihren Besonderheiten definiert wurde.

Falls die Aufgabe, eine der Oberflächenstruktur äquivalente Konfiguration zu definieren, der sonologischen Komponente zuerteilt wird, so würden die (die sonologische und klangliche Matrix verbindenden) sonologischen Regeln ebenfalls für eine quasi-syntaktische Endstruktur verantwortlich sein, in der sich syntaktische Tiefenbeziehungen eindeutig darstellen. Dies könnte nur dann als möglich angenommen werden, wenn feststünde, daß eine sonologische Darstellung von Musik eine eindeutige Wiedergabe der für semantische Interpretation relevanten syntaktischen Tiefenbeziehungen zu geben vermöchte. In einem solchen Falle bestünde jedoch gar kein Anlaß, zwischen sonologischer und semantischer Komponente überhaupt zu unterscheiden, da ja eindeutige Bedeutungen unmittelbar Teil sonologischer Darstellung wären.

Im Falle, daß die Existenz der syntaktischen Tiefenstruktur verneint wird, stellt man die semantische Interpretation von Musik infrage. Man muß entweder behaupten, daß eine semantische Interpretation irrelevant sei oder daß sie eine Interpretation syntaktischer Oberflächenstruktur darstelle. Der zweiten Annahme zufolge, müßte eine solche Interpretation unmittelbar den Eingängen der sonologischen Matrix ablesbar sein, da diese eine die zeitliche Ordnung syntaktischer Oberflächenstrukturen (mit geringen Abweichungen) sonologisch segmentierende Darstellung ist. Dieser Annahme ist also semantische Interpretation nicht irrelevant, aber durchaus trivial, da sie auf zeitabhängige Konfigurationen beschränkt ist, die dem kurzfristigen Gedächtnis angehören. Sie schließt daher die Mehrzahl der zwischen nicht benachbarten Einheiten einer musikalischen Struktur waltenden Sinnverhältnisse aus.

In allen bezeichneten Fällen ist die Fähigkeit des Vollzugssystems, für die Erzeugung von Vergleichsstrukturen relevante Tests zu entwickeln, durch die Abwesenheit syntaktisch einschränkender Bedingungen stark gelähmt; dies

---

[50] Probleme musikalischer Form sind offenbar reine Vollzugsprobleme.

trifft auch unter der Annahme zu, daß die Entwicklung solcher Tests nur teilweise von der Verwendung grammatikalischen Wissens abhängt.

Die Konzeption eines aktiv forschenden, im Gegensatz zu einem passiv registrierenden System kann zudem nur unter der Voraussetzung aufrechterhalten werden, daß sich ein Automaton finden lasse, welches eine (endliche) Menge sonologischer Einheiten (notiert oder gehört) auf der Grundlage einer ausschließlich semantischen Hypothese produziere. Es wird jedoch unmöglich sein, eine solche Hypothese zu formulieren, wenn eine (semantisch neutrale) syntaktische Struktur verneint wird. Denn die Aufgabe, semantische Kompetenz unabhängig von ihrer Verwendung in musikalischen Vollzügen zu definieren, ohne sie einer wohlgeformten syntaktischen Struktur zuzuordnen, ist nicht lösbar.

Die einzig relevante Auslegung, die man einer Verneinung der syntaktischen Komponente geben kann, ist die Annahme, daß sich musikalische Grammatik *inde ab initio* nicht auf Syntax, sondern auf Semantik gründe. Eine solche Hypothese setzte voraus, daß die Beziehung von syntaktischer Struktur (S) und ihrer sonologischen Realisation (P) durch die Regeln einer grundlegenden semantischen Komponente (M) determiniert werde. (S,P) stellen dann bloße Interpretationen einer semantischen Grundlage dar.

Wie immer anziehend eine solche Hypothese sein mag, es wird (gegenwärtig) schwer fallen, sie durchzuführen. Um sie zu bestätigen, müßte eine Gruppe syntaktisch und sonologisch neutraler Kategorien gefunden werden, auf deren Grundlage sich eine prinzipielle grammatikalische Darstellung von Musik geben ließe. Von dieser semantischen Darstellung müßte dann gezeigt werden, in welcher Weise sie eine syntaktische und sonologische Interpretation erfahre.

Da die Annahme, es lasse sich eine der semantischen Struktur ein-eindeutig zugeordnete sonologische Struktur finden, ganz unwahrscheinlich ist, würde man wiederum zwischen zwei Aspekten (Niveaus) der syntaktischen Komponente unterscheiden müssen: jenem Niveau, das semantisch relevant ist (d.h. Tiefenstruktur), und jenem Niveau, das Oberflächenstruktur (und daher Eingabe der sonologischen Komponente) ist. Für den Fall, daß sich eine Beziehung von semantisch-syntaktischer Struktur einerseits und syntaktisch-sonologischer Struktur andererseits definieren ließe, bestünde die Hauptaufgabe der Grammatik darin, die beiden Aspekte der syntaktischen Komponente so einander zu verbinden, daß sie indirekt sonologische mit semantischer Darstellung verknüpften. Im Sinne grammatikalischer Erörterung ist dieses Problem offenbar nur eine Variante der in einer auf Syntax begründeten Grammatik entstehenden Probleme.[51]

Was aber die Verwendung von Kompetenz in musikalischen Vollzügen, vor allem die Entwicklung einer strategiefähigen Hypothese angeht, so stehen

---

[51] Noam Chomsky, *Deep Structure, Surface Structure, and Semantic Interpretation*, [Bloomington]: Indiana University Linguistics Club, 1969.

der Annahme von primär semantisch orientierten Tests der Erzeugung von Vergleichsstrukturen ernste Schwierigkeiten entgegen. Der Einsicht zufolge, die wir in die Wirkungsweise semantischen Wissens in Vollzugsstrategien haben, sind Vollzüge semantischer Auslegung primär mit Beziehungen befaßt, die nicht strikt chronologische, weite Zeitstrecken umfassende Abhängigkeiten darstellen, wie sie im langfristigen Gedächtnis des Automaton Platz finden. Jedoch bedarf eine musikalische Strategie gleichermaßen strikt chronologischer Operationen, vor allem für logistische Zwecke. Es ist jedoch schwierig, sich vorzustellen, daß sich ein semantisch determinierter Erzeuger von Vergleichsstrukturen in einfacher Weise mit logistisch-taktischen Aufgaben verbinden lasse, die notwendig sind, um die aufgestellte Hypothese entweder zu bestätigen oder zu widerlegen.[52]

Die hier unternommenen Gedankenexperimente legen es nahe, eine syntaktische Komponente der Grammatik als methodologische Notwendigkeit zu betrachten. Sie zeigen ferner, daß eine solche Komponente auch für die Lösung von Problemen musikalischen Vollzuges unerläßlich ist. Würde man solche gedanklichen Experimente für die sonologische und semantische Komponente wiederholen (sei es unter der Voraussetzung einer syntaktisch oder einer semantisch determinierten Grammatik), so würde man zur Einsicht gelangen, daß die gegenseitige Beziehung der grammatischen Regeln (der grammatikalischen Komponenten) für die (vorläufige) Analyse der Eingabe eines Vollzugssystems sowie für die Formulierung einer strategischen Hypothese von außerordentlicher Bedeutung sei. Solche Experimente würden gleichermaßen demonstrieren, daß es unmöglich ist, innerhalb des Vollzugssystems eine Komponente von der anderen willkürlich zu trennen. Positiv gewandt, bedeutet das, daß sich der Haupttest eines Vollzugssystems auf Beziehungen der verschiedenen Komponenten konzentrieren muß.

III. Grammatikalische Bestimmtheit musikalischer Strategien

Es sei nun angenommen, daß es drei verschiedene Komponenten musik-grammatikalischen Wissens gibt, welche die Entwicklung und Ausführung einer musikalischen Strategie bestimmen.[53] Der Gedanke ist keineswegs abzuweisen, daß sowohl bei der Bildung als auch der Ausführung einer Strategie verschiedene

---

[52] Solche Schwierigkeiten könnten nicht hinreichen, die Hypothese zu widerlegen. Eine überzeugende Abweisung von Hypothesen läßt sich auf dem Wege über wohldefinierte Experimente erreichen.

[53] Es ist außerordentlich schwierig, die Relevanz der den musikalischen Kontext betreffenden Information für eine Strategie exakt zu bestimmen. Wir werden daher die Erörterung auf eine Betrachtung grammatikalischen Wissens einschränken müssen. Solches Wissen bildet überdies die Grundlage auch der Einsicht in musikalische Zusammenhänge.

musikalische Pläne gleichzeitig existieren, und daß sie sowohl alternieren als auch in Konflikt geraten können. Vergegenwärtigt man sich, daß drei unterschiedliche Komponenten musikalischer Kompetenz in musikalische Vollzüge eingehen, so scheint es natürlich anzunehmen, daß es eine Strategie in der Tat mit verschiedenen Plänen gleichzeitig zu tun habe. Aufgabe der Strategie wäre es dann, die sich auf verschiedene Aspekte grammatischer Struktur beziehenden und sie verbindenden Pläne "zu einem einheitlichen Fluß des Verhaltens zu verschmelzen".[54]

Die folgende Erörterung wird grundsätzlich die Frage grammatikalischer Determination von Strategien behandeln. Man kann einen formalen und einen materialen Aspekt dieses Problems unterscheiden. Das *formale Problem* betrifft die Beziehung grammatischer zu strategischen Regeln. Es könnte angemessen nur auf der Grundlage einer fertig ausgearbeiteten, individuellen Grammatik und eines ihr zugeordneten Vollzugssystems behandelt werden und wird deshalb nicht im Mittelpunkt der Erörterung stehen können. Das *materiale Problem* besteht darin, klarzumachen, welche Faktoren der Kompetenz und welche strategischen Aktionen in der Tat Teil der Entwicklung und Ausführung musikalischer Pläne sind. Man kann dieses materiale Problem unter drei verschiedenen Hinsichten betrachten.

1. der Konstruktion einer relevanten Hypothese, die a) zum Ausdruck bringt, daß das strategisch zu lösende Problem verstanden worden ist, b) die ferner zur Formulierung grundsätzlicher Tests führt;
2. der Bildung von Plänen (strategischen Diagrammen), welche "die Lösung herbeiführen und die Eingabe dem Unbekannten (Ausgabe) verbinden"[55];
3. der Ausführung von Plänen, gleichgültig ob solche a) im Wettstreit liegen, b) alternieren, c) gleichzeitig durchzuführen und daher zu integrieren sind. (Im letzten Falle ist ein Plan für die Integration von Plänen erforderlich.)

Während wir unter (1) und (2) die Frage erörtern müssen, warum gewisse Pläne - und nicht andere - gebildet werden, stellt die Ausführung von Plänen (3) außer dem Problem der Art und Weise der Ausführung auch die Frage, *welche* Pläne ausgeführt werden. Das letztere Problem kann mit Recht axiologisch heißen. Wir müssen also annehmen, daß (wenn nicht Pläne, so doch) Tests mit Bewertungsfunktionen verbunden sind. Dies trifft vor allem auf die strategisch entscheidenden Tests zu. *Also ist eine Hierarchie von TOTE-Einheiten gleichzeitig*

---

[54] Miller, Galanter und Pribram, a.a.O., S. 98.
[55] Miller, Galanter und Pribram, a.a.O., S. 180.

eine Hierarchie von Wertentscheidungen. Solche Werte einzelner Tests (und der ihnen verbundenen Operationen) werden, wenn sie unerwünschte Aktionen betreffen, negativ ausfallen. Demzufolge besteht die Möglichkeit, daß unzureichende Pläne zu einem bestimmten Zeitpunkt nicht weiter ausgeführt werden, weil innerhalb der Strategie eine Anhäufung negativer Bewertungen stattgefunden hat, welche dazu zwingt, den entworfenen Plan aufzugeben. Dies kann vor allem in solchen Strategien eintreten, die eine große Summe taktischer Aktionen umfassen, deren Wert sich nicht in einfacher Weise voraussehen läßt.

In allen zukünftigen Erörterungen von Plänen werden wir primär von systematischen - im Gegensatz zu heuristischen - Plänen ausgehen; ferner werden wir annehmen, daß die behandelten Pläne zur Klasse der 'strikten', im Gegensatz zu solchen Plänen gehören, in denen die Reihefolge der Operationen durch die Hypothese mehr oder weniger offengelassen wird. Überdies erlegen wir uns die Einschränkung auf, Probleme zu erörtern, die im Zusammenhang mit einer auf Syntax gegründeten Grammatik entstehen.

Wir nehmen also an, daß die Beziehung von Klang (P) und Bedeutung (M) musikalischer Strukturen (P,M) durch Regeln einer syntaktischen Komponente (S) bestimmt wird. Die Erörterung wird sich auf die drei folgenden Probleme - in der angegebenen Reihenfolge - konzentrieren:

A. Welchen Beitrag leistet eine auf Syntax gegründete Grammatik zu der durch eine Eingabe gestellten Aufgabe des "Verstehens einer musikalischen Situation?"
B. Welchen Beitrag leistet die Grammatik zur Bildung musikalischer Pläne, welche die Eingabe dem Unbekannten (Ausgabe) verbinden?
C. Was trägt die Grammatik zur Ausführung musikalischer Pläne bei?

A.

Die Aufgabe des Verstehens einer musikalischen Situation ist keineswegs auf die dritte Phase der Strategie, nämlich der Erzeugung der Ausgabe, beschränkt. Sie betrifft gleichermaßen die Aufgabe der Formulierung einer Hypothese. Eine solche Formulierung wird drei verschiedene Aspekte umfassen:

a) die Eingabe-Daten;
b) die der Ausgabe aufzuerlegenden Bedingungen, oder Haupttests;
c) die Erscheinungsform der Ausgabe.

Die bei weitem wichtigste Frage hinsichtlich der Ausgabe ist diejenige, welche Strukturen der Musik-Vollziehende grundsätzlich zu verstehen vermag. Denn nur solche, grundsätzlich verstehbare Strukturen werden strategische Probleme aufwerfen, während unverständliche Strukturen einfach nicht verwandt werden.[56] Diese Tatsache legt es nahe anzunehmen, daß "der Begriff des Verstehens wenigstens zum Teil auf grammatikalischer Grundlage zu definieren sei"[57]. Dies will besagen, daß das Problem des Verständnisses und der Verständlichkeit wenigstens teilweise mit der (musikalischen Strukturen eigenen) grammatikalischen Wohlgeformtheit zusammenhängt. Im Falle einer auf Syntax gegründeten Grammatik wird es also die syntaktische Komponente sein, welche bestimmt, welche der ins Vollzugssystem aufgenommenen musikalischen Strukturen grundsätzlich verständlich sind.

Man kann annehmen, daß ein Teil des dem Automaton verfügbaren endlichen Gedächtnisses der Speicherung grammatischer Regeln (vor allem syntaktischer) dient, während der freibleibende Teil des Speichers von Eingabe-Daten und solchen Regeln eingenommen wird, welche für die tatsächlichen Rechenvorgänge (administrativer Natur) erforderlich sind. Das in den Speicher des Vollzugssystems aufgenommene syntaktische Wissen hat eine doppelte Funktion:

1. einmal trägt es zur Lösung der Aufgabe bei, eine Hypothese zu formulieren (zumindest negativ, durch Ausschließung unverständlicher Strukturen)[58];
2. ferner ermöglicht es dem Automaton, wohlgeformte Vergleichsstrukturen hervorzubringen.

Im Sinne einer konkreten musikalischen Aufgabe will das besagen, daß die Formulierung der Hypothese unter anderem das Problem zu lösen hat, welchem musikalischen System eine bestimmte Eingabe zugehört.[59] Da grammatische Wohlgeformtheit (Schaeffers 'musicalite') von primärer Bedeutung ist, müssen die die Verstehbarkeit der Eingabe prüfenden Bedingungen zumindest teilweise Bedingungen der syntaktischen Wohlgeformtheit sein. Die den Eingabe-Strukturen durch das Automaton zugewiesenen grammatikalischen Analysen werden

---

[56] Miller und Chomsky, a.a.O., S. 471.

[57] Noam Chomsky, *Syntactic Structures*, The Hague: Mouton, 1957, S. 107.

[58] Hinsichtlich dieses Problems wäre es entscheidend zu wissen, auf welchen 'Grad von Grammatikalität' (Wohlgeformtheit) das Automaton abgestimmt sei. Offenbar können die ihm auferlegten grammatikalischen Bedingungen mehr oder weniger strikt sein.

[59] Mit 'System' ist nicht eine historisch vorbestimmte oder kodifizierte Grammatik gemeint. Das System braucht auch nicht notwendigerweise den zur Kommunikation verwandten musikalischen Strukturen vorauszugehen. Im Extremfalle wird der Bereich des infrage kommenden Systems gerade nur die in das Vollzugssystem eingehenden Strukturen umfassen.

dann korrekt sein, wenn sie eine Untermenge der denselben Strukturen durch die syntaktische Komponente der Grammatik zugeordneten Beschreibungen darstellen.

Auch wenn das dem Automaton zur Verfügung stehende Gedächtnis nicht ausreichen sollte, um "alle und nur die" (Chomsky) wohlgeformten Strukturen zu verarbeiten, kann man nichtsdestoweniger annehmen, daß ein Teil der Eingabe im Sinne der Grammatik verstanden werden wird, welche in dem jeweiligen Falle musikalisch bestimmend ist.

Man kann grundsätzlich sagen, daß die für das Vollzugssystem bestehende, die Eingabe betreffende Ungewißheit eine Funktion seines grammatikalischen Wissens ist. Also ist die Ungewißheit eines musikalischen Vollzugssystems stets kompetenz-vermittelt. Die für ein solches System relevante Ungewißheit ist jene Inkongruenz, die zwischen Eingabe und Ausgabe auf der Grundlage einer entwickelten Hypothese (die Ausgabe betreffend) entsteht. Diese Ungewißheit wird in der Tat nur in dem Maße aufkommen, in dem das Vollzugssystem imstande ist, eine Gruppe von grammatischen Regeln zu speichern, welche es ihm ermöglichen, jene Strukturen zu verwerfen, die sich nicht im Sinne einer bestimmten individuellen Grammatik verstehen lassen. Konkrete Vollzugsaufgaben lassen sich also nur auf der Grundlage grammatischer Regeln bilden. Für eine auf Syntax gegründete Grammatik bedeutet dies nicht, daß das Automaton, um der Aufgabenstellung fähig zu sein, syntaktisches Wissen um seiner selbst willen speichern müsse. Vielmehr ist es die Beziehung von Klang und Bedeutung, welche sich ohne Verwendung syntaktischer Regeln nicht verstehen läßt.

Die Tatsache, daß Problemformulierung innerhalb des Vollzugssystems auf Kompetenz beruht, schreibt als solche nicht vor, wie sich das System mit den verschiedenen Aspekten grammatikalischen Wissens auseinandersetzt. Eine Lösung zu diesem Problem kann auch von der Art und Weise abhängen, in welcher das syntagmatische, die syntaktische Struktur der Musik analysierende Diagramm vom Vollzugssystem verwandt wird. Man nehme an, es existiere auf einer mittleren Ebene der Grammatik eine Regel mit folgender Form:

$$r: A \text{ --- } phi,$$

in der A ein Symbol des Anfangsalphabets und phi ein solches des Endalphabets (der syntaktischen Oberflächenstruktur) darstellt. Diese Regeln können vom Vollzugssystem in zweifacher Weise verwandt werden, je nachdem, ob sie 'in Richtung auf das Anfangsalphabet' (V_{NT}) oder 'in Richtung auf das Endalphabet' (V_T) gelesen wird. Im ersten Falle (des 'aufwärts Lesens') wird die genannte Regel als Ausdruck der Forderung verstanden: 'phi ist durch A zu ersetzen'. Sie bringt also die Aufgabe zum Ausdruck, die einer Einheit phi der Oberflächenstruktur funktional zugehörende syntaktische Determinante A aufzufinden. Im zweiten Falle (des 'abwärts Lesens') wird das System die Regel als die Forderung auffassen: 'A ist als phi auszuführen'. Anders gesagt, die Regel fordert, eine bestimmte syntaktische Determinante durch Formung bestimmter Einheiten der Oberflächenstruktur zu realisieren.

Die Aufgabe des Verstehens einer musikalischen Situation (im Sinne von Kompetenz) kann also zwei verschiedene Erscheinungsformen annehmen. Im ersten Falle ist es darum zu tun, im Ausgang von einer sonologischen Struktur und der ihr entsprechenden Oberflächenformation jene syntaktische Determinante aufzufinden, welche der Struktur ihre Tiefenfunktion zuweist, und so ihre semantische Interpretation ermöglicht. Im zweiten Falle geht es um die Erkenntnis, welche syntaktische Oberflächenstruktur (und also auch sonologische Darstellung) einer syntaktisch konstitutiven Kategorie entspricht. Innerhalb des Vollzugssystems wird also die hinsichtlich der Ausgabe formulierte Hypothese bestimmen, welcher der beiden Erscheinungsformen des Problems eine Lösung gebührt. Eine solche Entscheidung kann desweiteren auf die Ausführung des entwickelten Planes dadurch einwirken, daß sie determiniert, ob dieser grundsätzlich zu strategisch relevanten Entscheidungen über die Lösung taktischer Aufgaben gelangt, oder umgekehrt diese taktischen Aufgaben eindeutig der Lösung strategisch im Vordergrund stehender Probleme unterstellt. (Diese Alternative entspricht offenbar den beiden möglichen Weisen, das dem Plan entsprechende strategische Diagramm zu lesen.)

Die traditionelle Annahme, daß sich verschiedene Vollzugsaufgaben, wie etwa das Komponieren und Zuhören, einfach auf der Grundlage der Reihenfolge definieren lassen, in der das Vollzugssystem über grammatikalische Kategorien höherer Ordnung einerseits, klangliche Kategorien andererseits entscheidet, ist gewiß unhaltbar. Eine solche Annahme würde besagen, daß in allen Fällen der Komponierende von Entscheidungen über syntaktische Determinanten und semantische Beziehungen zu solchen, die (syntaktische) Oberflächenphänomene und ihre sonologische Realisation betreffen, fortschreite. Umgekehrt würde einer solchen Annahme nach der Zuhörende - zweifellos mit sonologischen Strukturen befaßt - zunächst über diese, und erst in der Nachfolge über Konstituenten höherer Allgemeinheit eine Entscheidung fällen. (Die von Amateuren der Musik diskutierte Frage, wie die zwischen 'Gefühl' und 'Intellekt' bestehende Dichotomie aufzulösen sei, beruht auf dieser vereinfachenden Hypothese. Überdies bezieht sich solche ästhetische Spekulation auf erkenntnistheoretische 'Standpunkte', die strategisch gesehen ganz irrelevant sind.) In Wirklichkeit kann sowohl der Komponist als auch der Hörer eine Aufgabe entweder primär von der syntaktischen Oberflächenstruktur oder dem sonologischen Klangbild her behandeln, nur daß ein Beginn von der syntaktischen Tiefenstruktur besonders dem mit Computern arbeitenden Komponisten leichter als dem Hörer fällt, der solche Tiefenstrukturen ohne klangliche Hilfe nicht (leicht) erzeugen kann. Dies deshalb, weil ein Tiefenstrukturen syntaktisch stipulierender Komponist notwendigerweise 'hors temps' (außerhalb der Zeit) arbeitet - ein Privileg, das ihm kein Hörer nachmachen kann (Xenakis).

*

Es wurde ausgeführt, daß zum Verstehen erforderliche Vergleichsstrukturen aufgrund von Tests zustande kommen. Die Formulierung der Tests, d.h. der vom Vollzugssystem zu erfüllenden Bedingungen, wird unter anderem entscheiden, welcher Grad der Abweichung von grammatikalischer Wohlgeformtheit toleriert werden kann, ohne daß die Beziehung des Systems auf eine (die Eingabe definierende) Grammatik außer acht gerät. Ferner werden es die gestellten Bedingungen nahelegen, welche der (dem Haupttest untergeordneten) Tests innerhalb der Hierarchie des Plans anzusetzen und welche Bewertungen ihnen beizugeben seien.

Was die Unbekannte des Systems, die Ausgaben, betrifft, so wird die Hypothese eine Definition desjenigen Ausgleichszustandes einschließen, auf welchen das System sich zubewegen soll. Es scheint eine vertretbare Voraussetzung zu sein anzunehmen, daß die Ausgabe aller musikalischen Vollzugssysteme von sonologischer (meta-klanglicher) Form ist, sei es denn, daß er als tatsächlich gehörter oder als notierter gesetzt wird. Diese Voraussetzung liegt insofern nahe, als angenommen wurde, daß die letzte, von der Grammatik hervorgebrachte strukturelle Beschreibung eine Transkription musikalischer Strukturen in das Medium (universaler) klanglicher Kategorien sei, und somit das Resultat einer Umformung der sonologischen in die klangliche Matrix darstelle. Diese klangliche Matrix kann man sich strategisch-kompositorisch z.B. als visuell - in der Form von 'icons' - zur Verfügung stehenden elektro-akustische Instrumentenrepertoirs vorstellen, denen vom Komponisten syntaktisch wohldefinierte Partituren zugewiesen werden.

Die Tatsache, daß sich die verschiedenen grammatikalischen Komponenten nur künstlich trennen lassen, schließt nicht notwendig aus, daß in besonderen Fällen nicht auch eine syntaktische und semantische Ausgabe resultieren könne. In jedem Falle wird jedoch die Beziehung zwischen den grammatikalischen Komponenten der Ausgabe implizit sein.

Angesichts des endlichen Gedächtnisses eines Vollzugssystems ist die entscheidende, an eine Hypothese zu stellende Forderung die, daß sie die in der Eingabe enthaltenen grammatikalischen Determinanten erschöpfend verwende, ohne dadurch einen exzessiv großen Teil des Speichers in Anspruch zu nehmen. Solche - grammatikalischen oder nicht-grammatikalischen - Hypothesen, die große Teile des Gedächtnisses verbrauchen, sind von vornherein unrealistisch. Sie sind kaum imstande, eine auch nur beobachtungsmäßig adäquate Beschreibung musikalischer Aktivität zu geben. (Hier liegt das Hauptproblem vieler musikalischer Analysen.)

Das Prinzip ökonomischer Einfachheit ist auch für das Problem der Anzahl, Unterschiedlichkeit und Integration von Plänen gültig. Die Hypothese stellt einen Teil der Strategie insofern dar, als sie der Ausgabe Wohlgeformtheitsbedingungen auferlegt, die auf strategische Wirksamkeit (ästhetischen Effekt etc.) zielen. Sie sind Bedingungen, denen das Vollzugssystem insgesamt unterliegt, gleichgültig ob sie eine einzelne, als primär erachtete grammatikalische Komponente betreffen oder die Beziehung aller Komponenten thematisch machen. Ein aus der Hypothese Konsequenzen ziehender Plan wird sich also aus miteinander in Konflikt stehenden bzw. alternierenden Strategien oder zu einem einheitlichen Fluß von Aktionen integrierten Strategien zusammensetzen müssen.

Es ist denkbar, daß die Unterteilung eines Plans in verschiedene (nichtsdestoweniger gleichzeitige) Phasen, welche einer bestimmten grammatikalischen Komponente entsprechen, teilweise von der Besonderheit der Vollzugsaufgabe abhängt. Die Lösung einer solchen Vollzugsaufgabe mag auch davon bestimmt sein, ob die betreffende Strategie primär Nachdruck auf abstrakte (dominierende) Entscheidungen legt ("top down"), denen taktische Tests untergeordnet sind, oder ob sie umgekehrt diese den strategisch determinierenden Entscheidungen voranstellt ("bottom up"). Obwohl eine Wohlgeformtheitshypothese in keinem Falle größere Anforderungen stellt, als das dem System verfügbare grammatikalische Wissen möglich macht, so kann doch der Plan, zu dem sie führt, fehlschlagen. In einem solchen Falle war der Plan nicht geeignet, jene Resultate hervorzubringen, um deretwillen die Haupttests entworfen wurden.[60]
Diese Möglichkeit beweist, daß die Formulierung der grammatikalischen Hypothese nicht notwendig zur Bildung eines zufriedenstellenden Planes führt. Das Fehlschlagen der Hypothese selbst mag verschiedene Ursachen haben. Entweder reicht das von ihr in Anspruch genommene grammatikalische Wissen nicht aus, um die Unbekannte des Vollzugssystems (die Ausgabe) zu bestimmen, oder die von ihr produzierte Ausgabe erweist sich als unfähig, den vom System angestrebten Ausgleichszustand im Verstehenden herzustellen. Ist die Ausgabe im Hinblick auf die Hypothese unzureichend, so besagt das, daß die Hypothese nicht zu jener Gruppe von Tests geführt hat, die zusammen eine erfolgreiche musikalische Strategie ausmachen. In solchen Fällen schlägt die Hypothese selbst fehl, da sie unzureichend ist. Andererseits mag sie auch fehlschlagen, weil sie 'zu erfolgreich' ist. Das bedeutet, daß die von ihr dem System auferlegten Wohlgeformtheitsbedingungen zu rigoros sind, als daß sie sich erfolgreich durchführen ließen, sei es, weil (z.B.) sich die erforderliche Integration von Plänen nicht verwirklichen läßt; sei es (z.B.), daß die Durchführung einer solchen Integrationsstrategie die Summe negativer Bewertungen taktisch not-

---

[60] Miller, Galanter und Pribram, a.a.O., S. 37, Fußnote 12.

wendiger Operationen so anwachsen läßt, daß die Ausführung des Plans unter ihnen zusammenbricht.

B.

Die Bildung von Plänen betrifft die Frage, wie Pläne aufgrund einer vom Vollzugssystem aufgestellten, auf eine wohlgeformte Ausgabe zielenden Hypothese zustandekommen. Pläne sind Hierarchien von TOTE-Einheiten. Sie stellen Systeme strategischer Regeln dar, die sich auf "Test-Operation-Test-Exit"-Einheiten (im kybernetischen Sinne) beziehen, und zwar auf allen Niveaus einer bestimmten Aktivität.

Offenbar können für ein und dieselbe Vollzugsaufgabe verschiedene Pläne aufgestellt werden. Unter der Voraussetzung, daß die Haupttests des Systems (die sich direkt von der Hypothese herleiten) im Hinblick auf die Beziehungen zwischen den verwandten grammatikalischen Komponenten definiert werden müssen, kann man die Frage der Planbildung als das Problem verstehen, wie sich verschiedene Hypothesen zu einem Haupttest derart zusammenfassen lassen, daß dieser die musikalischen Aktionen zu einer einheitlichen Aktivität verschmilzt. Falls nur eine einzige Hypothese existiert (z.B. eine, die semantisch relevante Strukturen betrifft), wird die Aufgabe der Planbildung darin bestehen, es dem System zu ermöglichen, die Hypothese ständig im Hinblick auf die von ihr nicht berücksichtigten Elemente (der Eingabe) zu testen.

Da die Angemessenheit der vom System ausgeführten Operationen im wesentlichen durch die Tests kontrolliert wird, ist Planbildung also entschieden die Formulierung von Tests, die geeignet sind, eine hypothetisch antizipierten Ausgabe hervorzubringen (im Falle einer semantischen Hypothese also die Produktion sonologischer Strukturen, denen eine angemessene semantische Interpretation zugeordnet worden ist). Um zu vermeiden, daß Tests in Konflikt treten oder in übergroßem Maße alternieren, wird der geformte Plan vorsehen müssen, daß Tests eine Hierarchie bilden, welche mehr oder weniger direkt die Hierarchie struktureller Beschreibungen widerspiegelt, wie sie die Grammatik aufstellt.

Vollzugsverfahren, welche die grammatikalische Hierarchie vollständig ignorieren, sind nur auf Kosten ökonomischer Einfachheit durchführbar. Solche Strategien mögen in der Tat in dem Falle notwendig sein, in dem Kompetenzregeln keine unmittelbare, sondern nur indirekte epistemologische Realität für ein Vollzugssystem besitzen und daher von ihm nur heuristisch verwandt werden können. Es könnte sich zum Beispiel herausstellen, daß - obwohl die eine musikalische Situation definierende Grammatik in der Tat primär syntaktisch bestimmt ist - die ihr zugeordneten Vollzugsprozesse hauptsächlich entweder semantisch oder sonologisch determiniert sind. (Dies geschieht z.B. häufig in elektro-akustischen Kompositionen.) In solchem Falle würde das Vollzugssystem syntaktisches Wissen nur indirekt, d.h. zur Korrektur, nicht aber zur Formung von Hypothesen und Plänen heranziehen.[61] Während das Vollzugssystem zur Bildung der Hypothese grammatikalischen Wissens unmittelbar bedarf, könnte (möglicherweise) dieses Wissen in der Hierarchie des Plans selbst rein taktischem Wissen untergeordnet sein. Der Plan wird 'generativ' allerdings nur in dem Maße sein, in dem er grammatikalisch induzierte Prozesse der Erzeugung von Vergleichsstrukturen zuläßt. Der Plan ist administrativ und rein logisch, insoweit seine Regeln auf die taktischen Aufgaben der Bewältigung von Material zum Zweck der Erzeugung systemeigener Strukturen hinzielen.[62] Die den Plan ausmachenden strategischen Regeln werden zwei Fragen gleichzeitig beantworten:

a) wie Pläne unter dem Einfluß gespeicherten grammatikalischen Wissens geformt werden;
b) welche Pläne (Pläne welcher Art) derart geformt werden.

Das zweite Problem schließt axiologische Fragen ein. Sie sind hier noch dem Prinzip ökonomischer Einfachheit untergeordnet und üben nicht jenen Einfluß aus, der ihnen in der Phase der Ausführung von Plänen zuteil wird.

Die Frage, wie Pläne zustandekommen, betrifft vor allem das Problem, wie sich Kompetenzregeln in die administrative und generative Maschinerie eingliedern lassen, welche dem Vollzugssystem zur Verfügung stehen. Für eine formale Charakterisierung der Musik-Vollziehenden steht in der Tat diese Frage im Brennpunkt des Interesses.[63] Ihr nachgeordnet ist das Problem, wie strategische Regeln unter sich verbunden sind. Das ist die Frage des Formats, der Wohlordnung und der Kapazität strategischer Regeln.

Die Theorie wird zeigen müssen, wie sich der Haupttest der Strategie in untergeordnete, aufgehobene Teiltests gliedert und welche Operationen mit diesen - auf dem strategischen wie taktischen Niveau - verbunden sind. *Es ist durchaus denkbar, daß zwischen der Wohlordnung der Regeln eines musikali-*

---

[61] Nichtsdestoweniger könnte in diesem Falle eine auf Syntax gegründete Grammatik die adäquateste Form einer Rekonstruktion regelbestimmter Produktivität sein, wurde doch Vollzug als auf die bewußte Modifikation grammatischer Regeln gegründete Strategie definiert.

[62] Der Unterschied zwischen Plänen, die sich von 'Strategie zu Taktik' und von 'Taktik zu Strategie' bewegen, ist nur eine Sache der Interpretation des strategischen Diagramms (das entweder 'abwärts' oder 'aufwärts' gelesen werden kann).

[63] Bedauerlicherweise ist noch sehr wenig über die ausgeführte Form einer musikalischen Grammatik oder einer musikalischen Strategie bekannt, um eine formale Diskussion des Formats, der Ordnung und der generativen Kapazität grammatischer Regeln in ihrer Beziehung zu strategischen zuzulassen. Jedoch ist dieses Problem das für Vollzugssysteme entscheidende. Es stellt daher für Untersuchungen musikalischer Strategien das bedeutendste Thema dar.

schen Planes und der Ordnung ihrer Ausführung ein Unterschied besteht. Solche Differenz mag mit Bewertungen zusammenhängen. Um sie zu begreifen, ist es also notwendig, die strategische Ordnung des Plans unabhängig von ihrer Ausführung zu definieren. Wie Planbildung nicht direkt der Formulierung der Hypothese zu folgen braucht, so kann demnach die Ausführung von Plänen von dem geformten Plan abweichen.

Grundsätzlich läßt sich kein Grund dafür angeben, Pläne für verschiedene Vollzugsaufgaben als a priori durchaus verschiedene anzusetzen. Vielmehr würde die Theorie musikalischen Vollzuges die zwischen unterschiedlichen musikalischen Aufgaben, wie dem Komponieren und Zuhören, bestehenden Differenzen im Medium musikalischer Pläne selbst zu explizieren haben, anstatt diese Aktivitäten einander äußerlich als verschiedene entgegenzusetzen. Dies trifft nicht nur aus empirischen Gründen, wie etwa dem zu, daß ein Komponierender zugleich ein Zuhörender ist. *Vielmehr ist es methodologisch fragwürdig, die Verschiedenheit von musikalischen Vollzügen anzunehmen, bevor explizit gezeigt worden ist, in welchen Hinsichten sie in der Tat verschieden sind.* (Diese Verschiedenheit ist natürlich nur auf der Grundlage der sie identifizierenden Kompetenz überhaupt möglich.) Auch in Fällen, in denen es nicht auf der Hand liegt, daß sich konventionell als verschieden betrachtete Vollzüge in der Tat gegenseitig voraussetzen oder einschließen, muß die Differenz von Kompositionsplänen und Plänen für musikalisches Hören im Medium strategischer Regeln selbst (und ihrer Ordnung) demonstriert werden. Mit anderen Worten, eine Entscheidung über Verschiedenheit von Vollzugsaufgaben ist nur a posteriori gerechtfertigt.

Man kann sich drei methodologisch verschiedene Weisen der Untersuchung von Prozessen der Planbildung vorstellen. Im ersten Falle würde man die Aufgabe - zu erklären, wie musikalische Pläne entstehen - als die verstehen, ein 'Entdeckungsverfahren' (*discovery procedure*) zu formulieren. (In der Tat ist dies die konventionelle Interpretation der Aufgabe). Eine solche Theorie unternimmt es, aufgrund der Klassifikation von musikalischen Aktivitäten jene strategisch relevanten Regeln 'aufzufinden', die als Determinanten der Aktivitäten gelten können. Zumeist ist es einer solchen Theorie nicht klar, daß sie versucht, zwei heterogene, in der Tat sich ausschließende, Ziele zu erreichen: einmal das Ziel, alle zum Gegenstand der Erforschung genommenen empirischen Strukturen einem System strategischer Regeln zuzuweisen; zum anderen das Ziel, eine deskriptiv adäquate (oder gar formale) strukturelle Beschreibung der Aktivität zu geben, welche sie untersucht.

Der Hauptgrund dafür, daß sich die Theorie der methodologischen Ungereimtheit ihrer Ziele nicht bewußt ist, liegt darin, daß sich die meisten der vorgeschlagenen Entdeckungsverfahren auf die Untersuchung von Kompetenz nur insoweit einlassen, als es sich um 'kommunikativ verwandte Kompetenz', nicht aber um 'Kompetenz an sich' handelt. Da ein Entdeckungsverfahren definitionsgemäß nur über wirklich vorkommende, nicht aber über grundsätzlich mögliche Aktivitäten Rechenschaft geben kann, ist es unvermeidlich, daß es als Theorie deskriptiv nicht zureicht. Eine solche Theorie ist selbstverständlich als 'erklärende' noch unzureichender; denn es ist ihr prinzipiell unmöglich, einen Algorithmus für die Bewertung jenes Modells der Planbildung aufzustellen, das unter den gleichermaßen deskriptiv adäquaten Modellen das methodologisch relativ adäquateste ist.

Man kann zweitens den Prozeß der Formung musikalischer Pläne durch ein Entscheidungsverfahren (*decision procedure*) zu erklären suchen, das in Hinsicht auf ein bestimmtes Material und ein vorgeschlagenes Modell ein für allemal feststellt, ob das untersuchte Modell methodologisch zureichend ist oder nicht. Obwohl ein solches Verfahren weniger naiv als ein Entdeckungsverfahren ist (Abbildung 8), ist doch ein Entscheidungsverfahren (Abbildung 9) gleichermaßen unzureichend, was Erklärung anbetrifft. Denn es bedarf eines absoluten Maßes für methodologische Angemessenheit, um seine Aufgabe zu erfüllen, und ein solches Maß ist schwer vorzustellen.

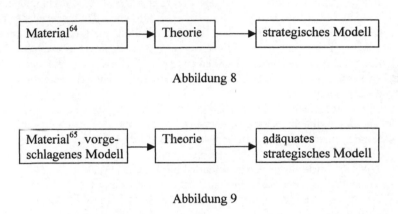

Abbildung 8

Abbildung 9

Die dritte und letzte Weise, Prozesse der musikalischen Planbildung zu erklären, ist ein Bewertungsverfahren (*evaluation procedure*), dessen Eingabe außer dem relevanten Material eine Anzahl von vorgeschlagenen Modellen enthält, die alle eine Explikation musikalischer Planbildung anstreben[66]:

---

[64] Die 'Material' genannte Menge empirischer Elemente der Planbildung läßt sich kompositorisch z.B. als eine Menge von sonologisch geformten oder syntaktischen Materialien vorstellen, die ein Komponist zur Bearbeitung der musikalischen Form in Betracht zieht.
[65] Siehe die vorhergehende Fußnote.
[66] Nicolas Ruwet, *Introduction à la Grammaire Générative*, Paris: Plon, 1967.

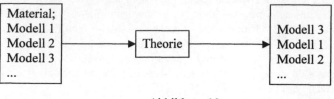

Abbildung 10

Eine derartige Theorie wird Kriterien der Bewertung finden müssen, und zwar solche Kriterien, welche ein formales Verfahren der Vergleichung deskriptiv gleichermaßen adäquater Modelle zulassen. Das Ziel einer solchen Theorie wird sein, eine Hierarchie der vorgeschlagenen Modelle aufzustellen, aus der eindeutig der Grad ihrer Angemessenheit im Sinne eines definierten Kriteriums von Einfachheit hervorgeht.

Es wäre eine wesentliche Aufgabe der Theorie, als Metatheorie musikalischer Vollzüge über ihre Kriterien Rechenschaft zu geben. Da bisher weder ein wirksames Entdeckungsverfahren noch ein Entscheidungsverfahren für Modelle musikalischer Planbildung formuliert worden ist, und die Definition solcher Verfahren aus den angeführten Gründen auch nicht zu erwarten ist, stellt in der Tat ein formales Bewertungsverfahren die einzige Theorie dar, welche als 'erklärende' infrage kommt.

Um wirksame Kriterien der Bewertung von vorgeschlagenen Vollzugsmodellen zu entwickeln, wird eine derartige Theorie die zu Beginn unserer Studie genannten methodologischen Erfordernisse erfüllen müssen:

1. das Erfordernis der Formalität und Explizität;
2. dasjenige darzulegen, wie sich die von der Aktivität implizierten Kompetenzelemente in den strategischen Prozeß des Musikmachens einfügen.

Eine formale Theorie musikalischer Vollzüge würde nicht nur eine Explikation des Begriffs 'musikalische Aktivität' darstellen; sie würde auch imstande sein, explizit zu demonstrieren, worin - strategisch gesprochen - der Unterschied solcher Tätigkeiten wie dem Komponieren und Zuhören besteht. Ferner könnte sie darlegen, inwiefern musikalische Aktivitäten in der Tat strategisch äquivalent heißen können. Sie würde daher imstande sein, strukturelle Gründe für die informell stets angenommenen Unterschiede zwischen den Tätigkeiten des Komponierens, Zuhörens, der Ausführung notierter Partituren und der Ausübung musikalischer Kritik anzugeben. Solche Unterschiede können nur dann als erklärt gelten, wenn anhand des Aufbaus adäquater Pläne gezeigt worden ist, daß in der Tat fundamentale strategische Unterschiede bestehen. Solche Unterschiede könnten z.B. in der Art und Weise gefunden werden, in der die syntaktischen, semantischen und sonologischen Regeln aufeinander einwirken.

C.

Im Falle, daß eine Theorie der musikalischen Planbildung (wie die oben skizzierte) existiert, hat ein Modell der *Ausführung* von Plänen den Charakter eines Versuchs, psychologische Konsequenzen aus der aufgewiesenen Natur geformter Pläne zu ziehen. Abgesehen von der Erörterung axiologischer Probleme, welche durch die Ausführung von Plänen aufgeworfen werden, ist also Planausführung kein in sich selbständiges Thema einer musikalischen Grammatik. Für den Fall, daß der Haupttest der Strategie in der Tat die Beziehung zwischen verschiedenen grammatikalischen Komponenten betrifft, kann es notwendig werden, Planausführung als in eine Reihe von Tests zerfallende Tätigkeit zu konzipieren. Die Tests müssen jedoch nichtsdestoweniger gleichzeitige Phasen eines und desselben Vollzugsprozesses sein können (*parallel processing*). Das unter diesen Umständen zu lösende Hauptproblem ist zu demonstrieren, daß - und inwieweit - die Begrenzungen des musikalische Pläne ausführenden Vollzugssystems wirklich Begrenzungen des Organismus (wie etwa Beschränkungen des Gedächtnisses) wiedergeben, der mit der zu erklärenden Aktivität befaßt ist, und inwieweit sie bloße Resultate der verwandten Simulierungstechnologie (*software*) darstellen.

Eine Methodologische Untersuchung der Computerkomposition[1]
(1971)

Formalisierte musikalische Sprachen lassen sich auf zweifache Weise interpretieren: 1. derart, daß erwiesen wird, existierende Kompositionen seien Theoreme eines bestimmten musikalischen Systems, 2. derart, daß von einem logistischen System auf dem Wege über eine 'Programm' genannte Übersetzung dieses Systems in operationelle Aussagen kompositorische Interpretationen abgeleitet werden, welche die gestellten axiomatischen Erfordernisse des Systems erfüllen.

In dem Maße, in dem es gelingt, ein Entscheidungsverfahren für eine jegliche der beiden genannten Arten formalisierter musikalischer Sprachen aufzustellen, wird es gleichzeitig möglich sein, die Definition des sonst nur informell bestimmten Begriffes eines 'Systems der Komposition' anzugeben. Während wir in Verfolgung des ersten Zweckes ein musiktheoretisches System formalisieren müssen, um zu entscheiden, ob eine gegebene Komposition das Theorem eines im einzelnen bestimmten musikalischen Systems sei oder nicht, interpretieren wir im zweiten Fall ein logistisch formuliertes kompositionstheoretisches Modell im Bereich der Klangproduktion.[2]

Hypothetische Modelle kompositorischer Entscheidungsprozesse, die als formalisierte Sprachen aufgefaßt werden, lassen sich leicht in Computerprogramme übersetzen, d.h. in operationelle Aussagen über solche Sprachen. In diesem Falle wird die Interpretation von Theoremen dieser Sprache ein Computerresultat sein, unabhängig davon, ob es in digital gespeicherter oder in klingender Form existiert.

Um den Gegenstand der Erörterung zu präzisieren, werden wir zwischen einer formalen und einer interpretativen Sprache unterscheiden. Die Elemente der ersten sind Begriffe, die der zweiten Ausdrücke (*terms*).[3] Unsere Ausführungen werden daher aus zwei Teilen bestehen. In der ersten Hälfte unseres Aufsatzes werden wir jenen Teil der formalisierten Sprache behandeln, der ein logistisches System ist, in der zweiten Hälfte dessen Interpretation.

Informell können wir im ersten Falle von Kompositionstheorie, im zweiten von Klangsynthese sprechen. Wo immer wir uns im ersten Teil auf Aus-

---

[1] Der vorliegende Aufsatz ist die Einführung in ein Forschungsvorhaben gleichen Titels, das vom Autor am Institut für Sonologie der Reichsuniversität Utrecht unternommen wird. Der deutsche Text stellt eine Übersetzung des englischen Originals dar.

[2] Diese Arbeit wird sich hauptsächlich mit geschriebenen und klingenden Kompositionen befassen, nicht mit dem dritten Bereich von Interpretation, der ästhetischen Erfahrung.

[3] Jene Ausdrücke, die ausschließlich zum operationellen Bereich der Interpretation (d.h. zum Programm) gehören, werden wir *operationelle* - im Gegensatz zu *grundsätzlichen* - Ausdrücke(n) nennen.

drücke beziehen, werden diese in Klammern auftreten, d.h. als Derivate von Begriffen; im zweiten Teil wird die entgegengesetzte Verfahrensweise befolgt werden.

In dem Maße, in dem (historisch) geprüfte Kriterien musikalischer Formbildung Bestandteil unseres im wesentlichen "uninterpretierten" Systems sind, werden die resultierenden Theoreme den Charakter einer Formalisierung musiktheoretischer Konstruktionen haben, die von historisch existierenden Kompositionen oder von Beweisen abgeleitet sind, daß solche Kompositionen Theoreme eines spezifischen musikalischen Systems entweder sind oder nicht sind.

+

I.

Zur Klärung unserer formalen Sprachen sei einführend folgendes bemerkt:[4] Um ein logistisches System aufzustellen, definieren wir dessen Grundlage (primitive basis), die, zusammen mit der resultierenden Klasse von Theoremen, das vollständige System darstellt. Wir definieren die Grundlage des Systems durch Festsetzung der folgenden vier Komponenten:

1. die Grundsymbole, welche das Alphabet des Systems darstellen und deren Folge eine Formel ist;
2. Auswahlregeln, welche die für ein System repräsentativen Folgen von Grundsymbolen oder von wohl-geformten Formeln (wfF.) auswählen;
3. jene wfF., welche als Axiome (Bedingungen) gelten sollen;
4. Ableitungsregeln (Anweisungen), denen gemäß eine spezifische wfF. von einer Gruppe bestehender wfF. abzuleiten ist.

Komposition, informell ein Prozeß des Entscheidungs-Treffens hinsichtlich der Auswahl und / oder Kombination parametrischer Angaben und infolgedessen ein Prozeß der Ableitung von durch diese Angaben bestimmten Dimensionen der Komposition, kann eindeutig durch Ableitungsregeln definiert werden, durch welche kompositorische Techniken als für ein spezifisches System der Komposition konstitutiv angesetzt werden.

Auswahlregeln des Systems stellen sicher, daß eine besondere Anordnung auftretender Grundsymbole in der Tat syntaktisch zu dem jeweils betrach-

---

[4] Anstelle einzelner Zitate möchte ich hier die Anregungen erwähnen, welche ich in der Ausarbeitung dieses Essays durch die Arbeiten von Dr. Michael Kassler empfing, besonders durch seinen Aufsatz "A Sketch of the Use of Formalized Languages for the Assertion of Music", *Perspectives of New Music* I/2 (Spring 1963), S. 83-94.

teten System gehört. Das Alphabet des Systems erlaubt eine kodierte Quantisierung von Klassen perzeptiver Parameter, die dem Bereich ästhetisch erfahrener musikalischer Kompositionen angehören.

Vorausgesetzt, daß die Grundlage des logistischen Systems wohl-definiert ist, erlaubt uns dieses, Beweise für jene wfF. vorzutragen, die Axiome (Bedingungen) sind, und also eine spezifische Klasse von Theoremen des Systems abzuleiten, die eindeutig definiert sind.[5] Das System, informell gesagt eine Kompositionstheorie[6], soll es uns ermöglichen, grundsätzliche Typen möglicher und kompossibler kompositorischer Ordnungen festzustellen. Jede dieser Ordnungen wird verschiedene konstitutive Eigenschaften und Verfahrensweisen ebenso wie einzigartige vieldimensionale Beziehungen seiner Eigenschaften und Verfahrensweisen beinhalten.

Auf der Grundlage dieser Eigenschaften und Operationen und einer Grundhypothese hinsichtlich der Natur des akustisch-musikalischen Materialbereiches[7] unterscheiden wir musikalische Systeme wie etwa:

1. ein tonales System;
2. ein dodekaphonisches System;
3. ein wahrscheinliches (statistisches) System;
4. ein verallgemeinertes System (das der Möglichkeit nach die Systeme 1 bis 3 einschließt).

Die Grammatik jedes dieser Systeme ist verschieden darin, wie sie sich zu den Extremen einer wahrlich allgemeinen, und einer auf spezifische Zusammenhänge gegründeten Grammatik verhält, in der "nur begrenzte, lokalisierte Verallgemeinerungen" (Babbitt) möglich sind. Seinen Axiomen gemäß wird das System mehr oder weniger von bekannten Kriterien musikalischer Formbildung abhängen, die in das System entweder aufgenommen oder nicht aufgenommen werden.[8]

Syntaktische Beweise sind in allen Fällen durch interpretatorische Beweise systematisch zu erläutern oder wenigstens zu veranschaulichen. Ferner kann man sich eine Rückwirkung nicht nur innerhalb des logistischen Systems zwi-

---

[5] Eine Folge von wfF. ist ein Beweis genau dann, wenn jede wfF. der Folge ein Axiom ist oder wenn sie eine Folgerung darstellt, die Ableitungsregeln gemäß von anderen wfF. abgeleitet ist. Während jedes Axiom ein Theorem darstellt, ist eine wfF. nur dann ein Theorem, wenn ein Beweisverfahren existiert.

[6] Dies ist ein Begriff, mit dem wir uns wechselweise auf die Gesamtheit aller formalisierten musikalischen Sprachen und eine Hypothese beziehen, welche eine individuelle Komposition betrifft.

[7] Z.B., daß es prinzipiell ungeordnet sei.

[8] Siehe den Aufsatz von Milton Babbitt, "Twelve-Tone Rhythmic Structure and the Electronic Medium", *Perspectives of New Music* I/1 (Fall 1962), S. 49-79.

schen Axiomen und Ableitungsregeln, sondern auch zwischen dem System selbst und seiner Interpretation vorstellen.[9] Über diese gegenseitige Abhängigkeit hinaus wird weitere Flexibilität des Systems durch Umformungsregeln sichergestellt, welche die Beziehung einzelner Theoreme als Elemente einer sie enthaltenden Klasse bestimmen.[10]

Je danach, ob ein Beweisverfahren besteht oder nicht, wird das gesamte System entscheidbar oder unentscheidbar sein.

+

Je ausschließlicher die Interpretation des Systems eine von Theoremen ist, desto flexibler ist die gegenseitige Beziehung beider Teile einer formalisierten Sprache und desto dringender ist die Notwendigkeit einer Analyse kompositorischer Interpretationen.[11] Die Auswertung eines formalisierten musikalischen Systems in kompositorischer wie linguistischer Hinsicht wird unentbehrlich.

Die Schwierigkeit liegt hier in der wesentlichen Unvergleichbarkeit der beiden dabei aufeinander bezogenen Dimensionen: ein Element x des Bereiches geschriebener Komposition kann Resultat eines Elements y und z des Bereichs produzierter Musik sein und umgekehrt. In Hinsicht auf beide der genannten Interpretationen müssen Ableitungsregeln die interpretative Forderung erfüllen, daß sie für horizontale, vertikale und 'diagonale' Dimensionen eindeutig definiert sind.[12]

Für beide Interpretationen ist desweiteren der Begriff des sprachlichen Niveaus entscheidend. Dieser Begriff bezeichnet die Beziehung, in der eine wfF. zum Theorem eines Systems stehen kann. Formal gesehen, kann jedes zwischen den Extremen elementarer Formeln und ausgebildeter Theoreme beste-

---

[9] Im Sinner praktischer Durchführung einer Interpretation kann eine Anweisung durch ihre Ausführung verändert werden; oder sie wird erst nach Auswertung der Bedingung ausgeführt; ferner, der Inhalt einer Anweisung kann sich gemäß veränderter Bedingungen modifizieren, und auf dem Wege über ein Analyseprogramm können Bedingungen dadurch verändert werden, daß Folgerungen aus ausgeführten Anweisungen gezogen werden.

[10] Etwa die Abbildung der Komposition eines bestimmten Systems in einer anderen Komposition desselben Systems.

[11] Der Begriff "Analyse", falls nicht näher bestimmt, trifft auf zwei verschiedene Fälle von Interpretationen zu: einer von ihnen gehört dem Bereich geschriebener, der andere dem ästhetisch erfahrener Komposition an.

[12] Interpretatorisch betrachtet werden es solche Regeln ermöglichen, Kriterien einer Bestimmung syntaktischer und morphologischer Unterschiede 'instrumentaler', 'instrumental-elektronischer' und 'elektronischer' Kompositionen aufzustellen. Dies geschieht dertart, daß sie die Beziehung definieren, in der eine bestimmte Zeitpunkt-Reihe (*time-point set*) zu anderen musikalischen Dimensionen steht. Jede solche Zeitpunkt-Reihe kann entweder durch Instrumentation oder Montage - also mit fixen Klangfarben - definiert werden, oder sie wird dadurch, daß Amplitudenbestimmungen fest definierte Klangfarben ersetzen, hörbar gemacht.

hende Niveau als Untergruppe solcher Formeln angesehen werden. Auswahlregeln und Ableitungsregeln sind daher gemäß dem sprachlichen Niveau unterscheidbar.

Während 'Kompositionsmethode' die interpretative Kennzeichnung eines entscheidbaren Systems ist, bezieht sich der Begriff 'Methode struktureller Organisation' auf ein unentscheidbares System. Interpretationen, die sich wie Komposition und Analyse aufeinander beziehen, stellen eine modale Sphäre der Kompossibilität dar. Systeme, die entscheidbar sind, sind notwendig kompossible Systeme. Die Begriffe logischer Möglichkeit und Entscheidbarkeit sind nicht ausreichend für den Beweis, daß zwischen zwei Systemen und ihren Interpretationen strukturelle Kompossibilität bestehe.

+

Es ist unsere Aufgabe, von der definierten Grundlage eine Klasse von Theoremen abzuleiten, d.h. in diesem Falle von Kompositionen, die repräsentative Beispiele eines bestimmten musikalischen Systems sind. Ist die Anzahl der Axiome gleich Null, so werden Ableitungsregeln nicht-axiomatisch sein (d.h. Anweisungen werden un-bedingt sein). Dasselbe gilt, wenn für wfF. weder formale noch informale Beweise existieren. In solchem Falle wird der Versuch, ein Entscheidungsverfahren des Systems zu finden, scheitern.

Prinzipiell haben wir es nicht mit individuellen Theoremen (Kompositionen) zu tun, sondern mit einer bestimmten Klasse von Theoremen, die axiomatisch definiert sind. Mit anderen Worten: wir postulieren musikalische Strukturen in allgemeiner Form. Alle Theoreme, welche die Regeln eines und desselben musikalischen Systems erfüllen, gehören einer und derselben Klasse von Theoremen an. Wo eine wahrlich allgemeine Grammatik nicht existiert, werden Axiome die von Zusammenhänglichkeit (*contextuality*) sein, sei diese kombinatorischer oder permutatorischer Natur.

Es ist vorstellbar, daß sich eine Gesamtheit kompossibler musikalischer Systeme strukturell einer verallgemeinerten, wenn nicht wahrhaft allgemeinen Grammatik annähert. Wo intern konsistente Teilsysteme existieren, besteht die Aufgabe nicht nur darin, deren innere Logizität zu beweisen, sondern darin, ein Entscheidungsverfahren für ihre Kompossibilität mit anderen Systemen zu finden.[13]

+

---

[13] Was den Bereich ästhetisch erfahrener Kompositionen angeht, so könnte sich eine Typensammlung von *objets sonores*, wie sie Pierre Schaeffer aufstellte, durchaus als formalisierbar erweisen. Perzeptionsforschung in diesem Sinne, obwohl dringend notwendig, ist von der gegenwärtigen Untersuchung ausgeschlossen.

Der Autor dieses Aufsatzes ist sich klar darüber, daß diejenigen, die sich mit Definition und Interpretation formalisierter musikalischer Sprachen beschäftigen, es mit einer logistischen Idealisierung des 'Komposition' genannten Prozesses zu tun haben, welche den Bereich der Erkenntnistheorie sowie den der reinen Logik gleichermaßen ausschließt.[14] Die Behandlung strikt logischer Probleme würde erfordern, daß die Frage der Existenz - und daher der Interpretation - irrelevant sei; zum anderen würden erkenntnistheoretische Untersuchungen es voraussetzen, daß man kompositorische Verfahrensweisen unter dem Aspekt von Erkenntnisprozessen betrachte, nicht aber unter dem behavioristischer Modelle solcher Prozesse.

Nichtsdestoweniger ist die naive Gleichsetzung 'kompositorischer Logik' mit 'logistischem System' keine notwendige Folge der Ausschließung des Bereichs reiner Logik und der Erkenntnistheorie. Der Autor, *auf der Suche nach methodologischen Antworten auf die Frage möglicher und kompossibler musikalischer Grammatiken*, hofft, weitere Klärung durch das Modalitätenkalkül zu gewinnen. Mit anderen Worten, er hält es für sinnvoll, die modale Natur von Erkenntnishypothesen zu diskutieren, ebenso wie die Frage der Modalität und Intermodalität aufeinanderbezogener Dimensionen kompositorischer Entscheidungen, in der Annahme, daß solche Untersuchungen nicht nur für die dem logistischen System innewohnenden Probleme, sondern auch für eine Auswertung ihrer Resultate im strikt philosophischen Sinne relevant seien – ein Ziel, das er nicht aus den Augen verlieren möchte. Die für die Definition einer verallgemeinerten musikalischen Grammatik so wichtige Frage der Beziehung von aleatorischer und serieller Methode zum Beispiel wird erst lösbar, wenn man einsieht, daß sich die strukturelle Unbestimmtheit eines musikalischen Systems prinzipiell nicht einer besonderen (fetischisierten) 'aleatorischen' Logik verdankt, sondern der Koexistenz nicht-kompossibler Untersysteme im selben syntaktischen Bereich.

Kompossibilität muß also von bloß logischer Möglichkeit unterschieden werden, bevor eine sinnvolle Erörterung von 'Regeln' der Unbestimmtheit und der syntaktischen Differenz von verbindlichen (obligatory) und nicht-verbindlichen grammatischen Bildungen versucht werden kann.[15] Den Formalismus für viel-dimensionale Probleme auf dem Gebiet der mehrwertigen Statistik zu suchen, erweist sich als für die Definition der Kompossibilität musikalischer Systeme nicht ausreichend, obwohl Statistik interpretatorisch relevante Resultate

---

[14] Formal zu beweisen, daß musikalische Strukturen integrale Teile eines musikalischen Systems sind, ist nur möglich, wenn die gewählte Metasprache formalisiert ist; sonst müssen Theoreme informell demonstriert werden.

[15] Z.B. ist die Natur der Klangfarbe kein durch Prüfung der Entscheidbarkeit eines Systems lösbares System; vielmehr kann über sie Entscheidendes nur dadurch ausgemacht werden, daß man die Frage der Kompossibilität verschiedener, nur scheinbar getrennter Dimensionen erörtert. Zu dem Begriff der Kompossibilität siehe Nicolai Hartmann.

für das Problem der Korrelation verschiedener Eigenschaften eines musikalischen Systems, wie etwa intervallischer, ordinaler und nominaler[16] Eigenschaften, liefern könnte. *Das Problem totaler Korrelation oder Zufälligkeit ist eher eines der Kompossibilität und daher ein modales Problem, für das eine formalisierte Sprache und ein Entscheidungsverfahren noch nicht bestehen.* Indem der Autor das Problem der Kompossibilität als für sein Projekt zentral ansieht, hofft er, Licht zu werfen auf die verschiedenen, bisher entstandenen Theorien der Komposition, wie sie von Milton Babbitt und Michael Kassler (Gruppentheorie: sei sie als Theorie geordneter Gruppen [Kassler] oder als Theorie der Permutation [Babbitt] ausgeführt), Hiller (Informationstheorie), Koenig (verallgemeinerte serielle Methoden) und Xenakis (Wahrscheinlichkeitstheorie) entwickelt worden sind.

II.

Klangsysteme im methodologisch relevanten Sinne betreffen die Interpretation von Theoremen eines Systems, die entweder Axiome, beweisbare wfF. oder theorematische Kompositionen sind. Beswiesen werden also nicht Aussagen, sondern musikalische Sätze (zufolge eines Vorschlages, der auf Milton Babbitt zurückgeht).

Grundsätzliche Interpretationen treten in drei einander nicht equivalenten Bereichen musikalischer Erfahrung auf: in dem Bereich geschriebener, produzierter und ästhetisch erfahrener Kompositionen (written, produced, experienced). Klangsynthese, wie sie hier verstanden wird, ist nur an der zweiten der genannten Interpretationen interessiert, nämlich an der von Theoremen im Medium elektronischen Klanges. Um Interpretation zu sein, muß sich Klangsynthese auf Theoreme beziehen, und ihre Durchführung muß Ableitungsregeln folgen.

Außer dann, wenn wir einer erwünschten Rückbeziehung von Ausführung auf Bedingungen (Axiome) zuliebe der Analyse von Kompositionen als ästhetisch erfahrener bedürfen, bewegen wir uns also stets im Bereich geschriebener oder produzierter Musik.[17]

Operationelle Grundlage der Klangsynthese ist ein Computerprogramm, das man als System operationeller Aussagen über ein logistisches System verstehen kann, während ein Computerresultat (von Kompositionen, die Theoreme darstellen) als Erklärung (assertion) eines solchen Systems anzusehen ist.[18]

---

[16] Diese Unterscheidung erfolg nach Milton Babbitt.

[17] Siehe Fußnote 10.

[18] Eine Computersprache ist also mit Hinsicht auf ein logistisches System eine Metasprache, d.h. ein operationeller Code, welcher sich prinzipiell in eine formalisierte Sprache übersetzen läßt.

Klangsynthese, die nicht in den Bereich der Interpretation eines musikalischen Systems fällt, wird hier außer Acht gelassen.[19]

Wir werden drei Fälle der zum Bereich produzierter Musik gehörigen Interpretation betrachten (von denen nur zwei methodologisch relevant sind): jene, in denen die operationelle Übersetzung einer formalisierten Sprache in ein Programm 1. nur ein Hilfsprogramm darstellt, 2. eingeschränkt und 3. selbständig ist.

Wir nennen eine operationelle Übersetzung ein Hilfsprogramm, wenn – wie im Falle einer spannungsgesteuerten Produktion, die ein Lochkartensystem benutzt[20] – die digitale (numerische) Spezifikation nur der technischen Erleichterung der Produktion dient.

Ein Übersetzungprogramm ist *eingeschränkt*, wenn es analoge Maschinerie kontrolliert und daher prinzipiell durch die Natur der produzierenden transformierenden Instrumente determiniert ist, die sich ex definitione nicht vollständig in den dem Computer innewohnenden Produktionseinheiten (*unit generators*) übersetzen lassen, und daher formal gesehen nicht als Aussagen auftreten können, die wfF. sind. Ein Übersetzungsprogramm wird schließlich *selbständig* genannt, wenn es das Klangmaterial selbst produziert und daher nicht klangerzeugenden Instrumenten Befehle zu erteilen braucht.

Eine Interpretation kann nur *veranschaulicht* werden, wenn, wie im Falle 1 und 2, die interpretierten Theoreme der eingeschränkten Natur der Übersetzung des Systems wegen defekt sind; die Interpretation kann *systematisch erläutert* werden, wenn (wie im Falle 3) das Programm selbständig ist. Falls er es mit Prämissen zu tun hat, die – obwohl sie wfF. sind – nicht Theoreme darstel-

---

[19] Im Sinne von Ausführung kann sich Klangsynthese auf zwei grundverschiedene Art und Weisen vollziehen: 1. als digitale Speicherung auf Tonband, 2. als real-time Produktion, sei es auf dem Wege über einen analogen (graphischen) oder digitalen Code. Was diese zweite Möglichkeit an grammatikalischer Konsistenz verliert, gewinnt sie an Direktheit der Beziehung zwischen Komponist und Computer. Konstruktion wird hier durch 'Konversation' zwischen logistischem System und Interpret ersetzt; der Computer "erteilt Befehle" (Clark) nach Maßgabe eines gespeicherten Programms. Interpretation als Ausführung ist hier eine unmittelbare, aber Theoreme sind unmöglich. Das logistische System ist daher von bloß operationeller Bedeutung. Da die physischen Resultate hier wichtiger sind als die Beziehung von Interpretation und logistischem System, kann man kompositionstheoretisch wenig lernen; vielmehr ist umgekehrt ein logistisches System als definiert vorausgesetzt. Die Komplexität möglicher Definitionen von Zeitpunkt-Reihen sind hier beschränkt durch Möglichkeiten manueller Ausführung. Dies ist noch entschiedener der Fall dort, wo Ableitungsregeln nicht digital, sondern analog (graphisch) formuliert sind. Jedoch könnte die Kombination eines komplexen digitalen Codes mit analog formulierten Anweisungen für kommunikationstheoretische Forschungen belangreich sein.

[20] Nicht zu erwähnen analoge Speicherung von Spannungssteuerungen; nur im Falle, daß ein Digitalcode existiert, kann das Computerresultat als Erklärung (*assertion*) gelten.

len, wird der Interpret sich häufig auf hypothetische Beweise beschränken müssen, d.h. auf eine Ableitung von Schlüssen unter hypothetischen Bedingungen.

Um die in den Bereich produzierter Musik gehörige Interpretation noch weitergehender zu klären, führen wir die folgenden Begriffe ein: (a) Dimension, (b) Niveau, (c) Ausweitung, (d) Modifizierung.

(a) Dimension. Eine Interpretation ist *eindimensional*, wenn sie nur entweder horizontal oder vertikal strukturiert ist (diese Begriffe im Sinne der Notation wie auch des Hörens verstanden). Sie ist *zwei- oder vieldimensional*, wenn mehr als eine Dimension synthesiert wird.

(b) Niveau. Das Niveau einer Interpretation kann mit derjenigen Untergruppe von wfF. verglichen werden, welche die Beziehungen elementarer Formeln zu Theoremen eines logistischen Systems darstellt. Das Niveau einer Interpretation wird definiert durch syntaktische Isomorphie mit dem systematischen Analogon und ist entweder *peripher* oder *strukturell*.

(c) Ausweitung wird definiert durch Umformungsregeln, welche bestimmen, ob die Ausweitung eines logistischen Systems diesem *equivalent* oder *nicht equivalent* ist.[21]

(d) Modifikationsregeln gestatten zu entscheiden, ob die Veränderung einer Interpretation syntaktisch *verbindlich* (obligatory) oder *nicht verbindlich* ist, was davon abhängt, ob die zusätzlichen Bedingungen (Axiome) der bewirkten Umformungen den Axiomen des jeweiligen Systems isomorph sind.

+

In metalinguistischen Aussagen, welche die Interpretation eines Systems betreffen, haben wir es mit Ausdrücken (*terms*) zu tun und schreiten von empirischen Aussagen (wie z.B. "die Kompositionstechnik x") in den zugehörigen analytischen Bereich des Systems fort, um Interpretationen abzuleiten und, wenn möglich, zu einer Auswertung solcher Interpretationen im Bereich ästhetisch erfahrener Musik zu gelangen.

Indem wir von Hilfsprogrammen zu eingeschränkten und selbständigen Programmen fortschreiten, entfernen wir uns allmählich von direkter Ausführung und gelangen zu weniger unmittelbaren Formen der Realisierung, also zu (komponierten) Anweisungen operationeller Art. Nur dort, wo bedingte Anweisungen (d.h. axiomatisierte Ableitungsregeln) vorliegen, kann das Computerresultat als Erklärung (*assertion*) eines Theorems betrachtet werden. Die Beziehung von Axiomen zu Ableitungsregeln ist wesentlich verschieden in den bei-

---

[21] Das Problem einer Messung des Unterschiedsgrades zwischen tatsächlicher und theorematischer Komposition, wie es Michael Kassler erwähnt ("Toward a Theory that is the Twelve-Note-Class System", *Perspectives of New Music* II/2 [Spring 1967], S. 1-80, hier S. 51), betrifft nicht Ausweitung in unserem Sinne, sondern die Beziehung von logistischen Systemen und seinen Interpretationen im syntaktischen als auch im semantischen Verstande.

den Fällen bedingter und un-bedingter Anweisungen, und diese Differenz ist von weittragender Bedeutung, insofern sie über die methodologische Natur eines Systems Auskunft gibt, für das die vorliegenden Ableitungsregeln konstitutiv sind.

Es sei hier erinnert an den Unterschied der Klangsynthese, die Erklärung (*assertion*) eines Theorems und also die Lösung eines allgemeinen Problems ist, und einer solchen, welche die Verwirklichung einer individuellen Komposition darstellt, die nicht notwendig ein Theorem zu sein braucht. Die Arten der Klangsynthese unterscheiden sich nach der Natur des zugrundegelegten Programms. Die folgenden vier Fälle könnten einen Plan durchzuführender Untersuchungen darstellen, gleichgültig ob sie auf eine Erklärung oder auf eine individuelle Komposition führen:

(1) Ein vordefiniertes (eindimensionales) musikalisches System - wie z.B. ein auf Akkordfolgen gegründetes 'tonales' oder ein auf Sinustöne gegründetes 'elektronisches' System - und dessen operationelle Übersetzung (Programm) werden mit Hinsicht auf die Resultate verschiedener Dateneingaben interpretiert.

(2) Praktisch getestete Instrument-Konstellationen werden derart formalisiert, daß sie ein System von wfF., idealer Weise ein "Orchester" darstellen, das der Möglichkeit nach zu einem bestimmten musikalischen System gehört und dessen Resultat daher einer spezifischen Klasse von Theoremen angehört.[22]

(3) Ein musikalisches System wird aus vordefinierten Untersystemen zusammengestellt, die verschiedene Dimensionen determinieren. Aufgabe ist es, die Axiome zu verifizieren, welche für die Zusammenfassung jener Systeme zu einem sprachlich geordneten Ganzen, oder einer Grammatik, verantwortlich sind.

(4) Vieldimensionale musikalische Systeme werden in der Absicht definiert, Entscheidungs-Algorithmen für Probleme struktureller Kompossibilität aufzustellen.

Für unsere Untersuchung sind Studien, wie die unter (3) und (4) beschriebenen, sicherlich die wichtigsten; während die systematischen Prämissen beider equivalent sind, liegt ihre Differenz darin, daß Projekt (4) eher auf die Lösung allgemeiner Probleme führen wird als Projekt (3). Daher wird Projekt (4) für die

---

[22] Dies ist ein interpretatorisches Analogon der Aufnahme historisch getesteter Kriterien musikalischer Zusammenhänglichkeit in eine formalisierte musikalische Sprache und dient der Vorbereitung auf strikter definierte Untersuchungen, wie sie (3) und (4) darstellen.

Aufgabe, eine verallgemeinerte musikalische Grammatik zu definieren, welche beweisgemäß zu einem musikalischen System von bestimmtem Typus gehört, entscheidend sein. Indem wir mit Programmen beginnen, die entweder vor-definiert sind oder nicht, stellen wir die methodologische Frage, ob ihre systematischen Entsprechungen Teile einer definierbaren kompositorischen Grammatik sind, und welcher. Ferner fragen wir, sobald einmal ein systematischer Präzedenzfall aufgestellt ist, welcher Grad von Verschiedenheit zwischen einer tatsächlichen und einer beweisbaren (theorematischen) Komposition von definiertem Typ besteht.

+

Für eine Analyse von Elementen einer musikalischen Gramatik und der gegenseitigen Beziehung eines musikalischen Systems und seiner Interpretation ist die Definition der jeweils verwandten Zeitpunkt-Reihe (time-point set) von entscheidender Bedeutung. Wir rühren hier an den methodologischen Unterschied der konventionell 'instrumental' und 'elektronisch' genannten Bereiche von Komposition. Nicht nur die 'rhythmische', sondern alle "notationsmäßig scheinbar voneinander unabhängigen Bereiche" (Babbitt; siehe auch Stockhausens "Wie die Zeit vergeht") werden von der Möglichkeit affiziert, Zeitreihen sehr feiner Struktur zu definieren (die eigentlich außerhalb instrumentaler Ausführung liegen). Es geht im wesentlichen um ein vieldimensionales Problem, das der 'Klangfarbe'. Seine methodologische Bedeutung liegt darin, daß Klangfarbe definitionsgemäß auf einer sie erzeugenden 'lutterie' beruht, also nicht strikt akusmatisch ist. Ist nun Klangfarbe instrumental, so verhindert das die Integration eines musikalischen Systems und seiner Interpretation. Dies ist der Fall, da es für instrumentale Klangfarben kein vollständiges Beweisverfahren geben kann, das eine Formel und also eine Komposition als Theorem eines Systems zu definieren gestattete. Sind doch instrumentale Klangfarben nicht vollkommen aus klangsynthetischen Teiltönen, anders als durch Modelle, aufzubauen.[23] Daher sind die Axiome und Ableitungsregeln solcher musikalischer Systeme, die systematische Entsprechungen 'instrumentaler' Kompositionen sind, in grammatikalischer Hinsicht nicht vollständig oder ausreichend bestimmbar, es sei denn durch sonologische Modelle, die sodann selber Theoreme zu sein hätten. Die theoretische Bedeutung programmierter Klangsynthese liegt eben darin, daß eine solche theorematische Definition möglich wird.

---

[23] Informell läßt sich sagen, ein instrumentaler Klang werde durch seine Identität, also sein Anfangen und Aufhören in der Zeit, definiert, während ein elektronischer Klang durch sein Veränderungspotential derart bestimmbar ist, daß sich Veränderungen elektronischer Klänge parametrischer Analyse widersetzen (aus Aufzeichnungen zu einer Vorlesung über "Kompositionstechnik der elektronischen Musik" von G. M. Koenig, Darmstadt 1965).

Sobald instrumentale Klangfarben durch Aussagen ersetzt werden, die - operationell verstanden - dem Computer innewohnende Produktionseinheiten (*unit generators*) sind, wird man es anstelle von Problemen, die von klangerzeuglichen Beschränkungen herrühren, mit solchen Fragen zu tun haben, die sich aus den wahrnehmungsmäßigen und begrifflichen Beschränkungen unterscheidenden Hörens ergeben.

Von der Produktion her betrachtet, ist ein logistisches System eine "vordefinierte Konstellation von Instrumenten"[24] oder auch eine Gesamtheit von arithmetischen und / oder logischen Anweisungen zu Rechenzwecken. 'Elektronischer' Klang im strikt methodologischen Sinne wird nur möglich, wenn analoge Maschinerie zugunsten eines digitalen 'Orchesters' aufgegeben wird, das integraler Bestandteil eines logistischen Systems ist.[25]

In einem solchen Falle werden Anweisungen (Ableitungsregeln) ebenso wie Bedingungen (Axiome) einer Rückwirkung seitens der Ausführung von Anweisungen zugänglich. Das musikalische System wird nicht mehr *durch* Klänge dargestellt, es *wird* Klang gemäß einem 'Orchester' genannten wohldefinierten System von Rechenanweisungen, und damit instrumentalen Beschränkungen im psychoakustischen Sinne enthoben (eine Einsicht, die wir letzten Endes der musique concrète verdanken).

Auf dem Wege über ein solches Orchester wird der Entwurf der Instrumente, welche das System interpretieren, ein integraler Teil des logistischen Systems, dessen konstitutive Bestandteile sie sind und welches sie interpretieren. Definition und Produktion fallen hier zusammen, und die Definition der grundlegenden Zeitpunkt-Reihe (*time-point set*) ist theoretisch ohne Grenzen.

+

Für die Zuordnung operationeller Ausdrücke (terms) zu Begriffen eines logistischen Systems bestehen keine allgemein gültigen semantischen Regeln; vielmehr hängt solche Zuordnung von der Natur des verwendeten Programms und von dem im Programm gewählten linguistischen Niveau ab.

Grundsätzlich schreiten wir von Begriffen zu Interpretationen auf dem Weg über operationelle Ausdrücke fort. Im Sinne ihrer Zuordnung wird ein Komponierprogramm im allgemeinen Falle aus den folgenden vier Komponenten bestehen:

---

[24] Siehe Tempelaars, *Electronic Music Reports I*, Utrecht 1969.
[25] Zum Begriff des "Orchesters" siehe den Aufsatz von James C. Tenney, "Sound Generation by Means of a Digital Computer", *Journal of Music Theory* VII/1 (1963), S. 25-70.

(1) einem Grundaxiom, d.i. einer Regel, aufgrund derer die Teile oder Untersysteme zu einem grammatikalischen Ganzen zusammengefügt werden;

(2) Auswahlregeln (wie Kodierung der Auswahlfolge, Modifikationsregeln für Veränderung von Unterprogrammen);

(3) Ableitungsregeln auf verschiedenen sprachlichen und morphologischen Niveaus (wie systemregelnde Programme und standardisierte Unterprogramme);

(4) Axiome (Bedingungen und strukturelle Determinanten, wie z.B. Axiome selektiver Funktionen).

Nur auf dem elementaren Niveau von Interpretationen kann Kompositionstheorie als "Grundlage" der Klangsynthese betrachtet werden, nämlich in solchen Fällen, in denen die Integration von musikalischem System und Interpretation noch nicht vollständig realisiert ist. Diese Integration wird grammatikalisch gesehen möglich, sobald das System nicht nur entweder die Konstruktion gleichzeitiger Schichten oder die Reihenfolge von Ereignissen, sondern vieldimensionaler parametrischer Beziehungen definiert, und sobald eine bestimmte Zeitpunkt-Reihe nicht nur für die Ordnung innerhalb eines parametrischen Feldes, sondern zwischen Parametern verantwortlich ist.

In einem selbständigen Programm erscheint die dreiteilige Einheit von Daten, Anweisungen und Bedingungen, übersetzt in die von Alphabet, Ableitungs- und Auswahlregeln und Axiomen. Welche Elemente als die grundlegenden zu betrachten seien sowie die Art ihrer Zusammenfassung in Grundformeln, hängt von den Axiomen (Postulaten) des jeweiligen Systems ab.

Regeln der Auswahl und Ableitung werden zu dem Zweck programmiert, verschiedene musikalische Dimensionen systemgerecht zu definieren, wenn auch die Ordnung der Interpretationsvorgänge von der formell festgesetzten abweichen kann - was ein Untersystem charakterisiert.[26] Prinzipiell existieren zwei verschiedene operationelle Niveaus, und daher zwei dem Wesen nach unterschiedliche Entscheidungsverfahren: jenes, welches die Datenauswahl und die Definition einzelner musikalischer Dimensionen betrifft; und dasjenige, das die während des kompositorischen Prozesses zu treffenden Entscheidungen angeht.

Die Frage der Kompossibilität von Untersystemen eines logistischen Systems tritt daher anfänglich als eine interpretatorische auf; eine Antwort auf die Fragen, welche die Konstitution einer musikalischen Grammatik angehen, kann jedoch nur dann gefunden werden, wenn im systematischen Bereich der Beweis

---

[26] Die Frage, ob sich eine vollständig dynamisierte Ereignisfolge, wie sie eine - Feedback von Interpretation und System einschließende - Klangproduktion erfordert, mit den jetzt vorhandenen Mitteln programmieren und zufriedenstellend logistisch definieren läßt, steht zur Diskussion.

formuliert werden kann, daß eine bestimmte Komposition oder ein bestimmtes Computerresultat in der Tat das Theorem eines definierten logistischen Systems darstellt.

Einführung in eine generative Theorie der Musik[1]
(1972)

Der erste Teil untersucht die musik-grammatischen und musik-strategischen Vorbedingungen, die für ein allgemeines Modell musikalischer Aktivität unerläßliche Voraussetzung sind. Ein solches Modell wird als die Grundlage einer der beiden eng miteinander verbundenen Disziplinen einer generativen musikalischen Theorie verstanden, nähmlich einer Theorie musikalischen Problemlösens. Die zweite erforderliche Disziplin ist eine Theorie musikalischer Kompetenz, deren Aufgabe es ist, das von allen musikalischen Tätigkeiten vorausgesetzte grundlegende Wissen zu rekonstruieren. Es wird dargetan, daß musikalische Grammatiken als Hypothesen, die musikalische Strategien erhellen, unerläßlich sind und ferner, daß man, um zu einer expliziten Theorie der Musik zu gelangen einer, Methodologie bedarf, die den grammatischen Ansatz (der Theorie formaler Sprachen) und den kybernetischen Ansatz (der Theorie Künstlicher Intelligenz) in sich vereinigt. Die Grundprinzipien einer solchen Methodologie werden dargestellt, und ein einheitlicher Rahmen für Studien zur musikalischen Kompetenz und für Untersuchungen musikalischer Strategien wird definiert.

Der zweite Teil untersucht den Bereich, die Methoden und Ziele einer Wissenschaft musikalischen Problemlösens. Im Zentrum der Aufmerksamkeit steht das Problem, Programme zu entwerfen, die imstande sind, kompositorisches und perzeptives Verhalten zu rekonstruieren. Es wird gezeigt, daß programmierte Strategien, die solches Verhalten nachbilden, dann epistemologisch adäquat sind, wenn sie es erlauben, zu Einsicht in die Komponenten des aufgabenunabhängigen (musik-grammatischen) Wissens zu gelangen, das allen musikalisch genannten Tätigkeiten zugrundeliegt. Ausgeführt wird, daß der Erwerb solchen Wissens als die Verwirklichung musikalischer Allgemeinheit sich verstehen läßt und daß musikalische Aufgabenbereiche typisch vermittelte (gesetzte), nicht dinghafte Objekte enthalten. Unter dieser Voraussetzung werden drei Klassen von musikalischen Programmen unterschieden; in der Ordnung ihrer methodologischen Angemessenheit sind sie: (1) resultat-orientierte Programme, (2) musikalische Lernsysteme (klangbegreifende Programme), (3) autonome musikalische Problemlöser. Programme der ersten und zweiten Art werden bis ins einzelne erörtert, sowohl allgemein wie mithilfe konkreter Beispiele. Es wird demonstriert, daß resultat-orientierte Programme außerstande sind, musikalische Kompetenz zu rekonstruieren und daß klangbegreifende Programme dazu in dem Maße imstande sind, als sie akzeptable musikalische Lernsysteme darstel-

---

[1] Dies ist eine Einführung in die beiden folgenden Schriften, *Über musikalische Strategien in Hinsicht auf eine generative Theorie der Musik* und *Fortschrittsbericht über das Projekt "Die logische Struktur einer generativen musikalischen Grammatik"*.

len. Schließlich werden die musik-theoretischen und programm-theoretischen Probleme erörtert, die von autonomen musikalischen Problemlösern gestellt werden, vor allem die Schritte, die notwendig scheinen, um die zweite Klasse von Programmen bis zu einem Punkt zu entwickeln, an dem alle Aspekte des komplexen, musikalischen Handlungen zugrundeliegenden Wissens in einem Modell musikalischer Denkvorgänge vereinigt werden können.

Über Musikalische Strategien im Hinblick auf eine Generative Theorie der Musik
(1972)

I.

Dieser Aufsatz stellt sich die Aufgabe, die von einer Theorie musikalischer Aktivität zu erfüllenden wesentlichen methodologischen Erfordernisse zu erforschen. Der Begriff *musikalische Aktivität* bezeichnet hier Tätigkeiten z.b. des Komponierens, des Hörens, der Aufführung einer Partitur, musikkritischer Darstellung von Musik, usf.

Wir beziehen uns auf den Bereich musikalischer Tätigkeiten allgemein mit dem Begriff Vollzug. Durch die Verwendung dieses neutralen Begriffs deuten wir an, daß unsere Untersuchung nicht hauptsächlich den strategischen Unterschieden zwischen musikalischen Tätigkeiten gewidmet ist. Vielmehr betrachten wir solche Unterschiede als im Hinblick auf die allen musikalischen Vollzügen gemeinsame Grundfähigkeit sekundäre.

Die Fragestellungen dieses Aufsatzes haben es vor allem mit den methodologischen Voraussetzungen zu tun, unter denen es einer Theorie musikalischer Aktivität gelingt, epistemisch bedeutsame Probleme einerseits, entscheidbare Probleme andererseits, zu formulieren.

Epistemisch bedeutsam sind diejenigen Probleme einer Theorie musikalischer Aktivität, die es mit der fundamentalen Frage zu tun haben, welches die Prinzipien musikalischer Tätigkeiten *als musikalischer* sind. Vollzugsprobleme sind entscheidbar, sofern man im Versuch, sie zu lösen, nachweisen kann, daß ein Algorithmus existiert, welcher mechanische Verfahren der Auflösung jener Probleme bereitstellt, oder aber wenn man dartun kann, daß effektive Entscheidungsverfahren für jene Problene (so wie sie formuliert sind) nicht existieren.[1]

Die oben gegebene Definition epistemischer Bedeutsamkeit disqualifiziert methodologisch jene Theorien, welche sich auf die ihren Lesern eigene oder die ihnen zugeschriebene Intuition in solchem Maße verlassen, daß sie entweder die zu erforschende Musikalität von Tätigkeiten als gegeben voraussetzen, oder aber die Spezifikation *x ist musikalisch* als der Qualifikation *x beruht auf Klangeigenschaften* equivalent erachten. (Offensichtlich ist die hier beanspruchte Equivalenz zu schwach, um eine Identifizierung des Begriffs *musikalisch* mit Bestimmungen wie (etwa) "akustisch, gehörsmäßig, klanglich", usf. Auszuschließen). Epistemisch bedeutsam sind solche generative Theorien,[2] wel-

---

[1] Für das Problem der Entscheidbarkeit sei verwiesen auf Martin Davis, *Computability and Unsolvability*, New York: McGraw-Hill, 1958.

[2] Eine Theorie der Musik kann informell *generativ* (im epistemischen Sinn) heißen, sofern sie die Konstituentien des Musikalischen darstellt, anstatt diese als schon bekannt vor-

che formaliter und expliziter die Regeln und Bedingungen darlegen, denen zufolge Klangstrukturen und die sie verwendenden Tätigkeiten in der Tat musikalisch sind. Theorien der Musik sind explizit unter der Voraussetzung, daß sie das die Erzeugung musikfähiger Strukturen bestimmende Prinzip darstellen; solche Theorien sind ferner explizit darin, daß sie die Natur der Fähigkeiten begreiflich machen, die es dem in-der-Musik-Einheimischen ermöglichen zu tun, was man ihn beständig tun sieht, nähmlich, zu kommunizieren.

+

Ein intuitives Verständnis des zwanglos verwendeten Begriffs *musikalische Aktivität* nimmt in der Tat an, daß eine solche Aktivität kommunikativ sei. Kommunikation findet statt, insofern zwischen der eine Vollzugssituation A kennzeichnenden Menge von Merkmalen (a_1, ..., a_m) und der eine zweite Vollzugssituation B kennzeichnenden Menge von Merkmalen (b_1, ..., b_n) ein bedeutsamer, nicht-leerer Durchschnitt besteht. Eine inhaltlichen Hypothesen folgende Interpretation dieses Durchschnitts, wie etwa "dieser Durchschnitt ist eine semantisch begründete Kongruenz", wäre sicherlich verfrüht; aufschlußreicher sind rein formale, insbesondere strategische, Vorstellungen.

Um zu explizieren, was eine Aktivität kommunikativ und musikalisch macht, ist es angemessener anzunehmen, der beiden Vollzugssituationen gemeinsame Bereich sei durch Regeln definiert, die kommunikativ-musikalisches Verhalten erzeugen. Solche Regeln sind strategische Regeln, sofern sie in erster Linie die Hypothesen und Pläne betreffen, welche die kommunikative Verwendung musikalischer Strukturen determinieren, nicht aber diese Strukturen selbst. Das epistemische Grundproblem musikalischer Kommunikation, nämlich das des Verständnisses, erfordert die Annahme, es handle sich bei dem strategisch erzeugten Verhalten um *kompliziertes Verhalten*. Diese Spezifikation bringt informell die Tatsache zum Ausdruck:

1. daß kommunikativ-musikalisches Verhalten nicht nur durch den eigenen strategischen Kontext determiniert wird, sondern gleichermaßen von den durch es dargestellten Strukturen;

2. daß solches Verhalten nicht eine eindimensionale Datenverarbeitung ist, sondern eine Hierarchie strategischer Niveaus voraussetzt, die eine Aufgliederung strategischer Hauptaufgaben in Teilaufgaben sowie deren zeitliche Aufschiebung möglich macht.

---

auszusetzen. Hinsichtlich der Definition einer generativen musikalischen Grammatik, siehe weiter unten in diesem Aufsatz.

Sofern es einer Hypothese bezüglich der angestrebten Ausgabe musikalischer Vollzüge folgt, ist kommunikatives musikalisches Verhalten entschieden problemlösender Art. Solches Verhalten ist determiniert durch eine (geordnete) Menge strategischer Regeln, oder durch Strategien, welche zum Zweck der Lösung musikalischer Probleme entwickelt werden. Problemlösendes Verhalten manifestiert musikalische *Intelligenz*. Der Begriff musikalischen Verhaltens als eines intelligenten aktiven Forschens nach Lösungen ist unvereinbar mit der überkommenen Anschauung, derzufolge solches Verhalten ein Prozeß passiver Datenaufnahme darstellt, d.h., eine Anzahl von Reaktionen auf eine Eingabe, dessen musikalische Natur sich von selbst versteht.[3]

Nehmen wir an, musikalisches Verhalten sei kommunikativ in dem Maße, als es mit der Lösung intersubjektiv verbindlicher Probleme befaßt ist. Dieser Hypothese zufolge handelt es sich bei dem zuvor erwähnten Durchschnitt einer Menge von vollzugsbestimmenden Elementen nicht um eine inhaltliche Kongruenz bestimmter Art. Vielmehr bringt jener Durchschnitt die Tatsache zum Ausdruck, daß die Teilnehmer einer Kommunikation strategisch bedeutsame Probleme gemeinsam haben, und zwar aufgrund gemeinsamen musikgrammatikalischen Wissens.

Bei dem Versuch, derartige Probleme zu explizieren, wird man in die Frage der Verständlichkeit verwickelt. Man wird sich eine explizite Definition der allen Teilnehmern einer Kommunikation gestellten Probleme am ehesten von einer Beantwortung der Frage erwarten, welches denn die überhaupt möglichen Hypothesen sind, von denen die Teilnehmer bei der Formulierung musikalischer Pläne ausgehen. Eine Untersuchung dieser Frage wird voraussetzen müssen, daß Musik aufgrund von Plänen vollzogen wird. Musikalische Pläne antizipieren diejenige Ausgabe eines Vollzugssystems, welches der Problemstellung der Eingabe des Systems kognitiv angemessen ist. Es ist einsichtig, daß musikstrategische Probleme intersubjektiv allein dann sind, wenn Prinzipien existieren, die die Form und das Format der Eingabe bestimmen. Sind solche Prinzipien unaufweisbar, so ist es auch nicht möglich, musikalische Kommunikation als eine Aktivität aufzufassen, die kognitives Verhalten erzeugenden Regeln unterliegt. Offensichtlich sind kognitive Determinanten der Eingabe in das Vollzugssystem durch strategische Regeln einbezogen, welche den Kommunikationsvorgang bestimmen. Musikalisches Verhalten determinierende Regeln scheinen Regeln solcher Art zu sein, die

---

[3] Traditioneller Auffassung nach ist musikalische Kommunikation eine Art von Datenverarbeitung. Dieser Interpretation nach stellt man sich vor, daß der strategische Kontrollwechsel von einer musikalischen Operation zur anderen eine Übertragung von Korrelation zwischen der Ein- und Ausgabe eines Vollzugssystems sei. Die Ausgabe eines solchen daten-verarbeitenden Systems ist nichts anderes als die aufgrund eines Linearität wahrenden Mechanismus erneut präsentierte Eingabe dieses Systems. Die musikalische Relevanz jenes emphatisch nicht-intelligenten Mechanismus bleibt unerklärt, d.h., sie ist hypostasiert.

I.   ein Musik-Vollziehender nicht (von sich aus) aufheben kann;
II. gelernt, aber nicht eigentlich gelehrt werden;
III. kommunikatives Verhalten nicht nur befolgen, sondern die solches Verhalten allererst erzeugen.

Kommunikative Aktivität ist regelbestimmt in zweifacher Hinsicht:

1. sofern sie sich auf strategische Pläne gründet (welche sie ausführt);
2. sofern sie die Verwirklichung eines auf die strategisch verwandten Strukturen selbst bezüglichen, intersubjektiven Wissens ist (und mithin auf den allgemeinverbindlichen Problemstellungen der Eingabe beruht).

Infolgedessen setzt sich die zwei (oder mehr) Vollzugssystemen gemeinschaftlich zugrundeliegende Menge von Regeln aus zwei nichtleeren, einander nicht ausschließenden Teilmengen zusammen. Eine dieser Teilmengen bestimmt unmittelbar die kommunikativ verwandten Strukturen, während die andere Teilmenge Regeln umfaßt, welche die für die Verwendung solcher Strukturen erforderlichen musikalischen Pläne determiniert. Die Regeln beider Teilmengen sind Determinanten eines komplizierten geistigen Verhaltens, welches auf eine Ausgabe abzielt, die sich als der entsprechenden Eingabe kognitiv kongruent erweist.

Das für die Lösung musik-strategischer Probleme unerläßliche Wissen ist also zweifacher Art; es ist:

1. dasjenige Wissen, dessen der Musik-Vollziehende bedarf, um syntaktisch wohlgeformte, semantisch interpretierbare, und klanglich verständliche Strukturen hervorzubringen;
2. dasjenige Wissen, das der Musik-Vollziehende in kommunikativer Ausübung der ersten Wissensart benötigt.

Wir beziehen uns in Zukunft auf die erste Wissensart mit dem Begriff *Kompetenz*, auf die zweite Wissensart mit dem Begriff *Vollzug (-swissen)*. Diese Klassifikation musikalischen Wissens läßt sich auch dadurch zum Ausdruck bringen, daß man sagt: die Verständlichkeit der Eingabe eines Vollzugssystems (oder allgemeiner: musikalische Einsicht) beruht auf zwei Grundbedingungen: erstens, auf der *Annehmbarkeit* (*acceptability*) musikalischer Strukturen, und zweitens auf der *Grammatikalität* solcher Strukturen.

Grammatikalität ist jener Aspekt der Annehmbarkeit[4], über den man Rechenschaft aufgrund der Erzeugungs- und Umformungsregeln geben kann, welche die musik-grammatikalisch möglichen Verkettungen syntaktischer Grundeinheiten bestimmen. Grammatikalität bedeutet also syntaktische Wohlgeformtheit.

Annehmbarkeit - ein elementarer, epistemisch neutraler Begriff - betrifft die Intuitionen eines musicus hinsichtlich dessen, was musikalischer Natur ist oder spezifischer, dessen, was musikalisch verständlich ist. Demzufolge bezieht sich Annehmbarkeit nicht nur auf einen Korpus vorkommender und / oder vorgekommener musikalischer Strukturen, sondern gleichermaßen, wenn nicht hauptsächlich und grundsätzlich, auf die überhaupt möglichen musikalischen Syntagmata. Probleme musikalischer Annehmbarkeit fallen daher nicht mit denen eines finiten Korpus zusammen; auch kann Annehmbarkeit nicht als Synonym mit der strategischen Wirksamkeit vorkommender musikalischer Strukturen aufgefaßt werden.

Annehmbarkeit bezieht sich impliziter auf das zentrale Problem, dem sich eine epistemisch angemessene Theorie der Musik zuwendet: auf die Tatsache nämlich, daß ein voll entwickelter musicus fähig ist, neue Strukturen hervorzubringen, die von den sie Empfangenden (mehr oder weniger unmittelbar) als musikalisch verstanden werden, obwohl diese Strukturen einzigartig, d.h., niemals zuvor begegnet, sind. Solche einzigartigen Strukturen sind weder "auswendig gelernt" noch "aus der Erinnerung wiedergegeben", sondern sind Produkte einer *faculté de musique*.[5] Für alle theoretischen Zwecke ist die Klasse der musikalische Fähigkeit manifestierenden Strukturen als eine infinite Menge anzusehen. Eine Theorie, welche die *faculté de musique* dadurch zu erklären sucht, daß sie sie rekonstruiert, ist eine imaginäre Maschine,[6] die eine infinite Menge wohlgeformter musikalischer Strukturen auf der Grundlage einer finiten Menge von Regeln spezifiziert.

Eine solche Theorie expliziert die Fähigkeit des in-der-Musik-Einheimischen, eine unbegrenzte Menge neuer musikalischer Strukturen auf der Grundlage des begrenzten, ihm erfahrungsmäßig zugänglichen Korpus hervorzubrin-

---

[4] Siehe John Lyons, *Introduction to Theoretical Linguistics,* Cambridge, England: Cambridge University Press, 1966, S. 422.

[5] Eine Erklärung musikalischer Produktivität auf der Grundlage des Auswendiglernens und / oder der Wiedergabe-aus-der-Erinnerung macht sich einer petitio principii schuldig; denn die Fähigkeit des Auswendiglernens und der Wiedergabe-aus-Erinnerung setzt bereits jene musikalische Grundfähigkeit voraus, die es zu erklären gilt. Siehe dazu Noam Chomsky, "Current Issues in Linguistic Theory", *The Structure of Language: Readings in the Philosophy of Language,* hrsg. von Jerry A. Fodor und Jerrold J. Katz, Englewood Cliffs, NJ: Prentice-Hall, 1964, S. 50-118, hier S. 51.

[6] Michel P. Philippot, "La Certitude et la Foi", *La Revue Musicale,* carnet critique Nr. 257, Paris, Editions Richard-Masse, 1963, S. 13-22.

gen. Diese Theorie ist *projektiv* darin, daß sie die Fähigkeit simuliert, eine finite Menge wirklich vorkommender und / oder vorgekommener Strukturen auf eine infinite Menge möglicher wohlgeformter Strukturen zu projizieren. Diese Fähigkeit kann *musikalische Produktivität* (*creativity*) heißen.

Musikalische Produktivität ist erklärbar, sofern man in musikalischem Lernen nicht nur die Aufzucht einer Menge strategischer Regeln, sondern die Entwicklung zur Reife einer musikalischen Grammatik sieht. Eine Explikation musikalischer Produktivität könnte aufgrund der Annahme versucht werden, daß musici in der Lernphase ihres Umgangs mit Klangstrukturen eine finite Menge rekursiver[7] Regeln, oder eine Grammatik, ausbilden, welche die Produktion neuer musikalischer Strukturen ermöglicht. Eine musikalische Grammatik ist ein System von Hypothesen bezüglich der universalen Merkmale der Kompetenz, die musikalischer Aktivität prinzipiell zugrundeliegt.[8]

Solch eine Grammatik ist *generativ* im doppelten Sinn: erstens insofern, als sie eine vollständige und explizite Aufzählung *aller und nur der* wohlgeformten Verkettungen darstellt, die sich von einer Menge meta-musikalischer Variablen ableiten lassen. Zweitens ist die Grammatik generativ, sofern sie einen finiten Korpus von Strukturen dadurch beschreibt, daß sie diesen auf eine prinzipiell infinite Menge grammatischer Strukturen projiziert.[9]

Eine sowohl den strategischen als auch den grammatikalischen Aspekten der *faculté de musique* Rechnung tragende Theorie besteht aus zwei Disziplinen:

A. als eine Theorie musikalischer Produktivität ist sie ein *Kompetenzmodell* oder eine musikalische Grammatik; als solche stellt sie eine finite Menge grammatischer Regeln dar, aufgrund deren eine infinite Menge wohlgeformter Strukturen erzeugt wird;
B. als eine Theorie musikalischer Aktivität ist sie ein Vollzugsmodell; ein solches Modell ist eine finite Menge strategischer Regeln, die das für die kommunikative Verwendung wohlgeform-

---

[7] Rekursion ist von einfacher Wiederholung zu unterscheiden; sie impliziert ein self-nesting. Eine durch rekursive Regeln bestimmte Produktion ist erst dann abgeschlossen, wenn die Bedingungen, denen sie unterliegt, geprüft und erfüllt sind. Die Prüfung von Bedingungen ist also ein integraler Bestandteil des Produktionsvorgangs. Siehe Bryan Higman, *A Comparative Study of Programming Languages*, London: MacDonald, 1967, S. 18 und 42.

[8] Die methodologisch unerläßliche Annahme, daß musikalisches Lernen auf einer Menge formaler und / oder inhaltlicher Prinzipien *a priori* beruht, ist in der gegenwärtigen Situation musik-grammatikalischer Untersuchung nicht entscheidbar.

[9] Die Bestimmung der Grammatik als generativ schließt also ein, daß sie projektiv ist; siehe weiter oben in diesem Aufsatz.

ter Strukturen erforderliche musikalische Verhalten hervorbringen.[10]

Man mache sich klar, daß die Erforschung musikalischer Grammatiken kein Selbstzweck ist. Vielmehr ist solche Forschung belangvoll für den Versuch, entscheidende Aspekte der Verwendung und des Verstehens musikalischer Klangstrukturen dadurch aufzuklären, daß man musik-grammatikalische Begriffe verfeinert und formalisiert.[11] Es läßt sich in der Tat nachweisen, daß jene Vollzugsmodelle, die musikalische Kompetenz außer acht lassen, den Begriff musikalischer Aktivität nicht zu explizieren vermögen.[12]

Die Tatsache, daß alle musikalischen Tätigkeiten, unerachtet ihrer strategischen Unterschiedlichkeit, Manifestationen einer und derselben *faculté de musique* sind, legt die beiden folgenden Hypothesen nahe:[13] erstens, daß der Begriff *musikalisch* sensu stricto eine der Theorie musikalischer Kompetenz zugehörige Bestimmung ist; zweitens, daß kommunikative Tätigkeit musikalisch nur insofern ist, als sie auf musikalischer Kompetenz beruht.

II.

Der Diskussion einiger grundlegender Aspekte der Form und des Formats einer generativen Theorie der Musik schicken wir eine Untersuchung der Folgerungen voraus, die sich aus der zweiten, soeben mitgeteilten, Hypothese ergeben.

Der gegebenen Definition musikalischer Produktivität zufolge ist eine auf einem Produzieren und / oder Erkennen beruhende Kommunikation *musikalisch* in dem Maße, in dem sie erweislich musikalische Kompetenz aktualisiert. Die

---

[10] Eine Theorie musikalischer Aktivität schließt eine Explikation des musikalischen Lernprozesses, d.h. ein Modell musikalischen Lernens, ein. Ein solches Modell ist eine imaginäre Maschine, deren Eingabe aus kommunikativ verwandten musikalischen Strukturen besteht; die Ausgabe der Maschine ist eine Grammatik, welche das jenen Strukturen zugrundeliegende implizite Wissen expliziert. Von einer Theorie der Musik muß gefordert werden, daß sie eine Hypothese über die innere Struktur der vom Lernenden verwandten Maschine aufstellt; sie muß also zeigen, auf welche Weise sich im Lernenden eine Grammatik ausbildet. Eine Hypothese hinsichtlich musikalischen Lernens findet man in Otto E. Laske, "Some Postulations Concerning a Sonological Theory of Perception", *Interface* 2 (Summer 1972).

[11] Siehe Noam Chomsky, "Some Methodological Remarks on Generative Grammar", *Word* 17/2 (August 1961), S. 219-239, hier S. 235.

[12] Siehe Otto E. Laske, *On Problems of a Performance Model for Music*, Utrecht: Institute of Sonology, Utrecht State University, 1972, S. 52-118.

[13] Es ist methodologisch ungerechtfertigt, Unterschiede *a priori* zwischen musikalischen Tätigkeiten anzunehmen; vielmehr ist es die Aufgabe einer Theorie musikalischer Vollzüge, solche Unterschiede durch die Untersuchung der strategischen Struktur musikalischer Vollzugsweisen zu explizieren.

Aktualisierung musik-grammatikalischen Wissens tritt als Verwendung wohlgeformter und verständlicher Strukturen zum Zweck der Kommunikation in Erscheinung.[14]

Um kommunikative Aktivität als musikalisch zu explizieren, ist es unerläßlich, ein Modell musikalischer Vollzüge zu formulieren. Ein solches Modell
ist endlich insofern, als musikalische Vollzüge sich auf der Grundlage eines
endlichen Gedächtnisses ereignen. Die Grundfrage eines solchen Modells ist
diese: wie ist es möglich, daß ein finites Vollzugssystem Regeln eines Kompetenzmodells in sich aufnehmen kann, für das Vollzugsbeschränkungen (wie
etwa ein endliches Gedächtnis) nicht bestehen, und das daher ein infinites Automaton ist.[15]

Wir kehren zu der Annahme zurück, der zwischen den Merkmalen zweier
Vollzugssysteme bestehende Durchschnitt lasse sich formaliter als eine den
Teilnehmern einer Kommunikation gemeinsame Menge von Regeln auffassen.
Unter dem Aspekt der *faculté de musique* betrachtet, ist die Intersubjektivität
solcher Regeln keine rein strategische Bestimmung, sondern beruht auf der ge-
genseitigen Verflochtenheit grammatischer und strategischer Determinanten.
Eine Theorie, die sich mit der Existenz und Nicht-Existenz von Algorithmen für
Lösungen musik-strategischer Probleme befaßt, hat es daher zur Aufgabe, die
gegenseitige Bedingtheit grammatischer und strategischer Regeln zu explizieren.

Wir nennen *musik-strategisch* eine Regel, die musikalisches Verhalten
hervorbringt, das, provoziert durch eine problem-stellende Eingabe, eine dieser
Eingabe kognitiv angemessenen Ausgabe zu erzeugen sucht. Die in musikalischen Vollzügen angestrebte kommunikative Kongruenz erheischt, strategisch
betrachtet, die Erzeugung adäquater Vergleichsstrukturen. Es wurde dargetan,
daß die Aufgabe der Erzeugung solcher Vergleichsstrukturen das Problem der
Verständlichkeit aufwirft.

Die Eingabe zu einem Vollzugssystem wirft Probleme auf und provoziert
Vergleiche mit einer ihm nachgebildeten Struktur nur dann, wenn sie grundsätzlich verständlich ist. Musikalische Verständlichkeit ist jedoch, wenigstens zum
Teil, eine Frage der grammatischen Wohlgeformtheit kommunikativ verwende-
ter Strukturen.[16]

---

[14] Eine Erklärung musikalischer Kommunikation, sofern sie sich aufgrund individueller
Kompositionen zuträgt, ist Aufgabe einer *musikalischen Poietik*. Die Probleme dieser Disziplin fallen mit denen einer musikalischen Grammatik und einer Theorie musikalischer Vollzüge nur teilweise zusammen; sowohl die Grammatik wie auch das musikalische Vollzugssystem verhalten sich ästhetisch neutral.

[15] Auf finitem Gedächtnis beruhende Systeme (d.h., finite Automata) unterliegen Beschränkungen hinsichtlich der Fähigkeit, einen hohen Grad von self-nesting darzustellen.

[16] Noam Chomsky, *Syntactic Structures*, The Hague: Mouton, 1957, S. 87.

Die Eingabe zu einem Vollzugssystem ist den Musik-Vollziehenden verständlich, sofern sie über ein Gedächtnis verfügen, das grammatikalische Bedingungen speichert. Ein solches Gedächtnis setzt musici instande, den ihre Tätigkeit provozierenden Eingabe in zwei (einander ausschließende) Teilmengen aufzulösen. Die erste dieser Teilmengen umfaßt die verständlichen und daher problematischen Elemente der Eingabe, während die zweite Teilmenge die unverständlichen und für die Problemsituation somit irrelevanten Strukturen enthält. Die von musici zu leistende Aussonderung der problem-aufwerfenden Teile der Eingabe ist als die Formulierung einer Hypothese zu verstehen, die zur Hervorbringung einer kognitiv adäquaten, d.h. die von der Eingabe gestellten Probleme lösenden Ausgabe erforderlich ist. Musikalische Aktivität ist eine - der Folge ihrer Operationen nach kontrollierte - Tätigkeit. Diese Operationen, provoziert durch eine verständliche Eingabe, bringen musikalisches Verhalten dadurch hervor, daß sie eine Menge von Vergleichsstrukturen erzeugen. Die Hervorbringung von Vergleichsstrukturen ist also problembedingt. Probleme stellen sich nur unter der Voraussetzung, daß ein Vollzugssystem über gespeichertes grammatikalisches Wissen verfügt. Solches Wissen wird durch grammatische Regeln dargestellt, die ein integraler Bestandteil des Vollzugssystems sind. Sofern sich musikalische Aktivität auf eine Erzeugung von Vergleichsstrukturen richtet, kann sie nicht als ein passiver Prozeß der Datenverarbeitung angesehen werden; vielmehr ist sie ein aktives Forschen nach Lösungen zu gestellten Problemen.

Um den Begriff *musik-strategische Regel* zu explizieren, muß eine Theorie musikalischen Vollzuges die beiden grundsätzlichen Determinanten musikalischen Problemlösens explizit darstellen: erstens, den Prozeß der Formulierung der Hypothese, welcher einer Aktivität zugrundeliegt; zweitens, den Plan (d.h. die geordnete Menge strategischer Regeln), der erforderlich ist, um die formulierte Hypothese entweder zu verwerfen oder zu verifizieren.

Eine Theorie musikalischen Vollzuges ist *formal*, wenn sie allein die Ordnung und die Funktion der Operationen darstellt, die musikalisches Verhalten hervorbringen. Eine Theorie musikalischer Vollzüge ist *explizit*, wenn sie selbst die Eigenschaften einer Menge von Instruktionen (eines Programms) besitzt, welche(s) das zu erklärende Verhalten zu erzeugen vermag.[17]

Eine formale und explizite Erklärung musikalischer Vollzüge stellt eine Theorie musikalischer Strategien dar. Diese Theorie untersucht musikalische Aktivität dadurch, daß sie die Folge der *analytischen Grundeinheiten des Verhaltens* hervorbringt, auf denen die Aktivität beruht. Sie verfährt so, daß sie die für die Aktivität konstitutive Verhaltensfolge mechanisch und schrittweise von einer Menge strategischer Axiome (d.h. einem Anfangsalphabet strategischer Prinzipien) ableitet.

---

[17] George A. Miller und Karl H. Pribram, *Plans and the Structure of Behavior*, New York: Holt, 1960, S. 16.

Die eine Aktivität ausmachende Folge analytischer Grundeinheiten des Verhaltens unterliegt einer Menge strategischer Regeln, oder einem Plan. Ein solcher Plan ist eine vollständige, ihrer inneren Ordnung nach explizite Beschreibung der strategischen und / oder taktischen Komponenten einer Tätigkeit.

Wir erläutern einen solchen Plan, indem wir eine musikalische Tätigkeit ℵ betrachten, deren grundlegende Verhaltensfolge (i.e., Folge analytischer Grundeinheiten des Verhaltens) ✗ sie in die Teilaufgaben Y1, Y2 und Y3 derart unterteilt, daß die letztere Aufgabe wiederum in die Unteraufgaben Z1 und Z2 gespalten ist. Die Struktur einer solchen Aktivität kann man mithilfe eines strategischen Diagramms der folgenden Form darstellen:

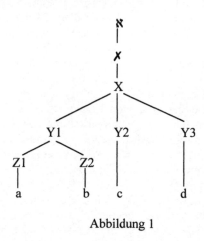

Abbildung 1

Dieses strategische Diagramm impliziert, daß die Teilaufgaben der Aktivität im Gedächtnis des Vollzugssystems gespeichert, in ihrer Ausführung aufgeschoben, erinnert und schließlich in wohldefinierter Reihenfolge ausgeführt werden. (Die Mehrzahl der kompliziertes Verhalten produzierenden Operationen wird erst ausgeführt, nachdem sie im Gedächtnis gespeichert und ihrer strategischen Funktion gemäß abberufen worden sind. Die strategische Funktion von Operationen ist von den die Aktivität bestimmenden Tests abhängig.)

Das Diagraum stellt zwei fundamentale strategische Merkmale der zum Beispiel genommenen Aktivität dar: erstens, die strukturelle Komplexität der sie begründenden Verhaltensfolge, ausgedrückt durch das Verhältnis der Summe aller Verzweigungspunkte zur Anzahl der Endpunkte (in diesem Falle, das Verhältnis 10:4); zweitens, das für die Aktivität erforderliche Maß von Aufschiebung der Teilaufgaben, also die erforderliche Belastung des Gedächtnisses.

Die gegebene strukturelle Beschreibung der Aktivität ℵ kann in Form eines Systems von Umschreibungsregeln folgendermaßen dargestellt werden:

1. $X \rightarrow Y1 + Y2 + Y3$
2. $YI \rightarrow Z1 + Z2$
3. $ZI \rightarrow a$
4. $Z2 \rightarrow b$
5. $Y2 \rightarrow c$
6. $Y3 \rightarrow d$

Abbildung 2

(Die Variable X stellt ein initiales strategisches Axiom der Verhaltensfolge *X*, d.h. eine meta-strategische Kategorie, dar. Sie gehört einem Anfangsalphabet *strategisch konstitutiver* Elemente an. Durch eine geordnete Anwendung der Regeln Nr. 1 bis Nr. 6 wird eine Menge (a,b,c,d,...,n) von Endsymbolen abgeleitet. Diese Endsymbole stellen taktische Einheiten des Verhaltens dar. Der Pfeil-Operator fordert die Umschreibung der Anfangssymbole in Symbole des Endalphabets.)

Man kann eine solche hierarchisch geordnete Menge von Instruktionen als ein System von Übergangsregeln (transfer rules) auffassen, das den Kontrollwechsel von einer Teilaufgabe zur anderen determiniert. Methodologisch betrachtet, stellt ein System von Übergangsregeln die Hypothese dar, daß musikalische Pläne prinzipiell *Programme* sind. Solche Programme kann man sich als Computerprogramme denken, die eine musikalische Aktivität simulieren.

Eine Aktivität ist regelbestimmt im strategischen Sinne, sofern sie die Ausführung eines Planes ist. Der Plan hat zur Aufgabe, eine Folge analytischer Grundeinheiten des Verhaltens derart zu organisieren, daß eine von Anfang bis Ende folgerichtige Aktivität aus ihr hervorgeht. Pläne sind *musikalische* Pläne, sofern die ihnen zugrundeliegende Hypothese die eines problemlösenden Systems ist, das fähig ist, äußere Eingaben in interne Problembeschreibungen spezifisch musikalischer Natur umzusetzen. Eine solche Umsetzung ist nur möglich, falls das System musikgrammatische Bedingungen speichert, die ein minimales Maß verbindlicher Allgemeinheit musikalischer Problemformulierungen sicherstellen. Insofern ein Plan die Reihenfolge der eine Aktivität ausmachenden Operationen determiniert, ist er ein System von Übergangsregeln, welche musikalisches Verhalten erzeugen. Einer kybernetischen Hypothese zufolge kann man eine musikalische Vollzüge konstituierende Verhaltensfolge als aus zwei grundsätzlichen Einheiten bestehend auffassen: einem *Test* einerseits, und einer ihm zugeordneten *Operation* (oder eine Folge von Operationen) andererseits. Beide Grundeinheiten des Verhaltens, dessen Testphase sowie dessen operationelle Phase, sind aktiv durch eine Rückkopplungsschleife (feedback loop) verbunden. Diese Rückkopplungsschleife bringt die Wiederholung und / oder Rekursion von Tests zum Ausdruck. Die Tests garantieren, daß die ausgeführten Operationen zureichend sind, d.h. Resultate liefern, die ein internes Kriterium des Vollzugssystems (eine Grundhypothese) erfüllen.

Eine Aktivität kann also als aus einer Folge von *Test-Operation-Test-Exit*-Einheiten, kurz TOTE-Einheiten,[18] zusammengesetzt aufgefaßt werden. Eine Aktivität stellt sich aufgrund des für sie charakteristischen TOTE-Schemas wie folgt dar:

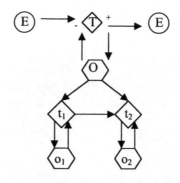

Abbildung 3

Der TOTE-Konzeption zufolge endet eine Aktion dann, wenn ein Kontrollwechsel zur nächsten Aktion hin stattfindet; der Exit (E) wird nur unter der Bedingung erreicht, daß die ausgeführten Operationen (O) das interne Kriterium oder die Grundhypothese des Vollzugssystems erfüllen. Dieses Kriterium manifestiert sich in einer Menge von Tests (T), die das Vollzugssystem durchzuführen hat um einen der Eingabe kognitiv angemessene Ausgabe hervorzubringen.

Die durch das Vollzugssystem formulierte Hypothese hat die Lösung der durch die Eingabe gestellten Probleme zum Inhalt. Sie bringt jenen Zustand des

---

[18] Die operationellen Komponenten einer TOTE-Einheit können selbst wieder TOTE-Einheiten sein; siehe dazu George A. Miller et al., a.a.O., S. 32, ferner George A. Miller und Noam Chomsky, "Finitary Models for Language Users", *Handbook of Mathematical Psychology*, hrsg. von R. Duncan Luce, Robert R. Bush und Eugene Galanter, New York: Wiley, 1963, Bd. 2, Kap. 13, S. 487.

Vollzugssystems zum Ausdruck, in dem jegliche Inkongruenz zwischen der Eingabe und der antizipierten Ausgabe aufgehoben ist. Ein musikalischer Plan ist also eine imaginäre Maschine (ein Algorithmus), die (der) bei der Suche nach Lösungen zu musik-strategischen Problemen Verwendung findet. Die angestrebten Lösungen sind Vergleichsstrukturen, die der Problemstellung der Eingabe kognitiv gerecht werden. Musikalische Pläne werden zu dem Zweck entworfen, jegliche Differenz zwischen einer externen Situation und irgendeinem inneren Kriterium des Vollzugssystems aufzuheben, was informell 'Verstehen' genannt wird.[19]

Um eine Aktivität zu explizieren, weist eine Theorie musikalischen Vollzuges nach, daß die durch die Aktivität aufgegebenen strategischen Probleme entscheidbar sind. Zu diesem Zweck muß die Theorie die Existenz eines Algorithmus nachweisen, der imstande ist, den Prozeß der Formulierung musikalischer Hypothesen und den Prozeß der Plan(-um)bildung zu simulieren. Ein solcher Algorithmus ist relevant für die Explikation des Begriffs musikalischer Aktivität nur dann, wenn bei seiner Konstruktion methodologisch davon ausgegangen wird, daß der Musik-Vollziehende Zugang zu einem System grammatischer Regeln hat. Grammatische Regeln wirken sich als restriktive Bedingungen der Verständlichkeit einer Eingabe aus; sie bestimmen also die Probleme, deren sich ein musicus grundsätzlich bewußt sein kann, sowie den Grad der Allgemeinheit ihm möglicher Problemformulierungen.

III.

Aufgaben musikalischen Vollzuges unterscheiden sich in ihrer strategischen Struktur, nicht aber hinsichtlich der für sie alle erforderlichen Kompetenz. Ihre strategischen Besonderheiten beruhen auf Unterschieden zwischen ihren Grundhypothesen und zwischen den auf diese sich gründenden Plänen, die die antizipierte Ausgabe zu produzieren haben.[20] Ungeachtet solcher Besonderheiten kann man musikalische Vollzüge als auf die Fähigkeit begründet ansehen, zwischen zwei scheinbar durchaus heterogenen Aspekten einer musikalischen Struktur zu vermitteln, nähmlich ihrer akustisch-klanglichen Darstellung und

---

[19] Miller und Chomsky, a.a.O., S. 487.
[20] Unter dem Aspekt musikalischer Kompetenz betrachtet, ist der strategische Unterschied zwischen *empfangener* und *produzierter* Musik nicht ein fundamentaler; vielmehr bringt er zwei methodologisch verschiedene Fassungen eines und desselben Grundproblems zum Ausdruck. Siehe dazu M. Kassler, "A Sketch of the Use of Formalized Languages for the Assertion of Music", *Perspectives of New Music* I/2 (Spring 1963), S. 90, Fußnote Nr. 20.

ihrer semantischen Interpretation (im Sinne musikalischer Vollzüge gesprochen, zwischem musikalischem "Klang" und musikalischer "Bedeutung").[21]

Man kann in die Probleme einer musikalischen Grammatik durch die Frage einführen, von welcher Form eine Theorie sei, die zu Einsichten in die *faculté de musique* dadurch gelangt, daß sie die Fähigkeit der Musik-Vollziehenden erklärt, eine infinite Menge von Klangstrukturen hervorzubringen und ihnen semantische Interpretationen zuzuordnen. Eine spezifischere Frage wäre die hinsichtlich des Formats von Regeln, welche ein musikalisches Vollzugssystem beinhalten muß, um eine (finite) Menge wohlgeformter, kognitiv adäquater Vergleichsstrukturen hervorzubringen. Theoretische Versuche nachzuweisen, daß musici "Klang" und "Bedeutung" musikalischer Strukturen auf der Grundlage rein behavioristischer, d.h. psycho-akustischer und / oder psychologischer Bedingungen in Verbindung setzen, scheitern in zweifacher Hinsicht; die von solchen Theorien aufgewiesenen Regeln sind:

1. nicht imstande, ein effektives algorithmisches Verfahren zu definieren;[22] und
2. nicht von ausreichend allgemeiner Natur, um Einsicht in den kompetenz-bestimmten inneren Zusammenhang unterschiedlicher Vollzugsweisen zu verschaffen.

Rein behavioristische Erklärungen musikalischer Aktivität führen auf Modelle, die für methodologisch bedeutsame Vergleiche von Strategien nicht formal genug sind; solche Modelle bleiben daher jene Evidenz schuldig, die von expliziten Theorien zu fordern ist.

Will man musikalische Vollzüge als regel-bestimmt untersuchen und ferner die Entscheidbarkeit strategischer Probleme sicherstellen, so ist es unerläßlich, sich zunächst Einsicht in die von einer musikalischen Aktivität implizit vorausgesetzten grammatischen Bedingungen zu verschaffen. Ferner ist es unerläßlich, die Form musik-grammatischer Regeln sowie die Art und Weise zu spezifizieren, in der solche Regeln einer infiniten Menge syntaktisch wohlgeformter Klangfolgen eine strukturelle Beschreibung auferlegen.[23]

---

[21] *Bedeutung* und *semantische Interpretation* sind zu unterscheiden; erstere ist ausschließlich ein Problem musikalischer Vollzüge, während semantische Interpretation primär ein auf Kompetenz bezüglicher Begriff ist, der auf die kommunikative Verwirklichung dieser Kompetenz nur in zweiter Linie verweist. Hinsichtlich des Begriffs musikalischen *Sinnes*, siehe Otto E. Laske, "Some Postulations Concerning a Sonological Theory of Perception", *Interface* 2 (Summer 1972).

[22] D.h. ein Verfahren, das a) formal und explizit ist, sowie b) dessen fähig ist, eine der Eingabe kognitiv angemessenen Ausgabe hervorzubringen.

[23] Noam Chomsky, "On the Notion 'Rule of Grammar'", *Structure of Language and its Mathematical Aspects* [*Proceedings of the Twelfth Symposium in Applied Mathematics of the*

Eine solche Untersuchung der Natur musik-grammatischer Regeln bringt die Aufgabe mit sich, musikalische Strukturen unter dem Aspekt einer Explikation der *faculté de musique* zu analysieren, nämlich der Fähigkeit, infiniten Gebrauch von finiten grammatikalischen Mitteln zu machen.[24] Da sich eine explizite Theorie der Musik nicht auf einen finiten Korpus wirklich vorkommender (und / oder vorgekommener) Strukturen beschränkt, sondern diesen Korpus vielmehr unter dem Aspekt der Wohlgeformtheit einer infiniten Menge *überhaupt möglicher musikalischer* Strukturen betrachtet, ist sie grundsätzlich eine Theorie musikalischer Grammatik. Um sich als allgemeines Modell musikalischer Kompetenz zu qualifizieren, muß eine solche Theorie die folgenden Konstruktionen liefern:[25]

a) eine Klasse möglicher individueller musikalischer Grammatiken $G_1, G_2, ...$,

b) eine Klasse möglicher Strukturen, $s_1, s_2, ...$, die syntaktisch wohlgeformt, semantisch interpretierbar, und klanglich verständlich sind,

c) eine Funktion d(i,j), d.i. eine Menge d (epistemisch bedeutsamer, vollständiger, und entscheidbarer) grammatikalischer Beschreibungen der Struktur s_i, beigestellt durch die Grammatik G_j[26],

d) eine Funktion e(i), welche eine Grammatik G_i bewertet, d.h., welche die methodologische Rechtfertigung einer individuellen Grammatik darstellt[27],

American Mathematics Society], hrsg. von Roman Jakobson, Providence, RI: American Mathematical Society, 1961, S. 6.

[24] D.h. von einer finiten Menge grammatischer Regeln; musikalische Analyse in diesem metatheoretischen Sinne ist nicht mit dem Vollzugsproblem zu verwechseln, auf das sich der Begriff "Analyse" gewöhnlich bezieht.

[25] Chomsky, "On the Notion ...", a.a.O., S. 6-7.

[26] Die hier gemeinte Funktion ist eine berechenbare Funktion; eine Funktion im allgemeinsten Sinne ist eine Gruppe von Zuordnungen eines singulären Elements einer Menge B zu einem jeden Element einer Menge A. Eine Funktion ist berechenbar nur dann, wenn ein intersubjektivierbares Verfahren ihrer Berechnung existiert. Absatz (c) fordert die Zuordnung einer jeden musikalischen Struktur der Menge S zu einer einzigen eindeutigen Beschreibung in G.

[27] Der Parameter e ist eine Menge von Kriterien für die vergleichende Bewertung individueller Grammatiken; der Parameter kann ein Maß der Einfachheit oder Komplexität sein, das es ermöglicht, sich für eine unter mehreren (im Hinblick auf einen gegebenen Korpus gleichermaßen adäquaten) Grammatiken zu entscheiden. Die unter (d) aufgestellte Forderung ist nur erfüllbar, wenn die Spezifikation der Klasse möglicher individueller Grammatiken (a) und möglicher Strukturen (b) außerordentlich rigoros ist.

e) eine Funktion p(i,n), d.i. die Beschreibung eines Vollzugssystems (p), das die individuelle Grammatik G_i einschließt und eine Speicherkapazität der Größe n besitzt.[28]

Dadurch, daß die Theorie eine Klasse möglicher individueller Grammatiken G_i bereitstellt (a), gibt sie eine explizite Definition des Begriffs *musik-grammatische Regel*. Die unter (c) genannte Forderung nach einer Menge expliziter grammatikalischer Beschreibungen bringt die Hypothese zum Ausdruck, es sei möglich, ohne Gebrauch der Intuition zu entscheiden, was eine Grammatik über individuelle musikalische Strukturen aussagt.

Aufgrund dieser Hypothese kann man die grundlegende Komponente einer generativen musikalischen Grammatik als ein Umschreibungssystem auffassen, das aus zwei Alphabeten, einer finiten Menge von Regeln und einer Wohlgeformtheitsbedingung, besteht. Formaliter und expliziter definiert, ist die grundlegende generative Komponente ein Quadrupel $C = (V,\Sigma,P,\sigma)$, wobei[29]

1. V ein Alphabet ist,
2. $\Sigma \, \varepsilon \, V$ ein Alphabet von Endsymbolen darstellt,
3. P eine finite Menge von geordneten Paaren (u,v) mit u in $(V - \Sigma)$ und mit v in (V) ist, und wobei ferner
4. σ eine Wohlgeformtheitsbedingung darstellt, die als Anfangssymbol funktioniert (und daher dem Alphabet $(V - \Sigma)$ zugehört).

Das Alphabet $V(C)$ ist also aus zwei einander ausschließenden Mengen, nämlich einem Anfangsalphabet V_A $(= V - \Sigma)$ und einem Endalphabet V_E $(=\Sigma)$, zusammengesetzt; das Alphabet als Ganzes unterliegt der Bedingung:

$$V = V_A + V_E, \quad \text{mit } V_A \cap V_E = 0.$$

Die grundlegende generative Komponente C ist ein Umschreibungssystem, das über einer finiten Menge von Elementen des Anfangsalphabets (V_A) konstruiert ist. Die Elemente des Anfangsalphabets sind als eine Menge von Verkettungen der das Endalphabet (V_E) ausmachenden Elemente umzuschreiben. Die Bedingung σ stipuliert, daß nur wohlgeformte Verkettungen Bestandteil des Endalphabets sind.

---

[28] Chomsky, "On the Notion ...", a.a.O., S. 7.
[29] Seymour Ginsburg, *The Mathematical Theory of Context-Free Languages*, New York: McGraw-Hill, 1966, S. 8.

Die Substitution der Elemente des Anfangsalphabets durch solche des Endalphabets findet gemäß einer wohldefinierten, geordneten Menge von Regeln der Form u → υ statt, deren Anwendung mehr oder weniger rigorosen, explizit dargestellten Beschränkungen unterliegt.[30]

+

Die Entscheidung betreffs der grundsätzlich erzeugenden Komponente der Grammatik, wie auch die Wahl der ihrem Anfangsalphabet angemessenen Interpretation ist methodologisch davon abhängig, wie man die gegenseitige Bezogenheit akustisch-klanglicher und semantischer Aspekte einer Musik auffaßt. Unter der Annahme, daß der Zweck einer musikalischen Grammatik die Rekonstruktion der Kompetenz ist, die einem "Klang" und "Bedeutung" vermittelnden Vollzug zugrundeliegt, muß man sich mit zwei grundsätzlich verschiedenen Auffassungen auseinandersetzen:

1. mit jener, die davon ausgeht, daß die Beziehung zwischen der akustisch-klanglichen und der semantischen Darstellung einer Musik eine nicht-zufällige (*physei* seiende), eindeutige, und (mehr oder weniger) direkte Beziehung ist;
2. mit jener, die behauptet, daß die Beziehung zwischen den beiden genannten Darstellungen eine willkürliche (*thesei* seiende), nicht-eindeutige, und indirekte Beziehung ist.[31]

Im zweiten Falle, einer willkürlichen Beziehung von "Klang" und "Bedeutung," ist es unerläßlich, ein in Hinsicht auf beide Darstellungen neutrales Gebilde zu definieren, das imstande ist, Klangstrukturen semantischen Interpretationen zuzuordnen. Eine Vermittlung zwischen beiden Darstellungen kann *syntaktisch* im Sinne einer Beschreibung heißen, welche die syntagmatischen und paradigmatischen Beziehungen innerhalb einer musikalischen Struktur darstellt.[32] Im ersten Falle, nicht-zufälliger Beziehung von "Klang" und "Bedeutung", könnte man

---

[30] Das weiter oben illustrierte bzw. definierte musikalische Umschreibungssystem ist das elementarste seiner Art. Komplexe musikalische Strukturen können nur dadurch wiedergegeben werden, daß man kontext-empfindliche und / oder transformationelle Regeln (im Sinne der Theorie formaler Sprachen) einführt.

[31] Ferdinand de Saussure, *Cours de Linguistique Générale*, Paris: Payot, 1916 (1971), S. 100 f.

[32] Eine musik-grammatische Einheit tritt in syntagmatische Beziehungen mit all denjenigen Einheiten desselben Niveaus, die ihren Kontext ausmachen; eine solche Einheit unterhält paradigmatische Beziehungen mit all jenen Einheiten, die im selben Kontext an ihrer Stelle auftreten können. Siehe dazu John Lyons, *Introduction to Theoretical Linguistics*, Cambridge, England: Cambridge University Press, 1969, S. 73.

sich entschließen, entweder eine semantisch fundierte oder eine klanglich fundierte Grammatik zu formulieren.[33]

Unerachtet der methodologischen Entscheidung, welche einem Kompetenzmodell zugrundeliegt, ist es einsichtig, daß eine musikalische Grammatik aus drei unterschiedenen, in definierbarer Weise verbundenen, Mengen von Regeln (Komponenten) besteht: aus einer syntaktischen, einer semantischen, und einer sonologischen Komponente. Während die Regeln der syntaktischen Komponente die Wohlgeformtheit musikalischer Verkettungen definieren, bestimmen semantische Regeln die - solchen Verkettungen zuweisbaren - Interpretationen.

Sonologische Regeln, zusammen mit einer universalen Menge *klangspezifischer Restriktionen*[34], determinieren die Beziehung zwischen der syntaktisch-semantischen Struktur einer Musik und ihrer akustischen (d.h. physischen) Darstellung, sofern diese Beziehung eine grammatikalische ist.[35] Sonologische Regeln ermöglichen es, alle grammatikalisch bestimmten Elemente musikalischer Wahrnehmung herzuleiten.[36]

Eine Rekonstruktion sonologischer Kompetenz ist also der Versuch zu explizieren, was ein in-der-Musik-Einheimischer intuitiv über die akustisch-klanglichen Eigenschaften einer Musik - oder vielmehr der allgemeinsten überhaupt möglichen Musik[37] - *weiß*, und ferner aufzuweisen, auf welche Art ein *musicus* dieses klangliche Wissen zu seinen Intuitionen bezüglich syntaktischer Wohlgeformtheit und semantischer Ausdeutbarkeit in Verbindung setzt.

Sonologie, als grammatikalische Disziplin verstanden, gründet sich auf eine Theorie klanglicher Grundkategorien; diese Kategorien bringen das überhaupt mögliche Wissen hinsichtlich der von klanglichen Objekten erfüllbaren syntaktischen und semantischen Funktionen zum Ausdruck. Die Hypothese, daß die Beziehungen zwischen der akustisch-klanglichen Darstellung einer Musik und ihrer semantischen Interpretation nicht-zufällige (*physei* seiende) und un-

---

[33] In diesem Falle könnte man anstelle einer generativen Grammatik eine mehr oder weniger taxonomische Beschreibung wählen, z.B. eine *systemische* (Halliday), *tagmemische* (Pike) oder *geschichtete* Grammatik (Lamb). Siehe dazu M. A. K. Halliday, *An Introduction to a System-Structure Theory of Language*, New York: Holt, 1972 [Anmerkung des Herausgebers: Diese Literaturangabe konnte nicht verifiziert werden.];Kenneth Lee Pike, *Language in Relation to a Unified Theory of Human Behavior*, The Hague: Mouton, 1967; Sydney M. Lamb, *Outline of Stratificational Grammar*, Washington, D.C.: Georgetown University Press, 1966.

[34] Otto E. Laske, *On Problems of a Performance Model for Music*, a.a.O., S. 29-33, 68-69, 72-76. Eine ausführliche und präzisere Definition der sonologischen Komponente findet man in Otto E. Laske, "Some Postulations Concerning a Sonological Theory of Perception," a.a.O.

[35] Noam Chomsky und Morris Halle, *The Sound Pattern of English*, New York: Harper & Row, 1968, S. 293.

[36] Chomsky und Halle, ebd., S. 294.

[37] Siehe dazu Pierre Schaeffer, *Traite des Objets Musicaux*, Paris: Editions Du Seuil, 1966, S. 133.

mittelbare seien, ist mit verfügbaren Einsichten in musik-grammatische Funktionen unvereinbar. Überdies scheint es, unter der genannten Hypothese, schwierig, wenn nicht sinnlos zu sein, die Musikalität von Klangobjekten zu explizieren; denn von der genannten Hypothese wird ja angenommen, daß sich Musikalität entweder von der sonologischen Struktur der Klangobjekte herleitet, oder aber von der spezifischen Form der semantischen Interpretation dieser Objekte abhängig ist. Semantisch interpretierbar sind jedoch nur solche Klangfolgen, die eine definierbare syntaktische Funktion im Kontext ihnen übergeordneter Strukturen erfüllen. Solche Funktionen aufzuklären ist die Aufgabe der syntaktischen Komponente einer musikalischen Grammatik.

Die Hypothese, daß der grundsätzlich erzeugende Algorithmus einer musikalischen Grammatik die syntaktische Komponente sei, gibt die Evidenz wieder, daß es sich in der Musik bei syntaktischen Operationen um formale, in hohem Grade semantisch und sonologisch neutrale Vorgänge handelt. Es scheint in der Tat eben diese Formalität syntaktischer Operationen zu sein, die es ermöglicht, eine finite Menge vorkommender Syntagmata auf eine infinite Menge semantisch interpretierbarer und klanglich einsichtiger Strukturen zu projizieren.[38]

Eine dieser Evidenz gerecht werdende musikalische Theorie ist eine syntaktisch fundierte musikalische Grammatik. Eine solche Grammatik basiert auf der Hypothese, daß die Beziehung von musikalischem "Klang" zu musikalischer "Bedeutung" durch eine Menge syntaktischer Regeln determiniert ist, und daß die Ausgaben dieser Regeln eine zweifache Interpretation, nämlich eine semantische und eine sonologische Interpretation, erfährt.[39] Die semantisch relevanten Strukturen einer Musik formen die syntaktische *Tiefenstruktur*, während jene, die eine sonologische Realisation erfahren, die syntaktische *Oberflächenstruktur* darstellen. Eine syntaktisch fundierte musikalische Grammatik ist daher von folgender Form:

---

[38] Hinsichtlich dieser Evidenz, wie sie sich im Rahmen der syntaktischen Komponente einer individuellen musikalischen Grammatik darstellt, siehe R. Taylor, "A Selective Introduction to the Twelve Pitch-Class System", *Interface* 2 (Summer 1972). [Anmerkung des Herausgebers: Diese Literaturangabe konnte nicht verifiziert werden.]

[39] Die endgültige Ausgabe der Grammatik ist eine sonische Darstellung musikalischer Strukturen; er gehört also dem Bereich erklingender (nicht notierter) Musik an, sei sie gehört im Sinne des *Produzierens* oder des *Empfangens*.

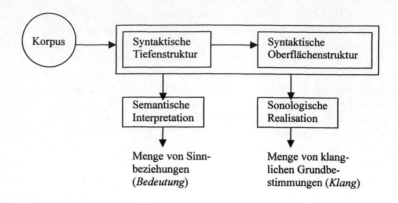

Abbildung 4

Der aufgestellten Hypothese zufolge können die Elemente des Anfangsalphabets der syntaktischen Komponente als eine universale Menge syntaktischer Klassen aufgefaßt werden. Elemente des Anfangsalphabets sind meta-musikalische Kategorien insofern, als sie nicht unmittelbar Teil einer musikalischen Struktur sind, sondern dieser Struktur zu dem Zweck oktroyiert werden, ihre Wohlgeformtheit und Interpretierbarkeit einsichtig zu machen. Dies geschieht dadurch, daß meta-musikalische Kategorien des Anfangsalphabets gemäß einer Menge wohldefinierter, formalisierter Substitutionsregeln mechanisch und systematisch in Verkettungen von Elementen des Endalphabets umgeschrieben werden.

Dabei wird angenommen, daß Verkettungen, die den meta-musikalischen Kategorien innerhalb einer algorithmischen Ableitung näher stehen, die semantische Interpretation einer Musik bestimmen. Zum anderen wird davon ausgegangen, daß die Menge der zum syntaktischen Endalphabet gehörigen Verkettungen die sonologische Gestalt der Musik determiniert.

Unter der Voraussetzung, daß einsichtig ist, auf welche Weise sich ein allgemeines Kompetenzmodell zu individuellen musikalischen Grammatiken verhält und inwiefern diese Grammatiken einen integralen Bestandteil spezifischer Vollzugssysteme ausmachen, ist man imstande, den Begriff *musikalische Aktivität* zu explizieren.[40] Denn zu zeigen, inwiefern und unter welchen Bedin-

---

[40] Die Beziehung individueller musikalischer Grammatiken zu *künstlerischen*, auf individuelle Kompositionen führenden Strategien ist ein Problem zweiter Ordnung; die Lösung dieses Problems setzt voraus, daß ein explizites allgemeines Modell musikalischer Kompetenz exi-

gungen diese Aktivität in der Tat eine *musikalische* ist, heißt darzutun, auf welche Weise und in welchem Ausmaß mit Klangstrukturen befaßte Strategien den universalen Beschränkungen des allgemeinen Kompetenzmodells einerseits, und den *spezifischen* Beschränkungen individueller Grammatiken (die einem Vollzugssystem zugrundeliegen) andererseits, unterworfen sind.

---

stiert, und daß eine Reihe individueller, musikalischen Vollzugssystemen integrierter Grammatiken formuliert wurde.

Fortschrittsbericht über das Projekt
"Die Logische Struktur einer Generativen Grammatik"
(1972)

I. Einleitung

Das Projekt, über das hier berichtet wird, wurde vom Verfasser als der Versuch definiert, aufgrund der Untersuchung von programmierten Kompositionsstrategien ein allgemeines Modell musikalischer Kompetenz zu formulieren.[1] Das Projekt wurde verstanden als eine Untersuchung zweifacher Art:

A. der inneren komponentiellen Struktur eines allgemeinen Modells musikalischer Kompetenz
B. der inneren Struktur einer programmierten Kompositionsstrategie

und, als Folge dieser Untersuchungen, als

C. die Formulierung einer speziellen musikalischen Grammatik, die sowohl Resultat der Formalisierung von Einsichten in die untersuchte Strategie (B) als auch eine Manifestation des entworfenen allgemeinen Kompetenzmodells (A) wäre.

In diesem Bericht möchte der Verfasser die Veränderungen kommentieren, die seine Konzeption des Projekts durch Fortführung der Untersuchungen (1971-72) erfahren hat, insbesondere sofern diese Veränderungen die methodologische Grundlage und die Mittel seiner Forschungen betreffen. Die Fortentwicklung seiner Gedanken betrifft im wesentlichen die Konzeption der gegenseitigen Bezogenheit der drei genannten Untersuchungsthemen; sie wurde durch eine vertiefte Einsicht in die unter (B) gestellte Aufgabe provoziert.

---

[1] Gegenwärtig existieren zwei verschiedene Arten von Kompositionsprogrammen: Programme für instrumentale Komposition und Programme für computergesteuerte Klangsynthese. Obwohl bisher nicht erwiesen wurde, daß deren Differenz eine mehr als nur technologische sei, ist doch ihr musiktheoretisches Potential ganz verschieden. Instrumentale Programme sind, da sie eine konventionelle sonologische Darstellung eines klanglichen Repertoirs zur Voraussetzung haben, sonologisch nicht neutral und eignen sich vor allem für Untersuchungen der syntaktischen Komponente musikalischer Kompetenz. Klangprogramme dagegen können als Grundlage von Untersuchungen verschiedenster Arten sonologischer *designs* dienen. Es ist darum einsichtig, daß auch die semantischen Konzeptionen beider Arten von Programmen ganz verschieden sind.

Zur Zeit der ersten Definition des Projekts[2] stand der Verfasser unter dem Einfluß der Theorie formaler Sprachen, von deren Interpretation im Hinblick auf natürliche Sprachen von Noam Chomsky und von psycholinguistischen Problemformulierungen. Er kann heute sagen, daß er über unzureichende Kenntnis von den in Studien zur Künstlichen Intelligenz verwandten Methoden, von systemtheoretischen Vorstellungen als auch von sonologischen Fragestellungen verfügte und es ihm daher an Einsicht in musikalische Vollzugsmodelle fehlte. Die im Jahre 1972 erschienenen bzw. erscheinenden Veröffentlichungen[3] haben hoffentlich diese Lücken geschlossen oder wenigstens vermindert.

Das hier erörterte Projekt ist metatheoretischer Natur insofern, als ein allgemeines Modell musikalischer Kompetenz auf die folgenden Fragen Antwort gibt:

I. Welches sind die minimalen universalen Prinzipien, die allen individuellen musikalischen Grammatiken gemeinsam sind?[4]

II. Welches ist die Klasse der möglichen individuellen musikalischen Grammatiken?

III. Welche Struktur hat ein allgemeines musikalisches Vollzugsmodell?

IV. Welches Format haben individuelle Vollzugssysteme, die sich mit spezifischen individuellen Grammatiken verbinden?

V. In welcher Beziehung stehen *Gegen-Grammatiken* (Theorien individueller Kompositionen) zu individuellen musikalischen Grammatiken?

Bereits die erste Definition des Projekts schloß ein, daß eine metatheoretische Untersuchung die unter (I. bis V.) genannten Probleme nur dann zu behandeln vermag, wenn sie eine einheitliche, gleichzeitig auf dem Begriff der formalen Sprache und auf vollzugstheoretischen Begriffen beruhende Methodologie besitzt. Nur unter dieser Voraussetzung kann die Theorie zu einer expliziten Definition von Musik, oder vielmehr von Musikalität, sowohl des für musikalische Aktivität unerläßlichen Wissens als auch der Produkte musikalischer Aktivität, gelangen. In der ersten Definition wurde die Doppelnatur des Projekts aus der zwischen zwei hypothetischen Wissensarten gesetzten Dichotomie begründet, nämlich der von musik-strategischem und musik-grammatikalischem Wissen. Obwohl die methodologische Fruchtbarkeit dieser Unterscheidung weiterhin

---

[2] *Die Logische Struktur einer Generativen musikalischen Grammatik*, Utrecht 1970, abgedruckt in diesem Band.

[3] Siehe die in der Bibliographie dieses Aufsatzes erwähnten Schriften des Verfassers.

[4] Die Beantwortung dieser Frage ist synonym damit, die innere, komponentielle Struktur eines allgemeinen musikalischen Kompetenzmodells zu bestimmen.

außer Zweifel steht, ist während der fortgeführten Untersuchungen deutlich geworden, daß eine Definition der internen komponentiellen Struktur eines allgemeinen musikalischen Kompetenzmodells eine vertiefte Einsicht in den strategischen Aufgabenbereich voraussetzt, innerhalb dessen individuelle musikalische Grammatiken funktionieren. Untersuchungen der logischen Struktur einer generativen musikalischen Grammatik setzen also insgesamt voraus:

1. eine klare Vorstellung der strategischen Prinzipien eines Vollzugssystems, das musik-grammatikalische Postulate beinhaltet;
2. die Ausarbeitung einer einheitlichen Methodologie, welche
   a) die Methodologie der Untersuchung formaler Sprachen mit der intelligenter Roboter verbindet,
   b) zur Formulierung von Kriterien führt, welche die epistemische und musiktheoretische Relevanz kompositorischer Programme zu beurteilen erlauben,
   c) die Formulierung von Kompositionsprogrammen möglich macht, die sowohl im musik-strategischen als auch im musik-grammatischen Sinne zulänglich sind.

Der Verfasser, der sich in der Endphase der methodologischen Vorerörterungen des Projekts befindet, möchte in diesem Bericht den Geldtungsbereich und die Implikationen der von ihm erarbeiteten Methodologie im Einzelnen erläutern.

II. Erläuterungen zur Methodologie

II.A. Veränderungen der Konzeption einer Metatheorie der Musik

Das *generative musikalische Grammatik* genannte Gebilde war ursprünglich konzipiert als ein autonomes Vehikel der Rekonstruktion von Elementen musikalischer Kompetenz, die, der formulierten Voraussetzung nach, einer jeden möglichen musikalischen Aktivität zugrundeliegen. Ein solches allgemeines Modell musikalischer Kompetenz wurde als das Herzstück einer Metatheorie der Musik verstanden, deren Aufgabe es ist, den Geltungsbereich, die Methode und die Probleme von Theorien der Musik aufzuklären. Bei dem Versuch, die Infrastruktur eines solchen Modells zu erarbeiten, wurde evident, daß diese Aufgabe ohne eine ins Einzelne gehende Bestimmung des strategischen Problemhorizonts von Grammatiken unerfüllbar ist. Der strategische Problembereich wurde als der von musikalischen Vollzugsmodellen bezeichnet; solche Modelle wurden als Systeme definiert, die imstande sind, verschiedene Arten musikalischer Aktivität - im wesentlichen Komposition und musikalische Wahrnehmung - zu simulieren und auf Einsichten in deren rein strategische Unterschiede zu führen. An die methodologische Grundlage von Untersuchungen musikalischer Aktivität wurde die doppelte Forderung gestellt, erstens, es zu erlauben, auch nicht-intelligente Vollzugssysteme zu behandeln und, zweitens, das verfügbare, umfangreiche (psycho-) akustische und akoulogische Wissen einschließen zu können. Zu diesem Zweck wurde die Bestimmung *Sonologie* als der Name einer Disziplin definiert, die es mit dem Entwurf von klanglichen Artefakten zu tun hat und in drei Stufen zur Formulierung von musikalischen Vollzugssystemen führt:[5]

1. Klangerzeugung und sonische Darstellung von Klängen;
2. *pattern recognition* und sonologische Darstellung von Klängen[6];
3. musikalische Darstellung von Klängen und intelligente Systeme.

Die angestellten Untersuchungen[7] hatten es vor allem mit intelligenten Vollzugssystemen zu tun, insbesondere mit den Bedingungen, die solche Systeme erfüllen müssen, um zur Aufnahme kognitiver Imperative, wie zum Beispiel musik-grammatikalischer Postulate, imstande zu sein.

Das wesentliche Problem, auf das eine formale und explizite Analyse von Vollzugssystemen stößt, ist dieses: Solche Systeme scheinen zwei grundsätzlich verschiedene Arten von Determinanten zu umfassen, nämlich strikt epistemologische (grammatische) und behaviorale (strategische). Für eine Untersuchung der Beziehungen zwischen diesen beiden Klassen von Determinanten bedarf man präziser Begriffsbestimmungen solcher Bezeichnungen, wie *Problem, Entscheidung, Lösung, Optimalität, Kontrolle, Rückkopplung*. In einem fortgeschrittenen Stadium der Arbeit wurde ferner deutlich, daß sich eine Untersuchung musikalischer Vollzugssysteme rigoros nur ausführen läßt, wenn man zwischen den allgemeinen Problemlösungsverfahren des Systems und deren Anwendung auf spezifische - in diesem Falle musikalische - Aufgaben unterscheidet. Eine Untersuchung allgemeiner Problemlösungsverfahren betrifft die formalen strukturellen Aspekte von Vollzügen, die auf die Lösung eines gestellten Problems zielen, gleichgültig ob sie sich in numerischen oder nichtnumerischen Situation abspielen. Die von einer allgemeinen Systemtheorie erzielten

---

[5] Ursprünglich wurde Sonologie als die mit der sonologischen Komponente einer musikalischen Grammatik befaßte Theorie definiert; eine solche Grammatik wurde als aus einer syntaktischen, semantischen und sonologischen Komponente bestehend aufgefaßt.
[6] Otto E. Laske, *Is Sonology a Science of the Artificial?*, Sommer 1972, noch unveröffentlicht. [Anmerkung des Herausgebers: Siehe Otto E. Laske, "Musical Acoustics (Sonology): A Questionable Science Reconsidered", *Numus West* 5 (1974), S. 44-46.]
[7] Über sie ist in den in der Bibliographie dieses Aufsatzes erwähnten Schriften des Verfassers berichtet.

Einsichten können für die programmierte Simulierung kognitiver Prozesse, d.h. für Untersuchungen Künstlicher Intelligenz, fruchtbar gemacht werden. Man kann musikalische Vollzüge als die Anwendung zweier verschiedener Klassen von Determinanten auffassen: erstens, musik-grammatischer Regeln, zweitens, von Operatoren allgemeiner Problemlösungsverfahren. Die Einsicht in die Doppelnatur der Determinanten musikalischer Vollzüge hat eine Modifikation der Konzeption musikalischer Grammatiken als autonomer, sich selbst genügender Gebilde zur Folge. Von solchen Gebilden wurde angenommen, daß sie musik-strategischem Problemlösen zugrundeliegen. Offensichtlich sind Grammatiken ein unerläßliches Werkzeug in Situationen, die nach musikalischen Problemlösungen verlangen.

Von musikalischen Grammatiken kann gesagt werden, daß sie in zwei ganz verschiedenen Formen - einem aufgaben-unabhängigen und einem aufgaben-abhängigen Format - existieren. In seiner nicht an Vollzugsaufgaben gebundenen Form kann man musik-grammatikalisches Wissen als das *eingeborene Programm* (W. Jacobs) eines Vollzugssystems auffassen. Das eingeborene Programm garantiert die verbindliche Allgemeinheit musikalischer Problemformulierungen sowie die Entwicklung von Problemen intersubjektiver Natur. Es tritt als eine Menge von Kriterien in Erscheinung, die es ermöglicht, die epistemologische Zulänglichkeit der Problemdarstellungen eines Systems zu beurteilen. Zum anderen ist musik-grammatikalisches Wissen in seiner an Vollzugsaufgaben gebundenen Form aktiv bei der Produktion von Vergleichsstrukturen[8] tätig und vermittelt daher die Anwendung allgemeiner Problemlösungsverfahren auf spezifisch musikalische Aufgaben.

Als Folge der Einführung systemtheoretischer Begriffe in die musik-strategischen Untersuchungen wurden zwei Aspekte der ursprünglichen Konzeption einer musikalischen Grammatik deutlicher unterschieden:

1. der Grammatik als eines für Problemlösungsverfahren unerläßlichen Werkzeugs (Grammatik aufgaben-abhängigen Formats),
2. der Grammatik als einer aufgaben-unabhängigen Manifestation musikalischer Kompetenz.

Diese Verfeinerung der ursprünglichen Konzeption bringt eine Modifikation des Begriffs einer Metatheorie der Musik mit sich. Eine solche Theorie beruht auf zwei fundamentalen Theorien: auf einer Theorie musikalischer Aktivität als eines problemlösenden Verhaltens und auf einer Theorie musikalischer Kompetenz (d.h. einer Theorie musik-grammatikalischer Postulate). *Eine metatheoreti-*

---

[8] Der Begriff der Vergleichsstruktur ist ausführlich in der folgenden Schrift des Verfassers behandelt: *On Problems of a Performance Model for Music*, Utrecht: Institut für Sonologie, 1972.

sche Untersuchung befaßt sich also mit der Analyse der Infrastruktur eines allgemeinen Kompetenz- wie auch Vollzugsmodells, oder genauer: eines Vollzugsmodells, das eine musikalische Grammatik als integralen Bestandteil einschließt. Die Theorie musikalischer Aktivität hat die Simulierung musikalischer Vollzüge zur Aufgabe; um eine Aktivität zu explizieren, formuliert und prüft die Theorie für die Aktivität geschriebene Programme; sie zielt darauf ab, das Verhalten, welches sie untersucht, durch programmierte Experimente selbst hervorzubringen.[9]

Zur Formulierung einer vom Vollzug losgelösten, an Vollzugsaufgaben nicht gebundenen musikalischen Grammatik bedarf man eines musik-syntaktischen Modells, das imstande ist, die grammatikalischen Implikationen eines musikalischen Programms auf eine Art und Weise darzustellen, die der strategischen Struktur des Programms mehr oder weniger nahe steht. Eine solche Grammatik ist eine programmierte Grammatik (Daniel J. Rosenkrantz, 1969). Die Regeln dieser Grammatik stehen dem Ablaufsdiagramm des Programms nahe und sind daher nicht reine Manifestationen musikalischer Kompetenz. Vielmehr charakterisieren sie musik-grammatikalisches Wissen als ein Werkzeug, das in strategischen Problemsituationen Verwendung findet.[10] Eine weitere Aufhellung der Natur musikalischer Grammatiken läßt sich von der Tatsache herleiten, daß Grammatiken entweder generative oder analytische Modelle sind (Solomon Marcus, 1967).[11]

II.B. Die Doppelnatur des Ansatzes

II.B.1. Allgemeine Bemerkungen
Der generative Ansatz zur Bestimmung von Musikalität und der den Untersuchungen zur Künstlichen Intelligenz zugrundeliegende Ansatz haben gemeinsam, daß es sich bei beiden um Untersuchungen musikalischer Erkenntnis handelt, präziser gesagt: um den Versuch, das wesentliche verschlossene Wissen zu explizieren, das die Grundlage musikalischer Tätigkeit bildet. Die beiden Ansätze unterscheiden sich jedoch durch die Art und Weise, in der sie die Beziehung musik-grammatikalischen und musik-strategischen Wissens interpretieren, sowie auch durch das Verfahren, durch das sie zu Antworten auf ihre Fragen ge-

---

[9] Das Problem, die gegenseitige Abhängigkeit von Grammatik und Strategie, d.h. von epistemologischen und behavioralen Determinanten musikalischer Aktivität zu testen, fällt in den Bereich von Untersuchungen zur *Künstlichen Intelligenz*. Operationell aufgefaßt, ist die Beziehung von Grammatik und Strategie die zwischen der internen Problemdarstellungen, deren ein Vollzugssystem fähig ist, und seiner Fähigkeit, Problemlösungen zu finden.
[10] Weitere Einzelheiten über programmierte Grammatiken findet man weiter unten in diesem Aufsatz.
[11] Siehe weiter unten in diesem Aufsatz.

langen. Während formale Grammatiken axiomatische logische Systeme sind, die (vor allem) der Analyse der syntaktischen Struktur von Sprachen dienen, beruht die formale Behandlung allgemeiner Problemlösungsverfahren und der Entwurf intelligenter Problemlöser zumeist auf mengentheoretischen Voraussetzungen sowie auf Begriffen der *control theory* des heuristischen Programmierens.

Die Tatsache, daß die beiden Methodologien divergieren, erschwert die Aufgabe, Untersuchungen über musikalische Erkenntnis durchzuführen. Es ist jedoch zu erwarten, daß fortschreitend klarere Formulierungen musikalischer Erkenntnisprobleme zu einer einheitlichen Methodologie führen werden. Die zukünftige Entwicklung einer solchen einheitlichen Methodologie hängt wesentlich von der Eindringlichkeit der Einsicht ab, daß problemlösendes Verhalten die Grundfähigkeit epistemisch zulänglicher Problemformulierung voraussetzt und daß diese Fähigkeit in Falle von Musik und anderer symbolischer Systeme kompetenzbestimmt und daher nicht einfach als bekannt voraussetzbar ist. Sofern die Unterschiedlichkeit von epistemologischen (grammatikalischen) und mehr oder weniger behavioralen (strategischen) Determinanten musikalischer Aktivität verneint oder vernachlässigt wird, verwechselt man Kriterien der Wohlgeformtheit einer infiniten Menge musikalischer Strukturen mit solchen der Annehmbarkeit einer finiten Menge solcher Strukturen. Wendet man die in dieser Verwechslung enthaltene Behauptung positiv, so besagt sie, daß eine Rekonstruktion von Elementen musikalischer Kompetenz unmöglich oder bedeutungslos sei. Jedoch ist die verfügbare Einsicht in musikalische Erkenntnis zu rudimentär, als daß sie eine solche Behauptung rechtfertigen könnte.

II.B.2. Der formal-sprachliche Ansatz
II.B.2.a. Zwei Arten musikalischer Grammatik
Während der generative Ansatz der Untersuchung formaler Sprachen stets programmiert oder zumindest programmierbar ist, ist der umgekehrte Sachverhalt nicht wahr: ein auf Programmierung beruhender Ansatz kann auch zu einer analytischen Grammatik führen. Formaler Betrachtungsweise nach, wie auch im Lichte musikalischer Kompetenz besehen, betrifft die Unterschiedlichkeit generativer und analytischer Modelle das Problem der Grammatikalität.

Die Grammatikalität musikalischer Strukturen ist prinzipiell unerschöpflich (S. Marcus); Grammatikalität ist ein Begriff, der auf das Problem syntaktischer Mehrdeutigkeit antwortet, nämlich auf die Frage, ob eine vorgegebene Struktur Element eines Endalphabets wohlgeformter Strukturen (d.h. eine formale *Sprache*) ist oder nicht. In einem engen, musikalisch-syntaktischen Sinne des Wortes ist also eine generative Grammatik ein Entscheidungsverfahren für die Wohlgeformtheit von Strukturen, die die Ausgabe eines musikalischen Programms darstellen. Ein solches Entscheidungsverfahren ist auf die Betrachtung wohlgeformter Strukturen beschränkt und schließt also die Untersuchung von Graden grammatischer Wohlgeformtheit sowie mehr oder weniger ungrammatischer Strukturen aus. Um die Abweichung von einer grammatischen Norm zu studieren[12], bedarf man eines analytischen Modells. Ein solches Modell untersucht die syntaktischen Klassen und die Arten syntaktischer Abhängigkeit, welchen einen musikalischen Korpus charakterisieren, sowie alle syntagmatischen und paradigmatischen Aspekte einer bestimmten Menge nicht durchaus wohlgeformter Strukturen.

Um die Unterschiedlichkeit einer generativen und einer analytischen Grammatik zu verdeutlichen, definieren wir die folgenden Bestimmungen:

Γ	=	ein Alphabet
T	=	die totale Sprache über Γ
Θ	=	die Menge der wohlgeformten Strukturen über Γ (Sprachschatz)
T - Θ =		die Menge der nicht durchaus wohlgeformten Strukturen, für die eine partielle Ordnung in Hinsicht auf eine Norm τ definiert werden kann.

Γ ist eine *Vokabular* genannte Menge, deren Elemente *Worte* sind; die im Sprachschatz Θ enthaltenen Strukturen sind *markierte* Strukturen; T ist eine freie Halbgruppe, nämlich die Menge aller finiten Wortverbände, welche durch die Operation der Konkatenation strukturiert ist. Während ein Wortverband eine Struktur über Γ darstellt, ist die Teilmenge Θ aus T eine *Sprache über* Γ. Eine generative Grammatik dieser Sprache ist eine finite Menge von Regeln, die alle und nur die der Teilmenge Θ angehörigen Strukturen aus T spezifiziert und einer jeden Struktur eine Beschreibung zuordnet. Im Gegensatz zu einem solchen Entscheidungsverfahren für wohlgeformte Strukturen, setzt eine analytische Grammatik die Existenz des Sprachschatzes Θ voraus und untersucht die totale Sprache über Γ, T, aufgrund dieser Voraussetzung; sie untersucht daher auch die Menge der grammatikalisch nicht durchaus wohlgeformten Strukturen, T - Θ. Unter dem Gesichtspunkt der totalen Sprache über Γ, T, betrachtet, hängt die Natur und der Umfang des Sprachschatzes Θ von dem eingeführten Begriff absoluter Wohlgeformtheit ab. Nun ist aber Grammatikalität in der Musik nicht eine ausschließlich syntaktische Bestimmung. *Um als wohlgeformt betrachtet werden zu können, müssen musikalische Strukturen außer syntaktischen auch semantische und, vor allem, sonologische Erfordernisse erfüllen.* Das Studium musikalischer Kompetenz kann daher mit einer generativen Grammatik als einem autonomen, vom musik-strategischen Vollzugsbereich unabhängigen Vehi-

---

[12] Dieses Problem ist von außerordentlicher Bedeutung für die Definition musikalischer *Gegen-Grammatiken*, d.h. von Theorien individueller Kompositionen als artistischer Produkte.

kel nur dann beginnen, wenn man imstande ist, einen Begriff absoluter musikalischer Wohlgeformtheit zu definieren und zu rechtfertigen. *Da aber, wie dieser Bericht ausführt, die Untersuchung des strategischen Vollzugsbereichs von Grammatiken und Studien zur Sonologie unerläßliche Erfordernisse der Explikation musikalischer Kompetenz sind, scheint es unvermeidlich, das Projekt aufzugeben, eine generative musikalische Grammatik rein epistemologisch zu definieren.* Ist diese Einsicht einmal erreicht, so steht man vor der folgenden Alternative:

1. sich entweder für eine analytische musikalische Grammatik zu entscheiden;
2. nach einem Typus von Grammatik zu suchen, die ihrer Natur nach Einsichten in die Struktur des programmierten Vollzugsbereichs musikalischer Kompetenz einschließt oder zuläßt.

Um die Implikationen der ersten Alternative näher zu bestimmen, bedarf es weiterer Bemerkungen zur analytischen Grammatik. Eine solche Grammatik ist ein Gebilde, mit deren Hilfe man einen gegebenen finiten Korpus von Strukturen analysiert, um zu einer Einsicht in dessen interne Struktur zu kommen; dabei verfährt man so, daß man von niedrigeren Graden von Wohlgeformtheit zu immer höheren hinaufsteigt. Eine analytische Grammatik ist daher im wesentlichen eine Untersuchung von Graden der Wohlgeformtheit einer finiten Menge von Strukturen, die als Korpus akzeptiert wurde. Im Gegensatz zu diesem Unterfangen hat es eine generative Grammatik nicht mit einer finiten, sondern mit einer infiniten Menge von Strukturen zu tun und bezieht sich daher nicht auf einen vorgegebenen Korpus, sondern auf die infinite Menge aller und nur der wohlgeformten Strukturen, die sich von einem hypothetischen Alphabet nichtterminaler Prinzipien (*constraints*) ableiten lassen.

Während also eine analytische musikalische Grammatik von einem Korpus zu der ihm zugrundeliegenden Grammatik fortschreitet, bewegt sich ein generatives Modell von einer hypothetischen Grammatik zu der von ihr ableitbaren musikalischen Sprache.[13] Also ist eine analytische Grammatik zweckmäßig für eine Untersuchung, deren Hauptaufgabe darin besteht, zu einer Beschreibung der mehr oder minder wohlgeformten Strukturen eines finiten Korpus, und der Beziehung seiner konstitutiven Einheiten zu seinen grundlegenden Teilstrukturen zu gelangen. *Eine solche analytische Untersuchung nimmt aber nicht nur die Wohlgeformtheit (Musikalität) des gewählten Korpus als gegeben an, sie legt auch den Hauptnachdruck auf den Korpus selbst, anstatt die seiner Erzeugung zugrundeliegende Produktivität zu explizieren.* Der generative Ansatz

---

[13] Man beachte, daß der Begriff *Sprache* hier im strikt methodologischen Sinne, d.h. nicht im Sinne einer Analogie mit natürlicher Sprache, verwandt ist.

zur Definition von Musikalität andererseits, behandelt als vorrangig die Struktur musikalischer Produktivität selbst, also die interne komponentielle Struktur des Vehikels, das imstande ist, eine infinite Menge syntaktisch, semantisch und sonologisch wohlgeformter Strukturen hervorzubringen. *Während daher eine analytische Grammatik eine Illustration der als gegeben betrachteten musikalischen Kompetenz darstellt, ist eine generative Grammatik eine Explikation jener Kompetenz.*

Vergegenwärtigt man sich das einer Untersuchung musikalischer Erkenntnis zukommende Interesse einerseits, die Abhängigkeit musik-grammatischer Prinzipien von ihrem strategischen Vollzugsfeld andererseits, so wird einsichtig, daß es nicht im Interesse einer musikalischen Metatheorie liegen kann, den analytischen Ansatz zur Definition - oder vielmehr Illustration - von Musikalität zu akzeptieren. Dies schließt jedoch die Möglichkeit nicht aus, analytische Elemente in tentative generative Modelle aufzunehmen. Die vorgeschlagene zweite Alternative, der Annahme des Zwischentypus einer *programmierten Grammatik*, eröffnet in der Tat die Möglichkeit, gewisse Annahmen hinsichtlich der inneren Struktur des zu erzeugenden Korpus zu machen; eine programmierte Grammatik ist daher möglicherweise von gemischter, generativ-analytischer Natur. *Jedoch ist eine programmierte Grammatik strikt generativ darin, daß mit ihr der Hauptnachdruck auf die Struktur des musikalisch erzeugenden Mechanismus (nicht auf den resultierenden Korpus) gelegt ist* und also auf das aufgaben-abhängige grammatikalische Wissen, welches zur Hervorbringung einer infiniten Menge von musikalischen Strukturen notwendig ist. Überdies stellt eine generative Grammatik für ein auf die begriffliche Analyse und praktische Verwendung von Kompositionsprogrammen gegründete Untersuchung den einzig sinnvollen Ansatz dar. Ein Kompositionsprogramm, sei es instrumental oder auf Klangsynthese gegründet, geht von einer Menge musik-grammatikalischer und / oder musik-strategischer Postulate aus und hat die Ableitung einer bestimmten, prinzipiell infiniten Menge von Strukturen zum Zweck.[14] Dem generativen Ansatz zur Definition von Musikalität zufolge, beginnt man mit einer hypothetischen, einem Programm impliziten Grammatik. Die Hervorbringung eines Korpus von Strukturen ist wesentlich nicht ein Selbstzweck, sondern ein Mittel zu dem Zweck, durch systematische Veränderungen der Instruktionen des Programms, erstens, die Struktur der Strategie selbst und des von ihr verwandten aufgaben-unabhängigen grammatikalischen Wissens, zweitens, die Abhängigkeit der Struktur des erzeugten Korpus von der strategischen Struktur des Programms zu erforschen. Das Hauptthema einer solchen Untersuchung ist die Struktur des Programms in Verbindung mit der ihm impliziten

---

[14] Ein zum Zweck der Analyse eines gegebenen Korpus geschriebenes Programm entspricht offenbar dem analytischen Ansatz zur Definition von Musik (im Unterschied zur *Musikalität*).

134

Grammatik; Nachdruck wird dem Korpus nur als erzeugtem zuteil, nämlich als das Produkt einer spezifischen hypothetischen Grammatik, nicht aber als vorgegebenem und *per se*. Die entscheidenden Probleme einer generativen Studie sind methodologischer Natur; im wesentlichen sind es die beiden folgenden:

a) Welches ist das angemessene Format, in dem das dem Programm implizite aufgaben-abhängige Wissen zur Darstellung gebracht wird?

b) Welche Beziehung besteht zwischen der (strategisch vermittelten) Darstellung dieses Wissens zu einem generativen Modell im umfassenden Sinne, d.h. zu dem eingeborenen Programm des Systems, das dessen nicht an Vollzugsaufgaben gebundene Kompetenz darstellt?

Im Mittelpunkt der Aufmerksamkeit steht demnach stets der generative Mechanismus der Hervorbringung einer infiniten Menge wohlgeformter mu-sikalischer Strukturen, den eine generative Grammatik zu rekonstruieren hat.
Die Beschränkung der ersten Phase des Forschungsprojekts liegt in der Tatsache beschlossen, daß es sich bei dem zu untersuchenden Algorithmus um ein Program für instrumentale Komposition handelt. Definitionsgemäß hat ein instrumentales Programm die konventionelle sonologische Darstellung eines für die Realisierung der komponierten Strukturen notwendigen, vorgestellten Klangrepertoirs zur Voraussetzung. Demzufolge wird der Nachdruck der in der ersten, *instrumentalen* Phase dieses Projekts erzielten Resultate auf der syntaktischen und - indirekt - der semantischen Komponente musikalischen Wissens liegen.[15] Aus dem Bewußtsein dieser Beschränkung folgt, daß umfassende Einsicht in musikalische Kompetenz nur dadurch erreichbar ist, daß die Untersuchung um die Betrachtung von Klangprogrammen erweitert wird, mithin von Programmen, die von instrumental vorbestimmten Definitionen sonologischer Kompetenz frei sind. Das Thema einer weiteren, zweiten Phase dieses Forschungsprojekts ist daher die Erforschung der sonologischen Komponente musikalischer Kompetenz.[16]

II.B.2.b. Die generative Grammatik als *programmierte Grammatik* (pG)
Eine programmierte Grammatik im Sinne dieses Projekts ist ein Gebilde, das die folgenden Erfordernisse erfüllt:

---

[15] Während sich eine analytische, die Struktur eines vorgegebenen Korpus beschreibende Grammatik stets finden läßt, ist die Existenz einer generativen Grammatik nicht in allen Fällen gesichert; ferner unterliegt ein rekonstruierbarer generativer Mechanismus stets den Beschränkungen des jeweiligen Programms.
[16] Für weitere Einzelheiten siehe Kapitel III dieses Aufsatzes.

1. Einsicht zu verschaffen in die formale strategische Struktur des untersuchten Programms, d.h. in die vom Programm verwandten allgemeinen Problemslösungsverfahren und in ihre Anwendung auf spezifisch musikalische Aufgaben;
2. eine angemessene Formalisierung des aufgaben-abhängigen musik-grammatikalischen Wissens des Programms darzustellen;
3. als eine Menge von Determinanten aufzutreten, aufgrund deren sich die minimalen Prinzipien (*constraints*) des aufgaben-unabhängigen musik-grammatikalischen Wissens des Programms extrapolieren lassen.

Um gleichzeitig Erfordernis (1) und (2) zu erfüllen, muß die Grammatik imstande sein, das vom Programm bei der Erzeugung musikalischer Strukturen verwandte Verfahren unmittelbar widerzuspiegeln. Dies setzt voraus, daß die Ordnung der Regeln (Produktionen) der Grammatik so frei wie möglich ist. Denn nur in dem Falle, in dem diese Ordnung nicht durch die Verfügbarkeit nichtterminaler Axiome der Ableitungen innerlich vorbestimmt ist, ist die Grammatik flexibel genug, um die Natur einer bestimmten Strategie wiederzugeben.

Die einer *äußerlichen* Ordnung der Produktionsregeln fähige Grammatik heißt *Matrizengrammatik*, wenn es sich bei jener Ordnung um ein strikt zyklisches Schema handelt; die Grammatik heißt *programmiert*, wenn jene Ordnung eine im wesentlichen freie ist. Die letztere Art von Grammatik ermöglicht es, die Regelfolge "in der Weise zu spezifizieren, in welcher ein menschliches Bewußtsein sich die Erzeugung (von Strukturen) vorstellt" (Rosenkrantz). Die Formulierung einer pG, anstelle einer gewöhnlichen Produktionsgrammatik, ist daher vergleichbar mit der eines Programms für die Erzeugung einer bestimmten Menge von Strukturen, selbstverständlich mit der Annahme, daß die pG nicht eine Verdopplung des Programms, sondern dessen Theorie ist. Die Formulierung grammatischer Regeln für die Erzeugung musikalischer Strukturen ist daher eine methodologische Voraussetzung dafür, die Regeln einer generativen musikalischen Grammatik im umfassenden Sinne zu spezifizieren. Die Regeln der einem Kompositionsprogramm zugehörigen pG zu formulieren, kommt einer Kodierung der musik-grammatikalischen Implikationen des Programms gleich, also einer Kodierung des Programms in einem musik-grammatikalischen Format.[17]

Der die Regelfolge einer pG bestimmende Mechanismus kann, im Gegensatz zum untersuchten Programm, ein *program* genannt werden; mit dem *pro-*

---

[17] Die *äußerlich geordnete* Regelfolge einer pG erhöht nicht deren generative Kapazität, noch vermindert sie diese. Jedoch bringt es jene Regelfolge mit sich, daß nicht nur kontext-freie Sprachen, sondern auch kontext-sensitive Merkmale wiedergegeben werden können.

gram wird eine Vielzahl möglicher Regelfolgen präzisierbar. Vom Blickpunkt der normalen generativen Grammatik her betrachtet, ist eine pG ein formales System, das neben zwei Alphabeten (dem nichtterminalen $[V_{NT}]$ und dem terminalen $[V_T]$), einem Axiom (Z) und einer Menge von Produktionen (P) *auch eine Menge von Prozeduren* (Q) - d.h. ein *program* - enthält. Das *program* ist eine Menge von gestatteten Regelanwendungen oder nachfolgenden Regeln und ist auch für den Fall definiert, daß eine vorausgehende Regel nicht zur Anwendung kommt. Das *program* Q ermöglicht daher alle vorstellbaren Spezifizierungen der Ordnung, in der Regeln für die Erzeugung bestimmter Strukturen auftreten.[18]

In formaler Ausdrucksweise gesagt[19]: Q_i in Q ist eine Prozedur, mit Q als einer finiten Menge von Quintupeln (i,P,S,F,0) für i = 1,2,...,k, wobei k die Kardinalität von Q bezeichnet, und wobei S,F,0 Teilmengen von (1,2,...,k) darstellen. Vorausgesetzt, daß r die r-te Prozedur (Regelanwendung) in Q ist, sagt man, daß (a,r) (b,q) in dem Fall erzeugt, in dem eine Kette von Paaren:

$$(a,r) = (a_1,r_1) \rightarrow (a_2,r_2) \rightarrow ... \rightarrow (a_n,r_n) = (b,q)$$

für i = 1,2,...,k vorhanden ist. Die Teilmengen von i,S,F,0 sind Mengen von Adressen (*production labels*), die angeben, ob eine Prozedur *gelingt* (q in S), *fehlschlägt* (q in F) oder *nicht stattfindet* (q in 0). Die in Q enthaltenen, für einen bestimmten Erzeugungsvorgang benötigten Prozeduren werden wie folgt aufgeführt:

$(1, P_1, (x), (y), (z))$
$(2, P_2, (x), (y), (z)), ... ,$ etc.,

wobei sich (x) in S, (y) in F, und (z) in 0 befindet. Das *program* Q insgesamt kann man sich als ein *Geflecht von angemessen verbundenen Prozeduren* vorstellen, wobei jede Prozedur als aus einer Bedingung, einer Entscheidung und einer Produktion bestehend aufgefaßt wird. In der Form eines Diagramms kann eine Prozedur (r,P,S,F,0) wie folgt abgebildet werden:

---

[18] Falls eine topologische Orientierung in die pG eingeführt wird, kann man auch angeben, ob die nächstfolgende Regel eine Links- oder Rechtsableitung beinhaltet; zu diesem Zweck definiert man eine zweielementige Menge von Richtungen (L,R) für jede Anwendung (G. Rozenberg).

[19] Wir folgen Barron Brainerd, *Introduction to the Mathematics of Language Study*, New York: American Elsevier, 1971, S. 247-256, insbesondere S. 248.

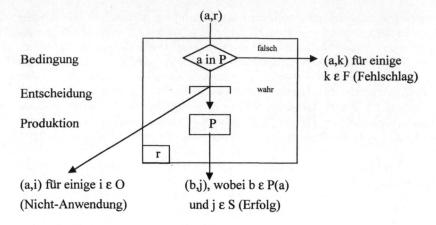

(a,i) für einige i ε O   (b,j), wobei b ε P(a)

(Nicht-Anwendung)   und j ε S (Erfolg)

Das *progam* Q ist also eine Zusammenstellung von *black boxes* Q_i, deren jede eine Eingabe und drei wahlfreie Ausgaben (S,F,0) besitzt und eine Prozedur in Q darstellt. Das durch die verbundenen Prozeduren gebildete Geflecht ist das Ablaufsdiagramm des *program* Q. *Dank dieses regelordnenden Gebildes kann das Arbeitsdiagramm des gesamten Programms als eine Menge grammatischer Regeln dargestellt werden, deren Anwendungsfolge den tatsächlichen Erzeugungsvorgang widerspiegelt.* Die einem *program* gemäß geordnete Menge von Regeln ist eine formale Darstellung des aufgaben-abhängigen musik-grammatikalischen Wissens, das einer bestimmten programmierten Erzeugung von Strukturen zugrundeliegt.

Die entscheidende, sich nun erhebende Frage ist, *inwieweit das program (d.h., die der Erzeugung zugrundliegende Menge der Prozeduren) in der Tat den musik-grammatischen (syntaktischen) Mechanismus wiedergibt, der epistemologisch als Grundlage kompositorischer Aktivität vorauszusetzen ist.* Dadurch, daß man von einer programmierten Strategie über eine pG zu einer umfassenden generativen musikalischen Grammatik fortschreitet, kann man diese Frage in zwei Teilprobleme auflösen: erstens, welches ist die einer programmierten musikalischen Strategie zuzuordnende pG und, zweitens, welches ist die der pG zuzuordnende generative musikalische Grammatik.

II.B.3. Der maschinentheoretische Ansatz

II.B.3.a. Der Begriff *musikalischer Roboter* und *musikalische Intelligenz*

Der maschinentheoretische Ansatz zur Definition von Musikalität ist, sofern man unter Maschine *Automaton* versteht, der Theorie formaler Sprachen trivial implizit. Man führt jedoch ein neues methodologisches Element ein, wenn man sich mit der Bestimmung *Maschine* auf ein kybernetisches System oder einen Roboter bezieht, der ein bestimmtes - etwa ein musikalisches - Verhalten simuliert. In diesem Falle hat man es mit dem Problem zu tun, welches die überhaupt möglichen Verhaltensweisen eines (musikalischen) Systems sind und welches angemessen definierte Programm diese Verhaltensweisen simulieren kann. Infolgedessen kann eine Theorie programmierter musikalischer Strategien nicht auf Einsichten einer Theorie formaler Modelle lebendiger und / oder symbolischer Systeme verzichten. Musik-strategische Systeme sind einmal biologische[20], des weiteren aber intelligente Systeme, die man mit Hilfe von Robotern, d.h. von computer-kontrollierten Gebilden simulieren kann, die fähig sind, sich mit ihrer empirischen Umwelt in autonomer, leidlich intelligenter Weise auseinanderzusetzen (B. Raphael). *Es ist wichtig, sich dessen bewußt zu sein, daß sich weder der generative noch der system-theoretische Ansatz auf tatsächlich vorkommende Phänomene beschränkt,* sondern auf die Erforschung von Möglichkeiten zielt, die sich in einem tatsächlich vorkommenden Korpus von Strukturen oder einer empirisch bekannten Aktivität nur unvollkommen verwirklichen. Dieses Streben nach Allgemeinheit ist der Aufgabe angemessen, alle einem musikalischen System möglichen Verhaltensweisen unabhängig von der empirischen Beschränktheit eines solchen Systems zu erforschen. Ein weiterer Schritt in der Untersuchung besteht dann darin zu fragen, warum denn das jeweilig untersuchte System die Beschränkungen aufweise, die tatsächlich vorliegen.[21]

Ein musikalischer Roboter ist ein aus drei Teilen zusammengesetztes musikalisches System:

1. einem System von Sinnesorganen zum Vollzug von Mustererkennung,
2. einer individuellen musikalischen Grammatik, die als Erzeuger von Vergleichsstrukturen funktioniert,
3. einem allgemeinen Problemlösungsmechanismus.

Das System ist näher durch die Tatsache bestimmt, daß es Artefakte erzeugt, die ein *interface* zwischen einem äußeren, klanglichen und einem inneren, biologisch fundierten Wahrnehmungs- und Erkenntnisfeld darstellen. Sein 'sinnesorganliches' System setzt den Roboter instand, auf physische Klänge zu reagieren und, auf einer höheren Abstraktionsstufe, seine eigenen Erzeugnisse mit einer musik-grammatikalisch definierten Norm zu vergleichen. Die vom Roboter verinnerlichte individuelle Grammatik ermöglicht es ihm, sonologische, syntakti-

---

[20] Man untersucht musik-strategische als biologische Systeme am angemessensten im Rahmen der allgemeinen Systemtheorie, die man auch als eine *künstliche Biologie* auffassen kann; siehe dazu R. Kalman, "New Developments in System Theory Relevant to Biology", *Systems Theory and Biology,* hrsg. von Mihajlo D. Mesarovic, New York: Springer, 1968, S. 222.
[21] Siehe W. Ross Ashby, *An Introduction to Cybernetics,* London: Methuen, 1964 (1971), S. 3.

sche und semantische Darstellungen (Beschreibungen) des Klangrepertoirs zu entwerfen, auf das er reagiert; diese Darstellungen sind Vergleichsstrukturen, die mehr oder minder jene musik-grammatikalischen Voraussetzungen erfüllen, welche die epistemologische Zulänglichkeit der Ausgaben des Systems (im Hinblick auf die Eingaben des Systems) determinieren. Der allgemeine Problemlösungsmechanismus setzt den Roboter instand, für die Behandlung von Problemsituationen allgemeine Strategien zu entwickeln und sie den Vollzugsaufgaben anzupassen, die durch ein klangliches Repertoir provoziert werden. Klangliche Repertoirs werden zum Bestandteil eines Vollzugssystems nur aufgrund musik-grammatischer *Filter*; sie variieren mit der strategischen Natur der Vollzugsaufgabe.

Die musikalischen Problemlösungsversuche des Roboters hängen entschieden davon ab, welche internen Darstellungen des äußeren (klanglichen) und des inneren (perzeptiv-kognitiven) Feldes das System entwerfen kann. Die vom Roboter entwickelten Strategien zielen in erster Linie auf die Produktion einer ganzen Hierarchie proto-musikalischer und musik-grammatikalisch zulänglicher Darstellungen eines klanglichen Repertoirs und ferner darauf, eine Darstellung (und damit Problemformulierung) in eine weitere, zulänglichere umzuwandeln, wie es für die Auffindung einer Lösung notwendig ist. Klangliche Felder stellen Probleme nur durch die Vermittlung von verinnerlichten musik-grammatischen Prinzipien (*constraints*). Die kognitive Angemessenheit der sinnesorganlichen, problemlösenden und motorischen Funktionen eines Vollzugssystems hängt davon ab, inwieweit die ihm verfügbaren grammatischen Prinzipien es instandsetzen, strikt musikalische - im Gegensatz zu bloß sonologischen - Probleme zu stellen.

Eine programmierte Strategie ist ein Roboter insofern, als sie das zur Produktion musikalischer Artefakte notwendige kompositorische Verhalten erzeugt. Im Verstande musikalischer Kompetenz, d.h. epistemologisch betrachtet, ist der Roboter ein offenes, wesentlich unbeschränktes System, während er im Sinne biologischer Energie ein von Information und Kontrolle geschlossenes System darstellt. Die Untersuchung von musikalischen Vollzugssystemen - als Erforschung musikalischer Roboter verstanden - setzt sich mit folgenden Problemen auseinander:

a) der Struktur einer vom Vollzugssystem verinnerlichten Menge musik-grammatikalischer Voraussetzungen;

b) der Wechselwirkung dieser Menge mit den dem System verfügbaren allgemeinen Problemlösungsverfahren;

c) der Wirkung biologischer, perzeptiver und kybernetischer (d.h. system-interner) Beschränkungen auf das grammatikalisch wie strategisch offene System.

140

Ein Roboter (System) ist *intelligent* in dem Maße, in dem er auf eine Suche-durch-alle-Möglichkeiten zugunsten musik-grammatikalisch determinierter Pläne verzichten kann. In dieser Hinsicht sind problemlösende Intelligenz und musik-grammatikalische Bestimmtheit eines Roboters untrennbar voneinander. Je intelligenter ein musikalischer Roboter ist, desto indirekter, vermittelter sind seine Reaktionen auf physische Klangfelder; ein solcher Roboter hat es vielmehr mit sonischen, sonologischen, und syntaktisch-semantischen Darstellungen physischer Klangfelder zu tun. *Also ist der Roboter musikalisch in dem Maße, in dem er intelligent ist.* Die Intelligenz eines musikalischen Roboters ist von zweifacher Art: erstens ist sie strategische und, zweitens, grammatikalische Intelligenz. Die erste Art von Intelligenz betrifft die Formung von Plänen, die auf die Lösung komplexer musikalischer Probleme durch deren Umformung in Probleme niedrigeren Schwierigkeitsgrades abzielen (Minsky). Die zweite Art von Intelligenz ist aufgaben-unabhängig, präziser gesagt, vorkompositorisch; sie ist jene Grundfähigkeit des Vollzugssystems, sich durch verständliche Eingaben zu einem Problembewußtsein provozieren lassen zu können. Die Verschiedenheit der beiden genannten Arten von Intelligenz kann durch die Fragen erläutert werden, zu denen sie Anlaß geben. Strategische Operationen haben es mit der Frage zu tun: Wie kann eine bestimmte finite Menge klanglicher Objekte verständlich gemacht, d.h. in musikalische Objekte verwandelt werden? Demgegenüber betreffen musik-grammatikalische Operationen die Frage: Welches sind die Bedingungen der Verständlichkeit (Musikalität) einer infiniten Menge klanglicher Objekte? Die Verständlichkeit klanglicher Artefakte ist also kein bloß strategisches Problem.

II.B.3.b. Musikalische Zielalgorithmen und ihre Probleme

Man erleichtert sich die Aufgabe, die beiden hypothetischen Arten von Intelligenz experimentell zu testen, wenn man (1) allgemeine Problemlösungsverfahren von (2) problem-orientierten Verfahrensweisen unterscheidet. Spezifische Problemslösungsverfahren unterscheiden sich voneinander aufgrund der Objekte, für die sie definiert sind, der Operatoren, die sie verwenden, um zu einer Lösung zu gelangen, und die Anzahl der internen Darstellungen einer Eingabe, deren sie fähig sind.

Unter dem Aspekt von (1) betrachtet, ist ein Kompositionsprogramm ein nicht-deterministischer[22] Zielalgorithmus (Michie). Als Problemlöser ist das Programm optimalisierbar, d.h. die Vielseitigkeit seiner epistemisch relevanten Prozeduren und die im Programm zur Darstellungen kommenden Arten von Wissen lassen sich im Hinblick auf musik-strategische oder kognitive Normen

---

[22] Zielalgorithmen sind ex definitione nicht-deterministisch; Algorithmen, in denen stets nur ein nächstfolgender Schritt vorkommt, sind offenbar außerstande, heuristische Verfahren zu simulieren.

verbessern. Unausdrücklich ist ein solches Programm eine Theorie des intelligenter menschlicher Aktivität zugrundeliegenden problemlösenden Verhaltens. Das Programm akzeptiert als Eingabe eine Menge von Anfangsobjekten (die Elemente irgendeiner Problemdarstellung sind); es versucht, durch Anwendung einer Menge von Operatoren (deren definierte Reihenfolge *Lösung* heißt) ein Ziel - oder eine Menge von Endobjekten - zu verwirklichen. In symbolischen Systemen besteht die Lösung zumeist darin, jene Problemdarstellung einer Eingabe zu finden, welche diese optimal verständlich werden läßt. Strategisch betrachtet, beinhaltet das die Aufgabe, jene Entscheidungen zu treffen, aufgrund deren ein intelligentes System maximale Leistungsfähigkeit besitzt. In dem Maße, in dem das System über kognitive Prinzipien verfügt, definiert sich strategische Wirksamkeit aufgrund von Normen der Wohlgeformtheit und Verständlichkeit von Objekten, d.h. ihrer Musikalität. *In einem musikalisch intelligenten Programm sind daher grammatische Regeln nicht so sehr "Annäherungen an das Verlaufsdiagramm des Programms" (Minsky) als vielmehr dessen Determinanten.*

In allen Fällen hat man es im wesentlichen mit einer Umformung von Darstellungen (*change in representation*) mit einer sich daran anschließenden Veränderung der Problemformulierung und der problem-lösenden Wirksamkeit des Systems zu tun (die letztere ist offenbar von der gewählten Problemformulierung abhängig). Während die Haupteigenschaften eines Programms sich von den verwandten allgemeinen Problemlösungsverfahren herleiten, wachsen dem Programm sekundäre Eigenschaften durch das spezifische Aufgabenfeld zu, mit dem es zu tun hat. Zum Beispiel ist eine Strategie kompositorisch, wenn sie auf die Erzeugung von Artefakten abzielt, die sich auf der Grundlage eines beliebigen symbolischen Systems, sonologischer oder anderer Art, definieren lassen. Programme für musikalische Komposition kann man gemäß der spezifischen Darstellungen (Repertoir-Beschreibung) unterscheiden, auf deren Umformung sie zielen. Ein Programm betrifft *instrumentale Komposition*, wenn die sonologische Darstellung, die es zum Ausgangspunkt hat, außerhalb des Problembereichs (und somit auch des *search space*) seiner Strategie fällt; in diesem Falle wird die sonologische Darstellung einfach als gegeben akzeptiert. Das Program betrifft die künstliche Synthese von Klängen, also *programmiert-elektronische Komposition*, wenn die sonologische Repertoir-Beschreibung, mit der es arbeitet, nicht im voraus definiert, sondern durch das Programm selbst auf der Grundlage musik-grammatischer Prinzipien erst festzusetzen ist. In diesem Falle hat sich der Roboter mit allen sonologischen, syntaktischen und semantischen Problemen auseinanderzusetzen, die ein künstlich produziertes Klangrepertoir aufwirft. Strategisch betrachtet, besteht eine *kompositorische Aufgabe* darin, eine bestimmte Repertoir-Beschreibung zur Basis der Ausbildung eines musikgrammatikalisch determinierten Planes zu machen, und mit dessen Hilfe von jener grundlegenden Beschreibung zu immer abstrakteren und komplexeren Darstellungen fortzuschreiten, die sowohl in Hinsicht auf die Anfangsdarstellung als auch die kompositorische Lösung (oder Enddarstellung) kognitiv zulänglich sind. Musik-grammatikalisch betrachtet, hat es Komposition zum Ziel, Vergleichsstrukturen eines definierbaren Grades von Wohlgeformtheit (Musikalität) zu erzeugen, d.h. Strukturen, die einen Vergleich mit grammatikalischen Prinzipien zulassen. Die theoretische Schwierigkeit, Komposition in diesem zweiten Sinne zu explizieren, hat ihren Grund darin, daß die ein Kompositionssystem determinierenden Prinzipien musikalischer Kompetenz zum überwiegenden Teil unbewußt und nicht beobachtbar sind; *sie müssen vielmehr von strategischen Prozeduren her erschlossen werden, welche in intelligenten Systemen durch jene bestimmt werden.*

Die zwischen allgemeinen Problemlösungsverfahren und spezifisch musikalischen Verfahren getroffene Unterscheidung ist auch in dieser Hinsicht methodologisch fruchtbar, denn sie wirft das Problem auf, wie sich die (aufgabenunabhängigen) Prinzipien musikalischer Kompetenz und die Determinanten von (aufgaben-unabhängigen) Problemslösungsverfahren gegenseitig beeinflussen. (Die letzteren können offenbar auch mit Prinzipien logischer, sprachlicher, visueller [usw.] Kompetenz in Verbindung treten.)

Voraussichtlich wird es programmierten epistemologischen Untersuchungen möglich sein zu bestimmen, in welchem Ausmaß musikalisch genannte Strategien eine ihnen eigene heuristische Struktur haben und inwieweit sie ihr strategisches Potential mit anderen, auf andersartige Kompetenzen gegründeten Aktivitäten (wie etwa malereispezifische Aktivitäten) gemeinsam haben. Auf kürzere Sicht gesehen sollten programmierte Studien musikalischer Erkenntnis imstande sein, solchen Bestimmungen wie *musikalische (-s, -r) Problem, Lösung, Operator, Ziel, Urteil, Erfahrung, Erkenntnis, Lernen* eine präzise formale Definition zuzuordnen. Eine Klärung dieser Bestimmungen ist in der Tat eine Voraussetzung dafür, das Hauptthema solcher Untersuchungen, nämlich *die Explikation der Wechselwirkung zwischen strikt epistemologischen (musik-grammatischen) und behavioralen (strategischen) Determinanten, in Angriff zu nehmen.* Nur wenn die gegenseitige Abhängigkeit der beiden hypothetischen Wissensarten programmierten Experimenten offensteht, kann man zu Fragen wie den folgenden fortschreiten:

a) Was ist musikalische Verständlickkeit?
b) Wie werden musikalische Probleme gestellt und gelöst?
c) Was ist eine intelligente, epistemologisch zulängliche Darstellung einer bestimmten Eingabe?
d) Sind in der Abwesenheit musik-grammatikalischer Voraussetzungen (*constraints*) intelligente antwortgebende Verhaltensweisen möglich?

e) Können innerhalb ein und derselben Strategie verschiedene musikalische Grammatiken Verwendung finden?

usw.

Das dringlichste Thema in Hinsicht auf allgemeine Problemlösungsverfahren musikalischer Kompositionsprogramme scheint das folgende zu sein: Welche Klasse von Problemen kann ein spezifisches Programm lösen und unter welchen Bedingungen? Die Anwendung allgemeiner heuristischer Problemslösungsverfahren auf spezifisch musikalische Tatbestände kann nur untersucht werden, falls jene Frage ihre Antwort gefunden hat.[23]

III. Die zukünftige Aufgabe

Die in diesem Bericht enthaltene methodologische Erörterung sollte gezeigt haben, daß die musik-grammatikalische Relevanz eines Kompositionsprogramms eine Funktion der Unabhängigkeit des in ihm verkörperten Wissens von spezifischen Vollzugsaufgaben ist; dasselbe kann von der Relevanz des Programms für Untersuchungen Künstlicher Intelligenz gesagt werden. Es scheint einleuchtend zu sein, daß musik-grammatische Regeln

a) die Problemformulierung,
b) die interne Darstellung der Eingabe und
c) die Ausführung des Plans des Programms

determinieren und also als Beschränkung der *Objekte*, der *Operatoren* und des Suchraumes der Strategie auftreten. Die musik-grammatikalische Intelligenz des Programms ist von den Grenzen abhängig, die dem Umfang und der Komplexität des *eingeborenen Programms* auferlegt sind. Da die Unabhängigkeit von Vollzugsaufgaben ein Kriterium nicht nur musik-grammatikalischen Wissens, sondern gleichermaßen allgemeiner (nicht bereits als *musikalisch* spezifizierter) Problemlösungsverfahren ist, führt eine Explikation des eingeborenen Programms stets zu einer zweifachen Beschreibung.

Das vordringlichste Problem - *die Explikation der musik-grammatischen Determinanten des Programms im Format einer pG und damit in teilweise strategischen Begriffen* - stellt sich für instrumentale Programme anders als für Programme klangsynthetischer Komposition. In dem hier erörterten Projekt wird

---

[23] Die Definition einer *Klasse von musikalischen Problemen* muß, metatheoretisch gesehen, auf musik-grammatische Determinanten Bezug nehmen; im Sinne einer generativen Theorie sind *musikalische* Probleme nur auf der Grundlage solcher Determinanten bestimmbar. Sie sind daher von strategischen *Gedankengängen zur Ausführung von Handlungen* (Amarel) und von Problemen des *Denkens in Begriffen von Ziel und Lösung* zu unterscheiden.

zunächst das von instrumentalen Programmen gestellte Problem untersucht; um die Untersuchung von Beschränkungen zu befreien, die ihr die Technologie instrumentaler Musik auferlegt, wird sie in einer zweiten Phase auf klangsynthetische Kompositionsprogramme ausgedehnt.[24]

Für Klangsynthese geschriebene Programme handeln von musikalischer Komposition auf ihrer fundamentalsten Stufe, nämlich von der Herstellung und Definition eines klanglichen Repertoirs, aus dem sich sonologische, syntaktische und semantische Darstellungen ableiten lassen. Im Gegensatz zu Methoden 'klassischer' elektronischer Komposition sind klangproduzierende Programme nicht an bestimmte *hardware*-Konfigurationen gebunden, da alle solchen Konfigurationen durch programmierte Operatoren (*software*) ersetzt sind. Da im voraus definierte sonologische Darstellungen in Klangprogrammen nicht auftreten, sind diese von außerordentlicher Bedeutung für Untersuchungen der sonologischen Komponente musikalischer Kompetenz und ferner der Beziehung der sonologischen Komponente zu syntaktischen und semantischen Aspekten jener Kompetenz. Darüberhinaus erweitert sich mit der Untersuchung von Klangprogrammen der Bereich möglicher musik-strategischer Einsicht. Musik-strategisch gesehen, liegt die Bedeutung von Klangprogrammen darin, daß sich der grundlegende kompositorische Prozeß als Wahrnehmung (Zuhören) abspielt, und daß daher die zwei elementaren, konventionell voneinander unterschiedenen musikalischen Strategien in ihrer Wechselwirkung studiert werden können.[25] Man kann die methodologische Bedeutung musikalischer, per definitionem vollkommen programmierter Strategien, deren sämtliche Operatoren in den Bereich von *software*-Definitionen fallen, kaum überschätzen. Während der sich solcher Strategien bedienende Komponist und / oder Theoretiker unzähliger, von musikalischen Strategien normalerweise vorausgesetzter impliziter Programme verlustig geht (wie etwa derjenigen, die in Musikinstrumenten, in elektronischer

---

[24] Diese Untersuchung ist für die 1974 beginnende Periode geplant.

[25] Auf Klangprogrammen basierende Untersuchungen musikalischer Wahrnehmung betreffen Themen sonischer und sonologischer Darstellung, wie etwa die Beziehung physischer Parameterspezifikationen zu solchen sonischen Ereignissen wie Lautheit, Beeinflußbarkeit von Klängen, Grenzunterschiede, Tonhöhe, Qualität nicht-stationärer Klänge, Konsonanz, Kombinationstöne, Hall, Richtungssinn, usw., und - vor allem - das Problem des Entwurfs sonologischer Artefakte auf der Grundlage dieser Eigenschaften. Die hier angeschittenen Probleme sind, strategisch betrachtet, im wesentlichen Mustererkennungsprobleme. [Spätere Anmerkung des Autors (2002): Grammatikalisch gerichtetes musikalisches Hören kann man dadurch erleichtern, daß man Grade sonologischer Wohlgeformtheit (in ein klangerzeugendes Programm) einführt, wie es etwa im Kymasystem von C. Scaletti - verglichen mit B. Vercoe's CSound - geschehen ist. Solche Grade sonologischer Wohlgeformtheit treten in Kyma als visuelle Ikone (icons) verschiedener Komplexität in Erscheinung, die als elementare Bausteine strategisch ableitbarer Klänge funktionieren. Im Gegensatz dazu stellt eine Klangausgabe von CSound eine *grammatikalische tabula rasa* dar, auf der sonologische Wegweiser, also sonologische Intelligenz darstellende Klangobjekte, vollständig fehlen.]

Apparatur, und in Aufführungspraktiken verborgen sind), gewinnt er andererseits eine sonologisch-neutrale Grundlage, auf der sich übergeordnete, abstraktere Niveaus organisierten musik-grammatikalischen Wissens erforschen lassen. Obwohl Kompositionsprogramme eines Komplexitätsgrades, wie sie im Bereich von Untersuchungen zur Künstlichen Intelligenz bestehen, noch nicht existieren, läßt sich voraussehen, daß Untersuchungen - wie die hier erläuterte - es ermöglichen werden, zu stets angemesseneren Programmierungen musikalischer Gedankengänge zu gelangen. Darüberhinaus haben die innerhalb dieses Projekts durchgeführten Untersuchungen eine Vielzahl von Problemen gestellt, welche ein einzelner Forscher, und setzte er eine Lebenszeit daran, nicht einmal beginnen kann zu bewältigen. Als Beispiele solcher Probleme seien genannt:

1. musikalisches Lernen, d.h. ein *acquisition model* für Musik;
2. die biologische Grundlage musikalischer Kompetenz- und Vollzugsmodelle;
3. die semantische Komponente eines allgemeinen musikalischen Kompetenzmodells;
4. die in epistemologischen Prozessen waltende Beziehung von strikt kognitiven, *symbolischen*, zu behavioralen, *faktischen*, Determinanten;
5. die Beziehung musikalischer Kompetenz und Erkenntnis zu logischer, sprachlicher, visueller und - ganz besonders - *künstlerischer* Kompetenz.

Das für dieses Projekt relevanteste Problem unter den genannten Untersuchungsthemen ist das unter (4) aufgeführte. Während zweifellos weitere Studien auf dem Gebiet der Semantik, modaler Logik, der Syntax, der Programmiersprachen und der Sonologie notwendig sind, sind die dringlichsten Studien jene im Bereich der allgemeinen Systemtheorie und der Künstlichen Intelligenz. Die in diesem Bericht erörterte methodologische Neuorientierung, insbesondere *die Notwendigkeit, Probleme musikalischer Kompetenz auf der Grundlage programmierter musikalischer Vollzugsmodelle zu behandeln*, läßt die Formulierung einer umfassenden generativen musikalischen Grammatik als eine späte Errungenschaft erscheinen. Die Tatsache, daß sich musikalische, im Unterschied zu sprachlicher, Wohlgeformtheit nur im Bereich des Vollzuges erforschen läßt, zwingt den Forscher dazu, den maschinentheoretischen (systemtheoretischen) Ansatz dem formal-sprachlichen überzuordnen. Im Hinblick darauf, daß das dem Programm implizite aufgaben-abhängige musik-grammatikalische Wissen seine Darstellung in einer programmierten Grammatik finden soll, sind innerhalb des Projekts in Zukunft die folgenden vier Aufgaben zu behandeln:

A. Untersuchung der strategischen Struktur des Programms, 1. im Sinne allgemeiner heuristischer Problemslösungsverfahren, 2. im Sinne spezifisch musikalischen Problemlösens;

B. (nach einer informellen Beschreibung des Programms) Formalisierung seiner aufgaben-abhängigen Kompetenz im Format einer programmierten Grammatik;

C. Untersuchung der Ausgaben des Programms, 1. in Hinsicht auf ihre Abhängigkeit von individuell verschiedenen, innerhalb des Programms entwickelten Strategien, 2. im Hinblick auf ihre eigene analytische Struktur;

D. Formulierung einer Hypothese über das aufgaben-unabhängige musik-grammatikalische Wissen, das dem Programm implizit ist und das vielleicht aufgrund der dem Programm zugeordneten programmierten Grammatik extrapoliert werden kann.[26]

Während all dieser Untersuchungen wird das im Jahre 1970-71 erarbeitete Versuchsmodell musikalischer Kompetenz im umfassenden Sinne[27] als eine Hypothese behandelt, deren endgültige Formulierung von den Resultaten der Untersuchung individueller Kompositionsprogramme abhängt. Eine endgültige Formulierung des allgemeinen musikalischen Kompetenzmodells wird hoffentlich zur Definition von Kriterien führen, aufgrund deren sich die epistemische Zulänglichkeit musikalischer Programme beurteilen läßt, und ferner zur Formulierung kompositorischer Strategien, die sich sowohl unter dem Aspekt musikalischer Kompetenz als auch der Einsichten in allgemeine und künstlerische Problemlösungsverfahren methodologisch rechtfertigen lassen.

Kurz-Bibliographie

Ashby, W. Ross. *An Introduction to Cybernetics*. London: Methuen, 1964 (1971).

Banerji, Ranan B., und Mihajlo D. Mesarovic. Hrsg. *Theoretical Approaches to Non-Numerical Problem Solving*. Berlin: Springer, 1970.

Brainerd, Barron. *Introduction to the Mathematics of Language Study*. New York: American Elsevier, 1971.

Laske, Otto E. *On Problems of a Performance Model for Music*. Utrecht, Holland: Intitut für Sonologie (Reichsuniversität Utrecht), 1972 (Frühjahr).

Laske, Otto E. "Über musikalische Strategien im Hinblick auf eine generative musikalische Grammatik", *Jahrbuch des Staatlichen Institutes für Musikforschung*, Berlin, 1972

---

[26] Die zweite Phase des Projektes ist dadurch bestimmt, daß unter (D) der Nachdruck nicht auf der syntaktischen, sondern auf der sonologischen Komponente des allgemeinen musikalischen Kompetenzmodells liegt.

[27] Die Resultate dieser Studien, zwölf umfangreiche Schreibblöcke, sind bisher im einzelnen nicht ausgewertet oder ediert worden.

(Herbst). [Anmerkung des Herausgebers: Diese Literaturangabe konnte nicht verifiziert werden.]

Laske, Otto E. "Some Postulations Concerning a Sonological Theory of Perception", *Journal of Auditory Research* 1972 (Herbst). [Anmerkung des Herausgebers: Diese Literaturangabe konnte nicht verifiziert werden.]

Laske, Otto E. Is Sonology a Science of the Artificial?, 1972, noch unveröffentlicht.

Marcus, Solomon. *Algebraic Linguistics. Analytical Models*. New York: Academic Press, 1967.

Mesarovic, Mihajlo D. (Hrsg.). *Systems Theory and Biology*. New York: Springer, 1968.

Minsky, Marvin. (Hrsg.). *Semantic Information Processing*. Cambridge, MA: M.I.T. Press, 1968.

Rosenkrantz, Daniel J. "Programmed Grammars and Classes of Formal Languages", *Journal of the Association for Computing Machinery* XVI/1 (January 1969), S. 107-131.

Rozenberg, Grzegorz. "Direction Controlled Programmed Grammars", *Acta Informatica* 1 (Spring 1972), S. 242-252.

Auf dem Wege zu einer Wissenschaft musikalischen Problemlösens[1]
(1973)

Für Lejaren J. Hiller, Jr.

Abstract

Diese Schrift ist eine Untersuchung des Forschungsbereichs, der Methoden und der Ziele einer Wissenschaft musikalischen Problemlösens. Im Zentrum der Aufmerksamkeit steht das Problem, musikalische Programme zu entwerfen, die imstande sind, kompositorische Prozesse und Prozesse musikalischen Hörens zu simulieren. Solche Programme sind methodologisch angemessen, wenn sie es ermöglichen, Einsicht in die Komponenten des aufgaben-unabhängigen (musik-grammatischen) Wissens zu gewinnen, das musikalischer Aktivität zugrundeliegt. Es wird gezeigt, daß sich der Erwerb solchen Wissens als der Erwerb der Fähigkeit abstrakten musikalischen Denkens (Planens) verstehen läßt und daß musikalische Aufgabenbereiche aus gesetzten, nicht absoluten Objekten bestehen. Unter dieser Voraussetzung werden drei Klassen musikalischer Programme gemäß ihrer methodologischen Eignung unterschieden: resultat-orientierte Programme, musikalische Lernsysteme und autonome musikalische Problemlöser. Programme der ersten und zweiten Klasse werden in allen Einzelheiten erörtert, sowohl in Begriffen allgemeinen Problemlösens als auch aufgrund konkreter Beispiele. Es wird gezeigt, daß resultat-orientierte Programme musikalische Kompetenz nicht rekonstruieren können und daß klang-begreifende Programme (d.h. musikalische Lernsysteme) dazu unter der Voraussetzung imstande sind, daß sie akzeptable Modelle musikalischen Lernens darstellen. Schließlich werden die musiktheoretischen und programmiertheoretischen Probleme erörtert, die autonome musikalische Problemlöser stellen. Im besonderen werden die Schritte erörtert, die notwendig scheinen, um Programme der zweiten Klasse bis zu einem Punkt weiter zu entwickeln, an dem sich alle Aspekte des komplexen musikalischen Wissens in einem Modell musikalischer Denkprozesse zusammenfassen lassen.

1. Einleitung

1.1. Das Problem musikalischer Allgemeinheit

Obwohl der erste Versuch, musikalisches Wissen dynamisch - im Medium von Computerprogrammen - darzustellen, fast 15 Jahre alt ist, kann man ohne Übertreibung feststellen, daß man sich auch heute keinen klaren Begriff davon macht, welche Art von Wissen die bestehenden Programme darstellen und auf welche Weise sie es darstellen. Eine Wissenschaft musikalischen Problemlösens - eine für eine generative Theorie der Musik unentbehrliche Disziplin - besteht

---

[1] Dieser Aufsatz stellt eine Übersetzung des unveröffentlichten englischen Originals *Towards a Science of Musical Problem Solving* dar. Da eine deutsche Fachterminologie für Untersuchungen zur Künstlichen Intelligenz nicht existiert, wurden oftmals die Original-Begriffe in Klammern angegeben.

nicht. Der Begriff musikalischen Problemlösens ist nicht grundsätzlich geklärt worden; er hat so viele Interpretationen erfahren, als es Programme gibt, die ein kompositorisches oder perzeptives Teilproblem lösen (dessen methodologische und epistemologische Bedeutung sich nicht einfach bestimmen läßt). Dieser Zustand wird keine Veränderung erfahren, solange musikalische Bemühungen einseitig auf eine 'Klangqualität' genannte mystische Wesenheit ausgerichtet bleiben (anstatt daß sie der Funktion solcher Klangqualitäten in musikalischen Zusammenhängen nachgingen) und solange musiktheoretische Anstrengungen, überwältigt von den bloßen Möglichkeiten des Programmierens, nicht die für Einsicht in epistemologische und strategische Grundlagen musikalischer Aktivität erforderliche Explizität besitzen.

Man kann die Menge vorhandener musikalischer Programme als die mehr oder weniger explizit gemachter Hypothesen hinsichtlich der Komponenten musikalischen Wissens betrachten. Dabei kann man die Resultate solcher Programme, seien sie analytisch oder generativ, als von zweitrangiger Bedeutung ansehen. Die Formulierung dieser Programme beanspruchte mehr Wissen, als sich jemals von ihrer Ausgabe ableiten läßt. (Dies wäre sogar dann der Fall, wenn eine zur Vollendung gebrachte Wissenschaft musikalischen Problemlösens bestünde.) Die Modelle einer solchen Wissenschaft sind nicht isomorphe Maschinen; sie sind bestenfalls homomorph, also künstlicher Natur und stellen nicht selbst schon Erklärungen dar, sondern geben die Struktur musikalischen Wissens in einer Art und Weise wieder, die weitere Interpretation erheischt.

Im folgenden wird der Versuch gemacht, mit einiger Gründlichkeit den Problemen nachzugehen, die sich eine Wissenschaft musikalischen Problemlösens gestellt sieht. Ferner wird untersucht, welches die Ziele der Beschreibungen und der Erklärungen jener Wissenschaft sind und - schließlich - welche Mittel sie verwendet, um zum Ziele zu gelangen.

Eine vereinfachte Darstellung eines prototypischen Problemlösers sieht wie folgt aus[2]:

---

[2] Siehe George Werner Ernst und Allen Newell, *GPS: A Case Study in Generality and Problem Solving*, New York: Academic Press, 1969, S. 8.

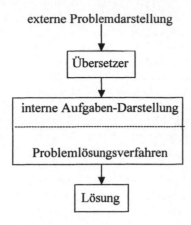

externe Problemdarstellung

Übersetzer

interne Aufgaben-Darstellung

Problemlösungsverfahren

Lösung

Das Schema besagt, daß Probleme in einer bestimmten externen Darstellungsform (wie etwa der verbalen Umgangssprache oder einer visuellen Verdeutli-
chung) gestellt werden; sie werden sodann in eine computer-abhängige interne
Darstellungsform übersetzt, auf welche die Problemlösungsverfahren Anwendung finden.

Eine Wissenschaft vom Problemlösen muß erstens die Art und Weise untersuchen, in der Probleme extern - im Unterschied zu ihrer computer-internen
Darstellung - formuliert werden. Ferner muß diese Wissenschaft die vom Problemlöser verwandten Methoden, insbesondere deren Abhängigkeit oder Unabhängigkeit im Hinblick auf die interne Aufgaben-Darstellung studieren. Schließlich muß diese Wissenschaft den Begriff der 'Lösung' - nicht zu verwechseln mit
dem einfacheren Begriff des 'Resultats' - explizit darstellen; die letztere Aufgabe
kann nur insoweit gelingen, als eine angemessene Explikation des Begriffs
'Problem' vorliegt.

Für eine Wissenschaft musikalischen Problemlösens kommt methodologisch alles darauf an, daß man sich vollständig darüber im klaren ist, was die
Besonderheit der ihren Gegenstand ausmachenden Aufgabenbereiche (*task en-
vironments*) ist. Falls dem nicht so ist, können die zum Zweck der Lösung eines
bestimmten Problems formulierten Aufgaben dem Problem in all seiner Verwickeltheit nicht gerecht werden. Ein musikalischer Aufgabenbereich wird nicht
nur durch die Information bestimmt, die zur Ausführung einer bestimmten Aufgabe erfordert ist. Er schließt zudem das Wissen ein, welches vorhanden sein
muß, um musikalische Probleme und Aufgaben überhaupt konzipieren zu können. Nimmt man an, daß ein Aufgabenbereich definiert worden sei, dann kann
man sich eine Aufgabe als durch ihre Objekte und ihr Ziel (oder eine Menge
von Zielen) bestimmt denken. Eine vollständige Bestimmung der Aufgabe setzt
ferner voraus, daß die für die Vollbringung von Aufgaben erforderlichen Opera-

toren und die Art der Differenzen (Mängel) angegeben werden, welche im Bereich der Ziele und der Objekte einerseits, zwischen Zielen und Objekten andererseits, anzunehmen sind.[3]

Musikalische Aufgabenbereiche sind dadurch gekennzeichnet, daß die in ihnen enthaltenen Objekte niemals Dinge, sondern immer schon Setzungen von Dingen sind. Ihre Identität liegt außerhalb ihrer selbst in einem Verstande. Folglich ist der methodologische Unterschied zwischen Objekten einerseits und der geistigen Darstellung[4] von Lösungen und Mängeln andererseits ein relativer. Eine musikalische Aufgaben-Darstellung ist daher eine Darstellung zweiter Potenz, d.h. die Darstellung einer Darstellung. Dementsprechend sind Operatoren, d.h. Regeln, die der Erzeugung von Objekten zugrundeliegen, in der Tat Regeln, welche die Erzeugung von Darstellungen eines Objekts bestimmen. Die bisher von Studien zur Künstlichen Intelligenz erarbeiteten Methoden, die sich im wesentlichen von Vorstellungen einer *intentio recta* herleiten, werden daher nicht ausreichen, um der Eigenart musikalischer Aufgabenbereiche gerecht zu werden. Stattdessen müssen die auf die *intentio obliqua* gegründete Methoden ausgebildet werden, da allein sie der Tatsache gerecht werden können, daß musikalische Objekte wesentlich (vermittelte) Gesetzte und einem Zusammenhang angehörige (nicht absolute) Objekte sind.

Studien zur musikalischen Intelligenz müssen sich auf die Untersuchung geistiger Darstellungen, im Gegensatz zu der äußerlichen Handhabung externer Objekte konzentrieren. Da musikalische Objekte nicht in statischer Form, außerhalb geistiger Aktivität existieren und sich daher musikalische Situationen nicht durch eine Menge von äußeren Bezugsobjekten definieren lassen, fällt ein natürlicher Nachdruck auf die Untersuchung der internen Aufgaben-Darstellung musikalischer Systeme, anstatt auf die von Methoden des Problemlösens. Diese Methoden können erst dann ins Zentrum der Aufmerksamkeit rücken, wenn mehr über die minimalen epistemologischen Erfordernisse interner geistiger Darstellungen bekannt ist.

Die Erzeugung interner Objektdarstellungen ist für eine musikalische Aktivität von epistemologisch entscheidender Bedeutung. Musikalische Objekte, im Gegensatz zu bloßen *objets sonores* oder *objets de notation*, kommen nur durch die Wechselwirkung der äußeren Übermittlung von akustischer Information und der inneren Selbsterzeugung ästhetischer Information zustande. Die letztere folgt epistemologischen Regeln. Die Erzeugung interner, d.h. musikali-

---

[3] Ebd., S. 63.
[4] Der deutsche Begriff 'Darstellung' ist außerstande, den vollen Gehalt des englischen Begriffs 'representation' wiederzugeben; dennoch wird er ausschließlich - d.h. als terminus technicus - verwendet. Eine 'mental representation' ist eine Setzung des Geistes, die bildlichen Charakter haben kann, ohne deshalb eine einfache Abbildung eines Objekts zu sein. Sie hat eher strategischen als grammatikalischen Charakter.

scher Darstellungen scheint ein fundamentales inneres Wissen oder eine Kompetenz vorauszusetzen.

Man kann sich den Prozeß der Erzeugung musikalischer Darstellungen als einen verwickelten Abstraktionsprozeß, ja als den Prozeß des *abstrahere* selbst vorstellen. Die Aufgabe, ein musikalisches Objekt zu formen, setzt voraus, daß der musikalisch Handelnde imstande ist, zu fortschreitend abstrakteren Darstellungen eines akustischen Ausgangsrepertoirs zu gelangen. Im Gegensatz zu einem logischen Abstraktionsprozeß führt ein musikalischer Abstraktionsprozeß zu dem Objekt, von dem abstrahiert wurde, stets zurück. Ein musikalischer Prozeß impliziert eine ständige Rückkehr zum Ausgangsobjekt, was zu dem Resultat führt, daß das Ausgangsobjekt (von dem abstrahiert wurde) dem Gedächtnis anheimgestellt und durch Abruf vom Gedächtnis allmählich in ein zunehmend komplexeres Pseudo-Objekt verwandelt wird. Musikalische Abstraktion beruht auf der Auseinandersetzung mit einer kontinuierlich wechselnden Umwelt, deren Objekte sich ständig verändern.

Strategisch gesprochen kann man den Prozeß musikalischen Problemlösens als auf die Fähigkeit abstrakter Planung gegründet verstehen. Solche Planung setzt die Fähigkeit voraus, Entscheidungen zu treffen, ohne die für ihre Verwirklichung notwendige Handlungsfolge im einzelnen (vorher) zu erforschen (W. Jacobs). Anstatt taktische Manöver auszuführen, setzt sich abstraktes Planen Zwischenziele, d.h. Ziele, die zwischen der anfänglichen Formulierung einer Hypothese und der Ausführung der Hauptaufgabe liegen. Die Annahme scheint erforderlich, daß sich die Setzung solcher Zwischenziele - wohl zu unterscheiden von der Verwirklichung der ihnen entsprechenden Entscheidungen - auf eine Kompetenz gründet, die man am angemessensten als ein aufgaben-unabhängiges Wissen (oder inneres Programm) bezeichnet. Es ist solches Wissen, das es dem musikalisch Handelnden ermöglicht, musikalische Problemformulierungen allgemeiner Natur - kurz: musikalische Allgemeinheit - zu realisieren.

Musikalische Allgemeinheit ist nicht die von Sätzen, welche sich aus verbegrifflichten Ideen fügen. Ihre Idealität ist anderer Art. Es ist die Allgemeinheit einer hierarchisch geordneten Menge von (geistigen) Darstellungen, deren jede (in der Richtung aufwärts betrachtet) eine Umformung der nächst niederen darstellt und die alle zusammen genommen zwischen einer Menge akustischer Merkmale einerseits, syntagmatischer und paradigmatischer Fügungen andererseits *vermitteln*. Die während des Erzeugungsprozesses dieser Darstellungen vor sich gehende Verwandlung von Information stellt, äußerlich beschrieben, eine Vereinfachung dar - eine Vereinfachung nicht nur der nächst niederen Darstellung, sondern eine des ganzen (bis zu einem bestimmten Punkt entwickelten) Systems, einschließlich der Ausgangsdaten, auf welche es sich gründet.

Der Prozeß, durch den sich musikalische Allgemeinheit realisiert, kann nicht als ein ausschließlich strategischer Prozeß gedacht werden. Ein solcher fiele außerhalb der epistemologischen Veranstaltungen, durch welche die interne Erzeugung musikalischer Information zustandekommt. Vielmehr ist die Verwirklichung musikalischer Allgemeinheit ein sowohl *grammatischer* als auch *strategischer* Prozeß (um nur die zwei wichtigsten Komponenten zu nennen). Darum kann musikalisches Lernen auch nicht als eine bloße Erweiterung musik-strategischer Fähigkeiten angesehen werden. Solches Lernen ist vielmehr gleichermaßen - wenn nicht vor allem - die Entwicklung einer musik-strategischen Handlungen zugrundeliegenden und von ihnen aktivierten Kompetenz.

Um musikalischem Wissen in all seiner Komplexität gerecht zu werden, muß eine Wissenschaft musikalischen Problemlösens die unterschiedliche epistemologische Struktur der beiden Komponenten musikalischen Wissens studieren. Eine solche Wissenschaft muß der Tatsache Rechnung tragen, daß musikalische Entscheidungen auf der Fähigkeit abstrakter Planung beruhen, d.h. auf der Setzung von Zwischenzielen und vermittelnden Darstellungen, deren systematische Umformung zu musikalischen Lösungen führt. Die Wissenschaft hat die Untersuchung der Prozesse zur Aufgabe, durch die musikalische Information innerlich erzeugt wird. Diese Erzeugung geht so vor sich, daß der äußerlich übermittelten (akustischen) Information Hinweise - bloße Hinweise - entnommen werden. Darum kann solche Erzeugung auch nicht einfach als eine Art von *information processing* formaler Art verstanden werden, sondern beinhaltet postformales 'dialektisches' Denken.

Musikalisches Denken stellt sich Probleme und löst sie durch einen verwickelten Prozeß der Formulierung von Hypothesen. Aufgrund der Tatsache, daß die Verwirklichung musikalischer Allgemeinheit nicht ein ausschließlich strategischer (psychologischer), sondern ein Wissensprozeß ist, ließe sich sagen, musikalische Intelligenz sei in einem entscheidenden Maße eine 'Künstliche Intelligenz'.

Musikalische Intelligenz gelangt zu Lösungen, indem sie die akustische Welt (die ihr physikalisches Operationsgebiet ist) auf den Kopf stellt, d.h. indem sie den intentio-recta-Zugriff zu Objekten als Objekten aufgibt. Während natürliche Intelligenz ein unmittelbares (unvermitteltes) Bewußtsein darstellt, das es nicht weit über die Manipulation äußerlicher Objekte hinaus bringt, konstituiert musikalische Kompetenz, als Künstliche Intelligenz verstanden, eine ganze Hierarchie von Pseudo-Objekten und vollzieht so eine Abstraktion von den faktischen (psycho-akustischen) Tatbeständen, die sie zur Grundlage hat (oder zu haben schien). Folglich ist musikalisches Problemlösen eine Wissenschaft vom Entwurf (*design*), nicht eine Wissenschaft von Spielen, Beweisen oder bloßen Mustern.

1.2. Der methodologische Einfluß der Programmiersprachen auf die Fragestellung[5]

Aus der obigen Beschreibung dessen, was ein spezifisch musikalischer Aufgabenbereich ist, folgt, daß Methoden für die Untersuchung musikalischen Problemlösens dazu geeignet sein müssen, die Erlangung musikalischer Allgemeinheit aufzuklären. Sie müssen also die Wissensprozesse aufklären, durch die sich musikalische Allgemeinheit verwirklicht. Es wurde gezeigt, daß die Allgemeinheit, um welche es geht, vor allem die der internen Aufgaben-Darstellung eines musikalischen Vollzugssystems ist.[6]

Da es sich bei den hier gemeinten Untersuchungen um programmierte Forschungen handelt, ist es notwendig, sich über den Einfluß klar zu werden, den Programmiersprachen auf Untersuchungen musikalischen Problemlösens ausüben. In der Tat sind es Programmiersprachen, welche die Methodologie solcher Untersuchungen bestimmen. Ihr methodologischer Einfluß läßt sich am einfachsten dann verstehen, wenn man sie nicht als der Sache äußerliche Werkzeuge ansieht, die bloß Anwendung auf ein von ihnen unabhängiges Problem finden.

Man kann Programmiersprachen[7] technisch von zwei entgegengesetzten Blickpunkten her betrachten: einerseits mit Hinsicht auf ihre Nähe zu den tatsächlich im Computer sich abspielenden Prozessen; andererseits im Hinblick auf ihre Angemessenheit für ein bestimmtes Problem, das es zu lösen gilt. Unter dem letztgenannten Blickpunkt kann man die folgenden drei Klassen von Programmiersprachen unterscheiden:

1. Assembler-Sprachen;
2. verfahrengerichtete Sprachen;
3. problemgerichtete Sprachen.

---

[5] [Anmerkung des Herausgebers: Der erste Teil dieses Kapitels, eine Übersicht über Programmiersprachen und ihr Einfluß auf das Problem musikalischen Problemlösens, basiert auf den in den frühen 1970er Jahren zur Verfügung stehenden Programmiersprachen und beinhaltet somit überholten Wissenstand. Der Herausgeber entschied sich dennoch für den Abdruck dieser Passagen, da sie den Gedankengang und die methodologische Herangehensweise deutlich machen.]

[6] Um einen verständlichen Klangzusammenhang zu formen, muß ein Musiker nicht nur das für die strategische Durchführung der aufgestellten Hypothese notwendige Wissen besitzen, er muß auch eine zunehmend zutreffendere Hypothese hinsichtlich dessen entwickeln, was ein "verständlicher sonologischer Zusammenhang" ist. Das dafür erforderliche Wissen ist hier als aufgaben-unabhängiges Wissen bezeichnet; solches Wissen liegt allen sonologischen Tätigkeiten und Aufgabenstellungen zugrunde, wie immer diese auch ausgeführt werden.

[7] Die folgenden Seiten sind für den Laien geschrieben und können von denen, die ein berufliches Wissen dieser Sprachen haben, ohne weiteres übergangen werden.

Der entscheidende Unterschied zwischen diesen Sprachen betrifft das Abstraktionsniveau, auf dem ein Problem vom Programmierenden behandelt werden kann. Sie betrifft also das Ausmaß der für die Lösung eines bestimmten Problems erforderlichen Spezifikationen. Die angegebene Hierarchie ist unter der Voraussetzung gültig, daß man als methodologisch ideal die Situation erachtet, in der alle für die Darstellung eines Problems im Medium verbaler Umgangssprache nicht erforderliche Information aus der externen Problemdarstellung verbannt werden kann (ohne die Qualität der Lösung des Problems zu beeinträchtigen). In einem solchen Falle ist die Abhängigkeit der Problemformulierungen von der inneren Struktur des Problemlösers so gering, daß man sie vernachlässigen kann.

Assembler-Sprachen (1) stellen die elementarste symbolische Kodifizierung der sich im Computer tatsächlich abspielenden Rechenprozesse dar; verfahrengerichtete Sprachen besitzen eine Syntax, die sich auf Protokollsätze höherer Allgemeinheit bezieht. Ein einzelner Satz in diesen Sprachen entspricht einer mehr oder weniger großen Anzahl der elementareren Sätze einer Assembler-Sprache. Verfahrengerichtet sind solche Sprachen, die ihrer Struktur nach nicht vollständig von dem im Computer tatsächlich stattfindenden Rechenprozessen emanzipiert sind. Problemgerichtete Sprachen, vor allem solche, die auf musikalische Probleme ausgerichtet sind (3), lassen sich zur Zeit kaum beschreiben; sie stehen erst am Anfang ihrer Entwicklung.

Die Frage, was die von einer problemgerichteten musikalischen Programmiersprache zu erfüllenden methodologischen Voraussetzungen seien, ist bis heute ungeklärt und wird es auch bleiben, solange der Begriff musikalischen Problenlösens nicht weitergehend expliziert worden ist. Der Erfolg oder Mißerfolg von Untersuchungen zur musikalischen Intelligenz wird letzten Endes davon abhängen, ob es gelingt, aufgrund vorhandenen Wissens über musikalisches Problemlösen die Komplexität der erforderlichen Rechenprozesse in optimaler Weise zu reduzieren.

Obwohl musikalische Ideen - seien sie kompositorischer oder perzeptiver Natur - sich in einer Assembler-Sprache nicht ausdrücken lassen, trägt eine allgemeine Betrachtung der Struktur dieser Sprachen zur Klärung der methodologischen Beschränkungen bei, die eine solche Sprache der Formulierung musikalischer Probleme auferlegt.

Um eine programmierte musikalische Strategie durch einen Computer ausführen zu lassen, bedarf man einer binären Version des ursprünglich in einer verfahrengerichteten oder problemgerichteten Sprache verfaßten Grundprogramms (*source program*).[8] Die Übersetzung eines Grund-Programms in ein bi-

---

[8] Tatsächlich gibt es Fälle, in denen die Kodierung einer musikalischen Strategie im Medium einer Assembler-Sprache unerläßlich ist, nämlich dann, wenn der Computer direkt als Klangerzeuger - nicht als bloßer Assistent des Komponisten - eingesetzt wird, wie in programmier-

näres Programm (*object program*) wird vom Assembler ausgeführt. Die vom Assembler verstandenen Protokollsätze (deren geordnete Folge ein Programm ist) beziehen sich allesamt auf eine der drei Grundeinheiten eines Computers, nämlich auf die zentrale Recheneinheit, den Kernspeicher und / oder einen der Randapparate (*peripheral devices*), durch welche der Austausch von Information zwischen dem Computer und der Außenwelt gehandhabt wird. Die Zentrale Recheneinheit gliedert sich in Untereinheiten, deren wichtigste der Akkumulator ist. Neben dem Akkumulator besitzt das Computersystem

1. ein Indexregister,
2. ein Limit-Register,
3. ein Link,
4. einen Programmzähler.

Der Akkumulator und die mit ihm assoziierten Register führen alle arithmetischen und logischen Operationen aus. Überdies findet zwischen den Zellen des Kernspeichers einerseits und dem Kernspeicher und der Außenwelt des Computers andererseits Kommunikation nur auf dem Wege über den Akkumulator statt. Man kann daher die Instruktionen einer Assembler-Sprache auf der Grundlage der Computereinheit, auf die sie sich beziehen, klassifizieren.[9] Die Protokollsätze einer Assembler-Sprache können ferner im Hinblick auf die Art der Operation, welche sie ausführen, unterschieden werden. Unter diesem Gesichtspunkt kann man vier Klassen von Instruktionen unterscheiden, nämlich solche, die sich beziehen auf:

1. arithmetische und logische Operationen
2. Operationen, welche die Durchführung des Programms kontrollieren, sei(en) es:
   a. die schrittweise Ausführung von Instruktionen;
   b. Abweichungen von der normalen Reihenfolge der Ausführung (Überspringungen, Sprünge);
   c. Wiederholungen von Operationen (Schleifen)

---

ter Klangerzeugung. Musikalische Programme sind an das Programmieren in Assembler-Sprachen aufgrund ihrer akustischen Grundlage gebunden.

[9] Es gibt vier Grundtypen von Instruktionen: solche, (i) die die Einfuhr von Daten und Instruktionen aus der Außenwelt in den Speicher (auf dem Wege über den Akkumulator) betreffen; (ii) die sich auf die Ausführung arithmetischer und logischer Operationen durch den Akkumulator und die mit ihm assoziierten Register beziehen; (iii) welche die Speicherung von Einfuhr-Daten und von Resultaten sowie von Instruktionen im Kernspeicher betreffen; (iv) die sich auf die Ausfuhr von Resultaten auf dem Wege über einen der vorhandenen Randapparate beziehen.

3. die Definition und Abberufung von Unterprogrammen[10]
4. die Ein- und Ausfuhr von Daten, Instruktionen, und Resultaten.

Aufgrund der genannten Operationen kann ein Programm erstens Mengen verändern und sie in ihr Komplement überführen, zweitens Bedingungen definieren, die, wenn sie erfüllt sind, zu einer Übergabe der Kontrolle an eine Untereinheit des Programms führen; drittens Operationen bis zu einem definierten Punkt wiederholen. Schließlich ist es möglich, mehr oder weniger unabhängige Unterprogramme zu schaffen (wie z.b. Testverfahren und Verzweigungen des Informationsflusses). Die letztere Möglichkeit trägt erheblich zu einer Steigerung der Komplexität und Flexibilität einer Folge von Instruktionen bei.

Aus dem vorhergehenden wird ersichtlich, daß alle musikalischen Probleme, seien sie theoretischer oder praktischer (Klangsynthese), analytischer oder generativer Natur, in solcher Weise umformuliert werden müssen, daß es möglich ist, die elementaren Unterprobleme, in die sie zerfallen, mit Hilfe einer der genannten Operationen auszudrücken. Die prinzipielle methodologische Aufgabe besteht folglich darin, das zu lösende Problem auf eine Menge elementarer Teilprobleme zu reduzieren, was bedeutet, das Hauptproblem zu explizieren. Jedes zu lösende Problem muß daher in eine Reihe letztlich trivialer, d.h. programmierbarer Operationen aufgelöst werden. Ein musikalisches Problem zu programmieren, heißt daher nichts anderes, als es in die geordnete Menge der von ihm befaßten Teilprobleme aufzulösen, mit dem Ziel, diese im Hinblick auf eine oder mehrere der den Computer ausmachenden Einheiten zu entfalten.[11]

Obwohl scheinbar nur von technischem Interesse, ist die Aufgabe der Problemreduktion (gewöhnlich 'Programmieren' genannt) von großer methodologischer Bedeutung. Diese Aufgabe impliziert, daß ein Problem, das ohne die Ausübung natürlicher Intuition gelöst werden soll, vollständig entfaltet werden muß. Der Grad der für die Lösung notwendigen Problemreduktion hängt von dem Ausmaß ab, in dem die verwendete Programmiersprache problemgerichtet ist. Jener Grad ist geringer in dem Falle, in dem anstelle einer Assembler-Sprache eine verfahrengerichtete Sprache (wie Fortran oder Algol) verwandt wird.

Methodologisch betrachtet stellt das Erfordernis, musik-strategische Probleme in eine Reihe elementarer Teilprobleme aufzulösen, vor das Problem, alle einer Strategie impliziten Aufgaben, einschließlich ihrer rein taktischen Elemente, bis ins einzelne zu bestimmen. Nur wenn sie in die sequenzielle Form eines Programms gebracht worden ist, läßt sich eine musikalische Strategie auf

---

[10] Unterprogramme sind vom Hauptprogramm mehr oder minder unabhängige (ein für allemal definierte) Verfahren, die von einem laufenden Programm angerufen werden können.
[11] Methodologische Probleme ergeben sich aus der Tatsache, daß diese Explikation eher verfahrengerichtet als problemgerichtet ist. Beide Arten von Explikation zu vereinigen, ist nur im Medium problemorientierter Sprachen möglich.

mechanische Weise prüfen und ohne Ausübung von intuitivem Wissen und persönlichen Idiosynkrasien ausführen.

Die damit gesetzte Herausforderung tritt in ihrer vollen Tragweite erst dort zutage, wo sie sich auf das Strategien zugrundeliegende aufgaben-unabhängige (musik-grammatische) Wissen bezieht. Solches Wissen läßt sich nur indirekt von musikalischen Strategien her erschliessen. Das methodologische Hauptproblem besteht daher darin, musikalische Strategien in solcher Weise zu programmieren (d.h. in Teilprobleme aufzulösen), so daß die ihre Verwendung festhaltenden Protokolle auf das in ihnen sich manifestierende musik-grammatische Wissen hin untersucht werden können. Die Auswertung von Benutzerprotokollen wirft Probleme auf, die eine eigene Disziplin beanspruchen. Eine solche Disziplin ist für eine Wissenschaft musikalischen Problemlösens von entscheidender Bedeutung. Dies trifft vor allem in dem Fall zu, daß ein musikalisches Programm kein autonomer musikalischer Problemlöser ist, sondern vielmehr ein interface zwischen dem (nicht-expliziten) Wissen des musikalisch Handelnden und dem maschinenabhängigen Wissen der Strategie darstellt.

Offenbar ist Problemreduktion dort besonders schwierig, wo es sich um generative (im Gegensatz zu analytischen) Fragestellungen handelt. Generative Probleme betreffen die Explikation der Regeln und Restriktionen, denen zufolge eine klangliche Struktur als musikalisch im emphatischen, epistemologischen Sinn betrachtet werden kann (oder erfahren wird). Sie betreffen also die Entfaltung der Struktur geistiger Aktivitäten, die 'musikalisch' genannt werden, im Gegensatz zu Analysen von Klangstrukturen, deren Musikalität nicht infrage steht oder als außer Zweifel stehend vorausgesetzt wird.

Die Mittel, über die eine Wissenschaft musikalischen Problemlösens verfügt, sind in dem Maße wohlgeformt, in dem sie musikalische Handlungen in epistemologisch schlüssiger Weise in Teilhandlungen aufzulösen erlauben. Die Forderung, Problemreduktionen sollten eine musikalische Aktivität in angemessener Weise beschreiben, ist gewiß nur eine minimale. Musikalische Programme, die beanspruchen, eine musikalische Aktivität zu entfalten, müssen mehr leisten, als nur eine Menge angeblich musikalischer Objekte zu produzieren. Insoweit sie strikt resultat-orientiert sind, erlauben es solche Programme nicht, eine Einsicht in die epistemologische Struktur der Aktivität zu gewinnen, die solche Resultate programmiert und / oder aufgrund formulierter Programme tatsächlich produziert.

Größere Bedeutung für die Erklärung musikalischer Aktivität haben jene Programme, deren Ausgabe nur das unvermeidliche Resultat der vom Programm simulierten musikalischen Aktivität ist, für die also Resultate nicht als solche schon kompositorische oder ästhetische Ereignisse sind, sondern vielmehr einen Korpus von Kontrollstrukturen darstellen, die einem spezifischen Typus musikalischer Aktivität entsprechen. Ein solches Programm kann man als Modell einer musikalischen Aktivität betrachten, die zu einem gegebenen Resultat geführt hat. Ein solches Modell produziert nicht einfach zuvor definierte Resultate, sondern findet selbst Lösungen zu musikalischen Problemen. Solche Lösungen sind freilich unbedeutend in dem Maße, in dem der Begriff musikalischen Problemlösens, der ihrer Produktion zugrundeliegt, vom Programm nur einseitig und unzureichend expliziert wird. Unzureichende Programme sagen mehr über die Qualität der ihnen zugrundeliegenden Konzeption aus, als über die musikalische Aktivität, die sie vorgeblich simulieren.

Von außerordentlicher Wichtigkeit für die methodologische Relevanz eines Programms ist auch das Ausmaß, zu dem es fähig ist, den Lernprozeß zu explizieren, der der Produktion eines bestimmten Resultats zugrundeliegt. Wo der Lernprozeß sich außerhalb eines Programms abspielt, kann man das Programm als einen Beobachter des Prozesses betrachten, der zu einem Verstehen von Klangstrukturen als musikalischer Strukturen geführt hat.

Solche 'Beobachterprogramme' (observer programs) betrachten wir als einen methodologisch unerläßlichen Zwischenschritt, über den man zur Entwicklung autonomer musikalischer Problemlöser gelangen kann.

1.3. Drei Kategorien musikalischer Programme

Beobachterprogramme sind in erster Linie Lernsysteme, die sich zu komplexeren epistemologischen Modellen entwickeln lassen. Infolgedessen könnte man die einer Wissenschaft musikalischen Problemlösens verfügbaren Mittel in drei Klassen einteilen; sie sind, im Sinne des Fortschreitens von unzureichender zu ausreichender methodologischer Angemessenheit:

A. resultat-orientierte Programme[12];
B. musikalische Lernsysteme (Beobachterprogramme);
C. autonome Problemlöser.

Musikalische Ausgaben als solche sind nur für die erste Klasse von Programmen von Bedeutung. In musikalischen Lernsystemen liegt der methodologische Nachdruck auf der Entfaltung der für die Hervorbringungen bestimmter Resultate erforderlichen geistigen Darstellungen, insbesondere des Lernprozesses, durch den zunehmend angemessenere Darstellungen entwickelt werden. In Pro-

---

[12] Der Begriff 'resultat-orientiertes Programm', wie er hier verstanden wird, bezieht sich auf Strategien, die eine musikalische Aktivität simulieren. Er schließt infolgedessen alle jene Verfahren aus, deren ausschließliches Ziel die Produktion akustischer oder psycho-akustischer Resultate ist (wie z.B. die eine Fourieranalyse oder eine Frequenzmodulation vollziehenden Programme). Solche Programme können nicht als sonologische Strategien betrachtet werden, obwohl sie durchaus untergeordnete Funktionen in solchen Strategien übernehmen können.

grammen der dritten Klasse liegt der Nachdruck auf der Entfaltung des internen aufgaben-unabhängigen Wissens, das musikalischen Strategien zugrundeliegt. Es scheint unmöglich, autonome musikalische Problemlöser zu entwickeln, ohne entschieden von Einsichten Gebrauch zu machen, wie sie sich durch musikalische Lernsysteme gewinnen lassen. Man gewinnt solche Einsichten durch die Auswertung von Benutzerprotokollen; diese zeigen, auf welche Weise ein musikalisch Handelnder zu allgemeinen musikalischen Problemformulierungen und Lösungen gelangt. Um die objektive Auswertung von Benutzerprotokollen zu gewährleisten, müssen formale Auswertungsverfahren geschaffen werden, die den Inhalt musikalischer Strategien in abstrakter Weise wiederzugeben vermögen.[13]

Man kann ohne Übertreibung sagen, daß, von einigen ganz elementaren musikalischen Lernsystemen abgesehen, die hier als unerläßlich für eine Wissenschaft musikalischen Problemlösens stipulierten Werkzeuge bis heute nicht entwickelt wurden. Die Ausbildung solcher Werkzeuge ist eine Aufgabe der Zukunft. Zwei Grunderfordernisse werden erfüllt sein müssen, um zum Ziele zu gelangen. Erstens bedarf man einer vertieften Einsicht in die epistemologischen Probleme, die von einer musikalischen Aktivität gestellt werden; zweitens bedarf man verbesserter Kenntnisse hinsichtlich der optimalen Komplexität der Rechenprozesse (maschinen-abhängigen Wissens also), die erforderlich ist, um bestimmte musikalische Probleme zu lösen. Die letztere Aufgabe schließt ein, daß man einen Kompromiß zwischen zwei methodologisch entgegengesetzten Verfahren schließt oder findet: zwischen dem, in das Programm alles vorhandene Problemwissen aufzunehmen, und dem, von vorhandenem Problemwissen in einem Programm so wenig wie möglich Gebrauch zu machen. Ein solcher Kompromiß läßt sich nur dann finden, wenn man bestimmen kann, was eine optimale Programmierung einer bestimmten Aufgabe ist. Wo solches Wissen nicht besteht, ist man in Gefahr, die Komplexität des zu lösenden Problems durch die Komplexität der problemlösenden Maschine noch zu überbieten (und so Problemlösungen vollkommen unmöglich zu machen).[14]

Aus dem Gesagten läßt sich schließen, daß die Entwicklung problemorientierter Sprachen an sich noch keine Leistung darstellt, wenn solche Sprachen es nicht erlauben, eine optimale Komplexität von Rechen-Prozessen zu verwirklichen. Offenbar lassen sich fortgeschrittene Einsichten in musikalisches

---

[13] Eines der dafür zur Verfügung stehenden Werkzeuge ist eine programmierte Grammatik. Ex definitio gibt eine Grammatik eine statische Darstellung musikalischer Aktivität. Folglich ist sie relevant nur als eine zusammenfassende Darstellung von Einsichten, die auf prozedurale Weise gewonnen wurden.

[14] Der Autor dankt seine Einsicht in dieses Problem Herrn Professor David B. Cooper, Brown University, Rhode Island, der gegenwärtig an der Technischen Universität zu Delft, Niederlande, unterrichtet, und seinem Schüler, Herrn Henk Koppelaar.

Problemlösen nur dann gewinnen, wenn musiktheoretisches und computerwissenschaftliches Wissen gänzlich ineinander aufgehen.[15]

Die Schlußfolgerung dieser kurzen Einleitung in Hauptprobleme einer Wissenschaft musikalischen Problemlösens scheint die zu sein, daß deren Methodologie von dem Problem musikalischer Allgemeinheit her entwickelt werden sollte. Das Thema musikalischer Allgemeinheit betrifft sowohl die Problemformulierungen und Hypothesen, die ein Musiker zu strategischen Zwecken entwickelt, wie auch die ihnen entsprechenden Lösungen. Ruft man sich den zu Anfang des Kapitels dargestellten Prototyp eines musikalischen Problemlösers ins Gedächtnis, so scheint es drei verschiedene Möglichkeiten zu geben, das Problem der Verwirklichung musikalischer Allgemeinheit zu bearbeiten, je nachdem, ob man sich auf die externe Problem-Darstellung, die interne Aufgaben-Darstellung oder auf die Methoden des Problemlösens konzentriert. Obwohl letzten Endes alle drei Faktoren untrennbar voneinander und für die Angemessenheit eines bestimmten Problemlösers gleichermaßen bedeutsam sind, kann man sie aus methodologischen Gründen isolieren und kann einen jeden Faktor für sich untersuchen (während man die beiden anderen sozusagen als konstant animmt).[16]

Ein vierter möglicher Ansatz besteht darin, die Verwirklichung musikalischer Allgemeinheit durch Lernprozesse zu untersuchen.[17] Die Darstellung der Eigenart musikalischer Aufgabenbereiche führte zu der Folgerung, daß der für eine Untersuchung musikalischer Allgemeinheit geeignetste methodologische Ansatz derjenige ist, demzufolge man seine Aufmerksamkeit auf die interne Aufgaben-Darstellung konzentriert, die ein musikalisches Vollzugssystem hervorbringt.

Die Untersuchung musik-grammatischen Wissens auf dem Wege über Lernsysteme kann sich mit gleichem Recht auf einen jeden der genannten Faktoren konzentrieren. Aus den erwähnten Gründen scheint es jedoch meistversprechend, als Thema einer Untersuchung musikalischen Lernens die allmähliche Verbesserung interner Aufgaben-Darstellungen zu wählen. Das eigentliche Thema einer solchen Untersuchung ist der *Erwerb* musikalischen Wissens, sei es strategischer oder grammatischer Natur.

Indem man sich auf die interne Aufgaben-Darstellung eines Vollzugssystems und auf deren Umgestaltung durch Lernprozesse konzentriert, formuliert man Modelle musikalischen Lernens. Es gilt Aufgaben-Darstellungen zu formulieren, die entweder selbst musik-grammatische Prinzipien (Hypothesen) ent-

---

[15] Die Anfänge des hier angedeuteten Problems einer Theorie prozessualer Komplexität geht zurück auf das Jahr 1962; siehe Jerome Fox et al. (Hrsg.), *Mathematical Theory of Automata, Proceedings of the 1962 Symposium*, Brooklyn, NY: Polytechnic Press of the Polytechnical Institute of Brooklyn, 1963, S. 637-638.

[16] Siehe dazu Ernst und Newell, a.a.O., S. 7-34.

[17] Ebd., S. 272-273.

halten oder aber Schlüsse auf solche Prinzipien zulassen. Während es einerseits um die musikalische Allgemeinheit (Allgemeinverbindlichkeit) von Aufgaben-Darstellungen geht, müssen diese andererseits einfach genug sein, um sich mit Hilfe von Programmen darstellen zu lassen. Der unvermeidliche Konflikt zwischen der technischen Effizienz eingesetzter Problemlösungsverfahren und der Allgemeinheit der Aufgaben-Darstellung wird in Lernsystemen zugunsten der letzteren entschieden werden müssen. Denn es geht nicht in erster Linie um klingende Resultate als solche, sondern um die methodologischen Lektionen, die sich von musikalischen Lernsystemen lernen lassen. Diese Lektionen betreffen die Struktur musikalischer Problemlösungsprozesse, insbesondere die Erzeugung und Umformung geistiger Darstellungen. *Musikalische Lernsysteme sollten dazu imstande sein, Einsicht in das Problem zu schaffen, was die für programmierte Problemlöser entscheidenden methodologischen Erfordernisse sind.*

Der weiteren Auseinandersetzung mit unserem Thema liegt die Hierarchie der Programme zugrunde, wie sie weiter oben formuliert wurde. Dementsprechend werden wir im folgenden Kapitel resultat-orientierte Programme besprechen, und zwar sowohl in den allgemeinen Begriffen einer Wissenschaft musikalischen Problemlösens als auch anhand zweier konkreter Beispiele. Ein drittes Kapitel ist dem Entwurf von klangbegreifenden Systemen, d.h. sonologischen Lernsystemen gewidmet. Dieses Kapitel enthält ferner die Beschreibung eines konkreten Programms (das augenblicklich vom Autor am Instituut voor Sonologie, Utrecht, Niederlande, entwickelt wird). Der Text schließt mit einer Darstellung der von autonomen Problemlösern gestellten Probleme; er enthält eine kurze programmatische Diskussion der Richtungen zukünftiger Forschungsarbeit.

2. Resultat-Orientierte musikalische Programme

2.1. Allgemeines

Die Autoren resultat-orientierter musikalischer Programme erwarten im allgemeinen, daß ihre Maschinen nicht nur explizit im voraus definierte Resultate liefern, sondern beanspruchen auch, daß sie musikalische Probleme lösen (wie elementar diese auch seien). Dieser Anspruch ist zu untersuchen. Er bezieht sich auf die methodologische Angemessenheit resultat-orientierter Programme. Ihre Angemessenheit kann vernünftigerweise nur im Hinblick auf das Ziel bewertet werden, Programme zu formulieren, die als ein Modell der epistemologischen und strategischen Prozesse gelten können, die eine musikalische Aktivität ausmachen. Man kann drei Arten methodologischer Angemessenheit von Programmformulierungen unterscheiden: Angemessenheit der Beobachtung, der Beschreibung und der Erklärung.

Eine Programmformulierung ist beobachtungsgemäß angemessen, sofern sie eine akzeptable Darstellung der Eingabe gibt, die zur Ausführung einer kompositorischen oder perzeptiven Aufgabe erforderlich ist. Mit anderen Worten, die externe Problemdarstellung muß die epistemologisch entscheidenden Elemente der Eingabe musikalischer Aktivitäten aufweisen. Eine Programmformulierung ist angemessen im Sinn der Beschreibung, wenn das Programm imstande ist, die vom Benutzer hypothetisch antizipierte Lösung des gestellten Problems zu verwirklichen, insbesondere dann, wenn der musikalische Plan, aufgrund dessen die Lösung verwirklicht werden soll, in den Lernraum des Programms selbst fällt. Eine Programmformulierung ist schließlich angemessen im Sinne von Erklärung, wenn sie sich prinzipiell auf die innere Struktur des zu simulierenden Modells bezieht. Das formulierte Modell muß es möglich machen, eine (im Sinne der Beschreibung angemessene) musikalische Grammatik einerseits, ein (ebenso angemessenes) strategisches Verfahren andererseits zu erschließen.

Es scheint einsichtig, daß resultat-orientierte Programme, sofern sie an Lösungen nicht primär interessiert sind und ferner aufgaben-unabhängiges Wissen nicht zur Darstellung bringen, nicht angemessen im Sinne von Erklärung sein können. Wo solche Programme Aufmerksamkeit in erster Linie auf Problemlösungsverfahren richten, anstatt auf die (jene bestimmende) interne Aufgaben-Darstellung, kann man sogar bezweifeln, daß sie angemessen im Sinne der Beschreibung sind. Im letzteren Falle könnte der Nachdruck, den sie auf den Methoden-Komplex legen, ein so starker sein, daß er sie sogar daran hindert, eine angemessene Beobachtung der für eine Aktivität erforderlichen Eingaben zu formulieren. Wo nicht einmal die externe Problemformulierung epistemologisch stimmig ist, kann man nicht behaupten, das betreffende Programm führe kompositorische oder perzeptive Aufgaben aus.

Resultatorientierte Programme können aufgrund des konzipierten prototypischen Problemlösers gekennzeichnet werden.

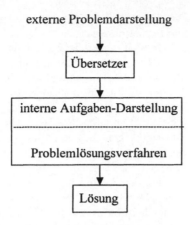

Da die Struktur einer jeden Komponente die Struktur aller anderen bestimmt, ist es letzten Endes unmöglich, die organisatorischen Niveaus des Problemlösers als voneinander isolierte zu beschreiben. Jedoch gelangt man durch isolierende Beschreibung dazu, gewisse kennzeichnende Merkmale hervorzuheben.

Einsicht in die von diesen Komponenten gestellten Probleme gewinnt man am besten dann, wenn man sie unter dem Gesichtspunkt der Verwirklichung musikalischer Allgemeinheit betrachtet. Es scheint vernünftig anzunehmen, daß, um musikalische Allgemeinheit zu verwirklichen, jede der Komponenten selbst einen optimalen Grad von Allgemeinheit besitzen müsse. Präziser gesagt, jede der Komponenten muß jenen Grad von Allgemeinheit besitzen, der von einem spezifischen musikalischen Problem erfordert wird.

Das mit der Divergenz der Erfordernisse von Allgemeinheit und Besonderheit der Komponenten gestellte Problem läßt sich am besten von der internen Aufgaben-Darstellung her erläutern. Diese Darstellung muß hinreichend allgemein sein, um sicherzustellen, daß sich Probleme auf eine epistemologisch bedeutsame Weise in sie übersetzen lassen. Nur so kann man sicherstellen, daß die tatsächliche Komplexität des zu lösenden Problems bei der Reduktion auf Teilprobleme (und die ihnen entsprechenden Aufgaben) nicht verloren geht. Andererseits muß aber die Aufgaben-Darstellung spezifisch genug sein, damit die verfügbaren Problemlösungsverfahren auf sie angewandt werden können. Das ist nur möglich, wenn sich die für die Ausführung von Aufgaben erforderliche Information von der internen Aufgaben-Darstellung herleiten läßt.[18]

Die Divergenz zwischen der Allgemeinheit und der technischen Effizienz eines Problemlösers ist von besonderer methodologischer Bedeutung dort, wo die zu verwirklichende Allgemeinheit nicht nur strategischer Natur ist. In die-

---

[18] Ebd., S. 91.

sem Falle ist musikalische Allgemeinheit nicht schon durch den Problembereich bestimmt, auf den sich ein Problemlöser bezieht. Vielmehr hängt sie wesentlich von dem Ausmaß ab, in dem sich musikalische Kompetenz (wenn auch nur in einem aufgaben-abhängigen Format) explizieren läßt. Im letzteren Falle kann man die Allgemeinheit eines Problemlösers nicht in erster Linie durch den Umfang strategischer Information definieren, der zur Bestimmung eines Problems erforderlich ist. Vielmehr läßt sie sich nur im Hinblick auf das zu lösende Problem (in seiner unverkürzten epistemologischen Verwickeltheit) bestimmen.

Ganz allgemein läßt sich sagen: Ein methodologisch entscheidendes Erfordernis für die Verwirklichung musikalischer Allgemeinheit besteht darin, daß die interne Aufgaben-Darstellung in einem optimalen Grade von dem vorhandenen Methoden-Komplex unabhängig ist. Wo dieses Erfordernis nicht erfüllt ist, tritt eine der zwei folgenden Konsequenzen ein: erstens ist die innere Aufgaben-Darstellung hauptsächlich durch den verfügbaren Methoden-Komplex determiniert und ihm untergeordnet; zweitens macht der Methoden-Komplex von spezifischen Einzelheiten der dargestellten Probleme Gebrauch. Unter diesen Umständen können Problemlösungsverfahren nicht allgemeiner Natur sein, da sie sich auf spezifische Probleme beziehen; auch sind solche Verfahren nicht inhaltfrei. Folglich können auch die dargestellten Probleme und die sie spezifizierenden Aufgaben nicht allgemeine sein, da sie im vorhinein auf das reduziert wurden, was der Methoden-Komplex zuzulassen schien. In beiden Fällen ist daher kein flexibles Aufgabenwissen vorhanden, denn dieses ist durch seine Unabhängigkeit von vorhandenen Verfahren - wenn nicht sogar von spezifischen Aufgaben - gekennzeichnet.

Programme, die in erster Linie auf die Ablieferung eines vorher spezifizierten Resultats zielen, werden notwendigerweise die technische Effizienz eines Problemlösungsverfahrens der Erzielung musikalischer Allgemeinheit überordnen. Lösungen sehen solche Programme nicht vor. Vielmehr sind sie dadurch gekennzeichnet, daß primäre Bedeutung irgendeinem Methoden-Komplex zukommt. Die zentrale Bedeutung des letzteren leitet sich in einem solchen Falle vor allem von der Tatsache ab, daß die Aufgaben-Darstellung des Programms bereits im Hinblick auf die vorhandenen Methoden definiert wurde (wobei es nicht ausgeschlossen ist, daß diese Methoden im Sinn musikalischen Problemlösens von geringer, untergeordneter Bedeutung sind). Folglich ist in solchen Programmen der musikalische Aufgabenbereich entschieden versimpelt.[19]

---

[19] Man kann eine Aufgabe durch ihr Objekt und ihr Ziel bestimmen. In einem Programm stellt man eine Aufgabe dadurch, daß man es auf dem Wege über Randapparate mit Information hinsichtlich solcher Daten-Strukturen wie Objekte, Operatoren, Ziele und Differenzen versieht. Eine vollständig bestimmte interne Aufgaben-Darstellung umfaßt alle vier Kategorien.

Für die geschilderte methodologische Situation ist es kennzeichnend, daß die Mehrzahl der existierenden resultat-orientierten Programme musikalische Darstellungen auf bloße Mengen äußerlich zu bearbeitender Objekte reduziert. Meistens sehen solche Programme nur eine einzige Darstellungsweise für Objekte vor, nämlich die von Listen und Tabellen. Ferner ist häufig die Formulierung von Differenzen (die Mängel von Objekten anzeigen) aus der Aufgaben-Darstellung ganz weggelassen, so daß auch keine Lernstrategie (für die Verminderung oder Beseitigung von Differenzen) möglich ist. Desweiteren sind die Ziele, also jene Daten-Strukturen, welche die für die Ausführung von Problemslösungsaufgaben notwendige Information bereitstellen, in solchen Programmen meist auf irgendeine erwünschte Situation reduziert, welche durch Objektmengen definiert ist. Da die Aufgabe, Differenzen (Mängel) aufzuheben, nicht Teil der Aufgaben-Darstellung ist, können auch keine epistemologisch relevanten Teilziele definiert werden und müssen Beurteilungen und Tests entweder vollständig vernachläßigt werden, oder sie haben eine völlig untergeordnete, technische Funktion. Die Operatoren solcher Programme sind folglich nicht Regeln für die Erzeugung von Objekt-Darstellungen, sondern Regeln für die Produktion von Objekt-Mengen. Sie werden zumeist als eine Menge von Transformationen definiert.

Da eine interne Aufgaben-Darstellung in resultat-orientierten Programmen entweder nur rudimentär oder gar nicht vorhanden ist, fällt erstrangige Bedeutung den durch den Rechenprozeß produzierten Daten-Strukturen zu (nicht aber jenen, die in einer Aufgaben-Darstellung auftreten). Die Mehrzahl dieser Daten-Strukturen ist verfahrensabhängig, nicht aufgabenabhängig. Sie wird auf ihre Angemessenheit hin nur rein technisch geprüft, kann also epistemologisch durchaus irrelevant sein. Zudem macht die Mehrzahl der von einem resultat-orientierten Programm wirklich gestellten Aufgaben nicht einen Bestandteil des Suchraumes des Programms selbst aus. Aufgaben sind ausschließlich als die eines Benutzers definiert, und dieser hat die Aufgaben zu akzeptieren, wie sie ihm gestellt werden. Diese Sachlage bringt es mit sich, daß die Mehrzahl der durch die Formung musikalischer Pläne gestellten Aufgaben außerhalb des Bereichs von resultat-orientierten Programmen fallen. Sie treten daher nur in reduzierter Form - nämlich in der externen Problem-Darstellung - auf. Das hat zur Folge, daß der geistige Prozeß der Auswahl von Methoden und Zielen nicht ein integraler Bestandteil der Ausführung des Programms ist.

Die Beurteilung der Problemlösungsstruktur resultat-orientierter Programme führt zu der Folgerung, daß diese in der Tat schlechte Problemlöser darstellen. Dies bedeutet, daß es in den meisten Fällen eine hoffnungslose Aufgabe ist, das in solchen Programmen investierte oder enthaltene aufgaben-abhängige Wissen zu erschließen, gar nicht zu reden von dem aufgaben-unabhängigen Wissen, das sie (oder ihre Benutzung) wirklich voraussetzen. Der Hauptgrund für diese Unmöglichkeit ist, daß solche Programme nicht über eine autonome Aufgaben-Darstellung verfügen. Dieser Mangel beeinträchtigt den Grad von Intelligenz, den solche Programme verkörpern. *Ein musikalisches Programm ist intelligent in dem Maße, in dem es imstande ist, die Erforschung aller nur möglichen Alternativen durch die (von musik-grammatischer Einsicht bestimmte) Entwicklung musikalischer Pläne zu ersetzen.*[20] Das Fehlen musik-grammatischen Wissens in solchen Programmen ist um so verfehlender, als sie auch keine Theorie von Teilzielen und vermittelnden Darstellungen, also keine Lernhilfen bereitstellen, durch die sich jenes Wissen vielleicht entwickeln ließe.

Offensichtlich können Untersuchungen zur Verwirklichung musikalischer Allgemeinheit nicht bei solchen Programmen halt machen. Will man autonome musikalische Problemlöser entwickeln, so scheint der angemessenste Weg der zu sein, musikalische Lernsysteme zu formulieren, in denen die Verminderung von Differenzen für die Entwicklung von Aufgaben-Darstellungen von entscheidender Bedeutung ist.

Um das über resultat-orientierte Programme allgemein Gesagte zu verdeutlichen, untersuchen wir nun zwei konkrete Beispiele, *Project 2* und *POD 4*, die beide am Instituut voor Sonologie, Utrecht, entwickelt wurden.[21] Die hier gegebene Beschreibung dieser Programme hat nicht den Sinn, den Leser in alle für ihren Gebrauch notwendigen Einzelheiten einzuführen. Vielmehr handelt es sich um eine Beschreibung der Problemlösungsstruktur dieser Programme unter dem Gesichtspunkt ihrer methodologischen Eignung als Modelle kompositorischer Aktivität. In Übereinstimmung damit, wird ein besonderer Nachdruck auf die diesen Programmen zugrundeliegende Aufgaben-Darstellung gelegt. Unter den spezifisch kompositorischen Problemen, die von diesen Programmen gestellt werden, wird besondere Bedeutung der Frage zugemessen, in welchem Ausmaß ihr Benutzer Mittel zur Verfügung hat, die es ihm ermöglichen, die Verständlichkeit der resultierenden Strukturen zu gewährleisten.

2.2. Zwei konkrete Beispiele

2.2.a. Komposition als Formung von Partituren: PROJECT 2 (1970)

Ein kompositorisches Problem im Sinne von PROJECT 2 (PR-2) ist das Problem, Partiturvarianten eines mehrdimensionalen musikalischen Zielobjekts auf

---

[20] Siehe dazu Otto E. Laske, *Introduction to a Generative Theory of Music* (Sonological Reports 1), Utrecht, Netherlands: Institute of Sonology, Utrecht State University, 1973 (Winter), S. 71.

[21] Siehe dazu: Gottfried M. Koenig, *Project 2* (Electronic Music Reports 3), Utrecht, Netherlands: Institute of Sonology, Utrecht State University, 1970 (December); Barry L. Truax, *The Composition - Sound Synthesis Program POD 4* (Electronic Music Reports 2), Utrecht, Netherlands: Institute of Sonology, Utrecht State University, 1970 (July).

der Grundlage eines Repertoirs sonischer Elemente zu formulieren.[22] Die Problemlösungsstruktur von PR-2 ist die folgende:

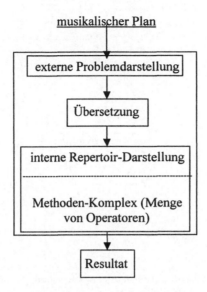

musikalischer Plan

externe Problemdarstellung

Übersetzung

interne Repertoir-Darstellung

Methoden-Komplex (Menge von Operatoren)

Resultat

Das obige Schema deutet an, daß der eigentliche Problemlösungsprozeß, d.h. die Entwicklung musikalischer Pläne, außerhalb des Aufgabenbereichs des Programms fällt. Das Programm tritt dann in Aktion, wenn der Prozeß musikalischer Planentwicklung zu Resultaten geführt hat, die sich in den von der externen Problem-Darstellung zur Verfügung gestellten Begriffen kodifizieren lassen. Nichtsdestoweniger übt die externe Problem-Darstellung auf die Planbildung erheblichen Einfluß aus, da sie Kategorien zur Verfügung stellt, die für die Spezifikation der Dimensionen des Zieles, das es zu erreichen gilt, obligatorisch sind. Jedoch wird von dem komplizierten (durch die externe Problem-Darstellung ausgelösten) Prozeß der Wechselwirkung zwischen der musikalischen

---

[22] Der Begriff 'sonisch' (engl. *sonic*) ist hier als terminus technicus zu verstehen. Er bezieht sich auf die Hierarchie sonologischer Darstellungen, die erforderlich sind, um zu verständlichen Klangzusammenhängen zu gelangen. Dabei wird angenommen, daß der musikalische Abstraktionsprozeß vier Niveaus umfaßt: das akustische, das psycho-akustische, das sonische und das sonologische Niveau. Sonische Darstellungen sind geistige Darstellungen von Klängen, die von größerer Allgemeinheit als psycho-akustische Parameter-Bestimmungen sind; jedoch fehlt ihnen die Allgemeinheit sonologischer Syntagmata, die syntaktische und semantische Funktionen übernehmen können. Man kann sonische Darstellungen als Zwischenziele auffassen, die erreicht werden müssen, um sonologische Ziele zu verwirklichen.

Kompetenz des Benutzers und dem (für die Aktualisierung jener Kompetenz vorgeschlagenen) strategischen Schema nicht mehr als das Resultat sichtbar, nämlich in der Form der kodifizierten Eingaben des Programms. Infolgedessen erscheinen alle Problemlösungsaufgaben als in zwei verschiedene Klassen aufgeteilt: die der Aufgaben des Benutzers (die mehr oder weniger explizit sind) und die programm-interner Aufgaben (die alle ein konstantes Maß von Explizität besitzen). Dieser Sachverhalt läßt sich wie folgt darstellen:

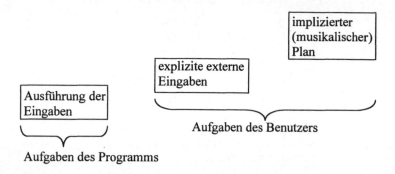

Während es die Aufgabe des Benutzers ist, Eingaben zu spezifizieren, betreffen programm-interne Aufgaben die Auswahl und Zusammenstellung von Teilobjekten zu Zielobjekten. Die weitere Analyse des Programms wird zeigen, daß eine vom Programm nicht explizit gemachte Benutzeraufgabe besteht; aber diese muß aufgrund der Benutzung des Programms erst erlernt werden. Jedoch macht der Lernprozeß, welcher zur Ausführung der intern vorgeschlagenen Aufgabe führt, selbst nicht einen Bestandteil des Programms aus.

In einem zweiten Schritt wird das Resultat des eigentlichen Problemlösungsprozesses aus den Begriffen der (obligatorischen) Eingabe-Spezifikation in eine maschinen-abhängige interne Darstellung übersetzt. Letztere besteht aus einer indexierten Darstellung des Repertoirs, aufgrund dessen strategische Objekte definiert und Regeln für die Umformung solcher Objekte aufgestellt werden. Da der Benutzer keine Möglichkeit besitzt, Zwischenresultate durch Tests zu überprüfen, kann man sagen, daß (vermittelnde) Teilziele gar nicht oder nur in einer Form bestehen, die dem Einfluß des Benutzers entzogen bleibt. Ferner schließt die interne Repertoir-Darstellung die Deklaration von Differenzen durch den Benutzer aus, da keine Test-Möglichkeiten für die Reduktion von Objektmängeln bestehen.[23] Das Hauptziel der programmierten Strategie ist zu-

---

[23] Es ist eine Revision von PR-2 geplant, die es dem Benutzer ermöglichen soll, Mängel der von ihm definierten Objekte zu deklarieren und sie durch Tests zu vermindern oder aufzuhe-

dem nur nominell und implizit definiert; nominell, insofern die programm-interne (Haupt-) Aufgabe des Benutzers diesem nur auf dem Wege über einen (dem Programm äußerlichen) Lernprozeß erschließbar wird; implizit, insofern die für die Erreichung des Hauptzieles erforderlichen Teilziele dem prüfenden Einfluß des Benutzers entzogen sind.

Zu beachten ist ferner, daß keine einheitliche (externe) Problem-Darstellung vorhanden ist, da das zu lösende Problem nur soweit, als es für die Anwendung des vorhandenen Methoden-Komplexes erforderlich ist, definiert wird (und selbst dabei nur auf eine methodologisch minimale Art und Weise). Es gibt in PR-2 keine von der Gruppe der vorhandenen Operatoren verschiedene strategische Methode. Vielmehr repräsentieren die vorhandenen Operatoren selbst alle Methoden. Aufgrund des zwischen den Aufgaben des Benutzers und des Programms gemachten Unterschiedes sind alle strategisch relevanten Operatoren von einer und derselben Art; sie sind alle Methoden der Auswahl aus einem Repertoir. Jedoch ließe sich sagen, daß eine rudimentäre (programm-interne) Methode für die Verminderung von Objekt-Mängeln besteht. Wir werden weiter unten auf sie zurückkommen.

PR-2 führt Aufgaben der Auswahl in zwei Durchgängen aus. Dies geht so vor sich, daß Index-Schemata niedrigerer Abstraktionsstufe in solche höherer Abstraktionsstufe umgeformt werden. Dieser Umformungs-Prozeß definiert die für das Ziel-Objekt konstitutiven (klanglichen) Dimensionen. In einem letzten Schritt werden dann diese Dimensionen (welche die eigentlichen strategischen Objekte ausmachen) zum Resultat zusammengestellt. Die Index-Schemata werden in die Elemente, für die sie einstehen, zurückübersetzt, so daß eine musikalisch notierte Fassung des Resultats hergestellt werden kann.

Zunächst soll die interne Aufgaben-Darstellung des Programms näher untersucht werden. Die externe Problem-Darstellung (die angemessener 'externe Aufgaben-Darstellung' hieße) wird in PR-2 durch eine Menge obligatorischer Spezifikationen verkörpert. Diese Spezifikationen setzen die Stipulierung der folgenden Daten-Strukturen voraus:

1. ein Ziel (SCORE), das als eine Zusammenstellung klanglicher Dimensionen zu einem musikalisch notierbaren Ganzen in Erscheinung tritt;
2. drei Hauptobjekte (TIME FIELD, HARMONIC CONTENT und ORCHESTRA), die insgesamt sieben Teildimensionen enthalten;[24]

---

ben; Tests sollen sich vor allem auf jene Teilobjekte beziehen, aus denen das endgültige Zielobjekt (SCORE) zusammengestellt wird.

[24] Die hier für die Hauptobjekte eingeführten Bezeichnungen weichen von denen des Programmhandbuchs ab; sie sollen den Überblick über die strategische Struktur des Programms erleichtern. Die 7 genannten Teildimensionen sind die folgenden: (TIME FIELD): Einsatz-

3. Regeln hinsichtlich der Aufstellung von Objekt-Hierarchien;
4. sechs Operatoren (Auswahlprinzipien), welche auf die Teildimensionen des Zielobjekts Anwendung finden;
5. Regeln hinsichtlich der Zuordnung von Operatoren zu Objekten;
6. Regeln, die sich auf die Reduktion divergenter Vielfalt, sei es a) der Operatoren (COMBINATION) oder sei es b) der Objekte selbst (UNION) beziehen.[25]

Man beachte, daß die externe Aufgaben-Darstellung nicht das vollständige Resultat des geistigen Prozesses beinhaltet, aufgrund dessen sich ein musikalischer Plan (für die Verwendung der programmierten Strategie) entwickelt. Indem sie sich ausschließlich auf die Definition der Teildimensionen des Zielobjekts bezieht, enthält die Aufgaben-Darstellung nur soviel Information, als für die Anwendung des Methoden-Komplexes unbedingt erforderlich ist. Infolgedessen ist jene Darstellung nicht nur eine äußerliche (eher als interne) Darstellung, sie ist auch vollkommen verfahrensgerichtet. Diese Tatsache zeigt gewöhnlich an, daß der Methoden-Komplex nicht inhaltsfrei (allgemein) ist.

Wie gezeigt werden wird, ist in der Tat die scheinbare Allgemeinheit des Methoden-Komplexes in PR-2 eher eine vorausgesetzte, als eine vom Benutzer zu entwickelnde. Anstatt der Aufgaben-Darstellung ein bestimmtes Maß von Unabhängigkeit von den vorhandenen Methoden (und so möglicherweise ein bestimmtes Maß zu verwirklichender Allgemeinheit) zu gewähren, stellt der Methoden-Komplex vielmehr die Allgemeinheit des Resultats sicher. Objekte und Teilobjekte, die einen integralen Bestandteil des Zieles ausmachen, werden dem Index-Format der Objekt-Darstellung zufolge getrennt, als einzelne, zum Endobjekt zusammengestellt. Die Zusammenstellung des Zielobjekts ist durch keine expliziten syntaktischen oder semantischen Regeln bestimmt. Vielmehr ist die Verständlichkeit der Zielstrukturen erstens von der Angemessenheit der Zuordnung von Operatoren zu (Teil-) Objekten, zweitens von der Angemessenheit der zwischen den verwandten Operatoren definierten Beziehung abhängig. Die mit diesem Angemessenheitserfordernis gestellten Probleme werden im Laufe der Diskussion der Elemente der externen Aufgaben-Darstellung deutlicher werden.

Das durch PR-2 zu verwirklichende Ziel stellt eine erwünschte Situation dar. Sie wird von einer (im Sinne musikalischer Verständlichkeit) optimalen Zusammenstellung klanglicher Dimensionen verkörpert. Was eine optimale Zu-

---

abstand (1), Dauer (2), Pause (3); (HARMONIC CONTENT): Tonhöhe (4), Oktavlage (5); (ORCHESTRA): Intensität (6), Artikulationsweise (7).
[25] Die beiden letztgenannten Restriktionen stellen zusammengenommen einen weiteren Operator dar.

sammenstellung darstellt, ist nur im Sinne des Methoden-Komplexes (der Gruppe der Operatoren) definiert. Ein Resultat ist also dann optimal, wenn die Operatoren sich derart verbinden, daß ihre Anwendung eine musikalisch verständliche Zusammenstellung der klanglichen Dimensionen des Zielobjekts (SCORE) zur Folge hat. Obwohl die musikalische Verständlichkeit des Resultats ein internes operationelles Erfordernis darstellt, bietet das Programm selbst keine Möglichkeit, jene Verständlichkeit empirisch zu prüfen.

Das infrage stehende Kriterium der Verständlichkeit ist zweifacher Natur. Es ist einmal ein strukturelles, ferner ein auf musikalisches Hören bezügliches Kriterium. Verständlichkeit im ersten Sinne betrifft den vorhandenen Methoden-Komplex, nämlich insofern angenommen wird, daß sie sich aus dem optimalen Gebrauch von Auswahl-Methoden ergebe. Als musikalische Verständlichkeit ist aber die Optimalität des Methodengebrauchs von empirischen (wenn nicht gar ästhetischen) Kriterien des Hörens abhängig. Verständlichkeit im zweiten Sinne ist einer doppelten Prüfung unterworfen. Sie wird einmal während der Übersetzung der gedruckten Programmausgaben in eine musikalische Partitur geprüft; ferner wird sie vom Aufführenden und vom Hörer beurteilt. Aufgrund der Tatsache, daß an Notation gebundene Tests subjektiver Natur sind und sich nicht explizieren lassen, kann man von ihnen keine objektiv gültigen Schlüsse über Verständlichkeit herleiten. Solche Tests sind zudem eigentlich Hörtests, da sie es voraussetzen, daß die notierten Strukturen innerlich zum Klingen gebracht werden. Jedoch stehen diese inneren Hörvorgänge keinem Test offen. Im Sinn des Programms selbst wird nur geprüft, ob die verwandten Methoden im technischen Sinne angemessen sind, d.h. nicht programmtechnisch miteinander in Konflikt geraten.

Um die Flexibilität kompositorischer Entscheidungsprozesse zu gewährleisten, wurde die Anzahl der Regeln, die sich auf die Zuordnung eines der vorhandenen sechs Operatoren auf eine der sieben klanglichen Dimensionen beziehen, auf ein Minimum beschränkt. Folglich können die angewandten Methoden miteinander in Konflikt geraten, d.h. sie können schon erzielte (Teil-) Resultate wieder rückgängig machen. Um die Möglichkeit solcher operationeller Konflikte zu vermeiden oder zu vermindern, wurden Regeln aufgestellt, welche die divergente Vielheit der Operatoren und klanglicher Dimensionen reduzieren.[26]

---

[26] Das erste Reduktionsprinzip (COMBINATION) setzt die Angaben von Operatoren außer Kraft, die sich auf Objekte beziehen, welche im Sinn der definierten Objekthierarchie untergeordnete Objekte sind. Das zweite Reduktionsprinzip (UNION) hat zur Folge, daß die Zusammenstellung des Zielobjekts (SCORE) zu einem eindimensionalen - anstatt zu einem geschichteten - Resultat führt. (Im Falle, daß das Zielobjekt aus Schichten besteht, kann jede dieser Schichten von verschiedenen Operatoren bestimmt sein.) Zusammengenommen formen diese beiden Reduktionsprinzipien vier mögliche Alternativen der Formung des Endresultats der Strategie: COMBINATION nein/UNION, nein (= größtmögliche Vielfalt); COMBINATION nein/UNION (= das Resultat ist einschichtig); COMBINATION/UNION nein (=

Man könnte sagen, daß die Definition des Zieles (sofern man dieses unter dem Aspekt seiner Verwirklichung betrachtet) eine nicht explizit gestellte Aufgabe stipuliere. Diese Aufgabe besteht aus zwei Teilaufgaben: erstens der, die Auswahl der Operatoren optimal im Sinne der definierten Hierarchie von Klangdimensionen (wie TIME FIELD, HARMONIC CONTENT, ORCHESTRA) zu gestalten; zweitens derjenigen, die Verbindung der Operatoren so zu gestalten, daß sich verständliche musikalische Resultate ergeben. In Anbetracht der Anzahl der vorhandenen strategischen Objekte und der verfügbaren Operatoren kann diese implizit gelassene Aufgabe nur durch einen Lernprozeß bewältigt werden. Auch wenn dieser Lernprozeß in den Bereich experimenteller Beobachtung fiele, könnte sich herausstellen, daß seine Anforderungen die musikalische Kompetenz der Benutzer des Programms überschreiten.

PR-2 verpflichtet den Benutzer, drei Hauptobjekte zu spezifizieren: TIME FIELD, HARMONIC CONTENT, und ORCHESTRA.[27] Innerhalb dieser dreifachen Einteilung der strategischen Objekte schafft die zwischen den Objekten stipulierte Abhängigkeit weitere Unterteilungen. Einerseits müssen die Spezifikationen des TIME FIELD und des HARMONIC CONTENT (durch welchen sich ein TIME FIELD realisiert) zu einer musikalisch verständlichen Zuordnung führen. Zum anderen muß ihre Zuordnung im Sinne des ORCHESTRA realisierbar sein, was sich nicht von selbst versteht, da das ORCHESTRA gewisse akustische Invarianten beinhaltet, die zu berücksichtigen sind. Um die Vereinbarkeit von TIME und HARMONY einerseits und des ORCHESTRA mit TIME und HARMONY andererseits zustandezubringen, ist der Benutzer genötigt, eine Hierarchie von klanglichen Dimensionen zu definieren. Sie kommt indirekt der Festsetzung der Priorität der diesen Dimensionen zugeordneten Operatoren gleich. Diese Aufgabe zu lösen, wird dadurch erschwert, daß einige der klanglichen Dimensionen definitionsgemäß voneinander abhängig sind, während dies für andere nicht zutrifft. Folglich wirkt sich die definierte Hierarchie nur auf die voneinander abhängigen klanglichen Dimensionen aus.[28]

Unter diesen Umständen kann der Benutzer nur durch einen Lernprozeß zu optimalen Objekt-Hierarchien und, folglich, Verbindungen von Operatoren

---

die zweitrangigen Objekten zugeordneten Operatoren werden unwirksam); COMBINATION / UNION (= größtmögliche Einheitlichkeit des Resultats).

[27] Die im Handbuch des Programms erwähnte vierte Dimension, der Artikulation, ist nicht wirklich unabhängig von der Dimension ORCHESTRA; sie läßt sich als eine ihrer Unterdimensionen betrachten.

[28] Z.B. ist für eine Reihenfolge von Dimensionen wie Dauer-Tonhöhe-Lautstärke die vom Benutzer angegebene Rangordnung irrelevant, da alle drei Dimensionen voneinander unabhängig sind; hingegen hängt in der Reihenfolge Oktavlage-Tonhöhe-Instrument die (tatsächliche) Tonhöhe von der Oktavlage, und das Instrument sowohl von der Oktavlage als auch von der Tonhöhe ab. Siehe dazu Gottfried M. Koenig, *PROJECT 1* (Electronic Music Reports 2), Utrecht, Netherlands: Institute of Sonology, Utrecht State University, 1970 (July), S. 54.

gelangen, die optimal im Sinn operationeller Wirksamkeit einerseits und musikalischer Verständlichkeit der Resultate andererseits sind. Die Aufgabe, optimale Objekt-Hierarchien zu spezifizieren, wird ferner durch die Tatsache erschwert, daß Spezifikationen der eine Hauptdimension ausmachenden Teildimensionen in der Tat divergieren können.[29]

PR-2 versieht den Benutzer mit einem Komplex von Operatoren, die sämtlich Auswahlprinzipien sind. Diese Operatoren beziehen sich also auf den aller-elementarsten, weitaus technischen Aspekt des Prozesses kompositorischen Problemlösens. Ihre Aufgabe ist es, eine Auswahl aus einem Grundrepertoir klangdimensionaler Elemente zu treffen.[30] Dies geschieht so, daß die Operatoren auf (die jene Elemente repräsentierenden) Index-Schemata Anwendung finden, derart daß sie Schemata niedrigerer Abstraktionsstufe (TABLE) in Schemata der nächst höheren Abstraktionsstufe (ENSEMBLE) umformen; die letzteren dienen sodann der Zusammenstellung des Zielobjekts (SCORE). Von einer Ausnahme abgesehen, beruhen alle Operatoren auf einer aleatorischen Quelle, welcher in steigendem Maße Beschränkungen ihrer Wirksamkeit (sogenannte Wiederholungsbeschränkungen) auferlegt werden.[31]

Man kann diese Operatoren einerseits unter dem Aspekt abnehmender aleatorischer Bestimmtheit betrachten; zum anderen kann man sie als Auswahlprinzipien ansehen, die eine zunehmend gewichtigere Vereinfachung von Resultaten verursachen, nämlich insofern sie einen zunehmend höheren Grad syntagmatischer Ordnung zustandebringen. Aufgrund dessen sind sie vielleicht imstande, als ein Ersatz explizit nicht vorhandener syntaktischer und / oder semantischer Regeln zu fungieren. Jedoch wird diese Funktion der Operatoren dadurch infrage gestellt, daß sich die Wirksamkeit der ihnen auferlegten (Wieder-

---

[29] Ein hierfür relevantes Beispiel ist die Spezifikation jenes Aspekts des TIME FIELD, der "Anzahl der (im Zielobjekt enthaltenen) Zeitpunkte" heißt. Um zu einem optimalen Resultat zu gelangen, ist es wesentlich, daß die Anzahl der möglichen Ereignisse in einem angemessenen Verhältnis zu der Anzahl der Resultate (der Länge des einem jeden Operator zugeordneten Selektionszyklus) steht; jedoch werden die beiden zur Errechnung der Anzahl der Zeitpunkte erforderlichen Größen unabhängig voneinander festgesetzt bzw. abgeleitet, die erste (= Strukturdauer) vor der Ausführung, die zweite (= durchschnittlicher Einsatzabstand) als deren Resultat. Die Konvergenz beider Bestimmungen stellt daher nur einen unwahrscheinlichen Idealfall dar. (Ebd., S. 36.)

[30] Das Grundrepertoir wird in doppelter Weise spezifiziert: erstens als LIST der überhaupt möglichen Elemente, zweitens als TABLE, d.h. als Gruppierung der Elemente in der Form eindimensionaler indexierter *arrays*.

[31] In der Ordnung abnehmender aleatorischer Bestimmtheit sind die Operatoren die folgenden: ALEA, RATIO, GROUP, TENDENCY, SERIES, SEQUENCE. Der letztere Operator stellt die erwähnte Ausnahme dar, da er es dem Benutzer ermöglicht, die Reihenfolge der klangdimensionalen Elemente bzw. ihrer Indices selbst zu bestimmen. Grundsätzlich können alle Operatoren auf alle strategischen Objekte Anwendung finden; jedoch sind einige von ihnen im ersten Auswahlgang (RATIO, GROUP, TENDENCY), andere im zweiten Auswahlgang (SERIES) unanwendbar.

holungs-) Beschränkungen nicht voraussehen läßt. Das bedeutet auch, daß sich weder die tatsächliche 'Anzahl der Resultate', die sie produzieren, noch die syntagmatische Bedeutsamkeit der das Resultat ausmachenden individuellen Elemente vorausbestimmen läßt.[32]

Die Abwesenheit explizit semantischer Kriterien wird durch die Tatsache betont, daß die auf das Objekt HARMONIC CONTENT Anwendung findenden Operatoren außerstande sind sicherzustellen, daß sich die beiden semantisch untrennbaren Dimensionen des Objekts (die sogenannte horizontale und vertikale Dimension) in der Tat so zueinander verhalten, daß den Anforderungen musikalischer Verständlichkeit Genüge geschieht.[33] Betrachtet man dieses Fehlen semantischer Kriterien im Zusammenhang mit der Wahrscheinlichkeit, daß die beiden zu einer optimalen Spezifikation des TIME FIELD notwendigen Bestimmungen divergieren, so sieht man deutlich, wie entscheidend Lernprozesse für einen sinnvollen Gebrauch von PR-2 sind.

Will sein Benutzer der dargestellten Situation dadurch entgehen, daß er einen und denselben Operator für alle Dimensionen verwendet, so wird er finden, daß auch diese strategische Entscheidung (obwohl ihr mehr oder minder großer Erfolg freilich von dem jeweilig benutzten Operator abhängt) die musikalische Verständlichkeit der Resultate nicht garantieren kann. Ja, es ist durchaus möglich, daß die uniforme Anwendung eines und desselben Operators zu maximalem Chaos, d.h. zu vollständiger Unverständlichkeit (im semantischen Sinne) führt.

Die geschilderte methodologische Sachlage läßt uns schließen, daß PR-2 auf der Hypothese aufbaut, *die Verständlichkeit (Musikalität) strategisch geplanter Resultate beruhe auf - oder sei identisch mit - einer optimalen Auswahl von Operatoren.* Der Lernprozeß, der erforderlich ist, um zu einer solchen optimalen Auswahl zu gelangen, wird sich mit den folgenden Problemen auseinandersetzen müssen:

1. dem veränderlichen Grad von Abhängigkeit zwischen klanglichen Haupt- und Teildimensionen;
2. der Methoden-Konflikte verursachenden Diskrepanz dimensionaler Spezifikationen;
3. der Divergenz von Spezifikationen innerhalb einer und derselben Dimension.

---

[32] Die 'Anzahl der Resultate' ist ein anderer Name für die Länge des Selektionszyklus, der einem Operator eigen ist. Ein vollständiger Operationszyklus kann zwischen einer infiniten Anzahl von Resultaten (ALEA) und einer solchen variieren, die der Anzahl der das Repertoir einer Klangdimension ausmachenden Elemente gleich ist. (Ebd., S. 98.)
[33] Ebd., S. 49.

Mit diesen Problemen kann sich offensichtlich ein musikalisches Lernsystem nur dann erfolgreich auseinandersetzen, wenn seine Aufmerksamkeit auf die Verminderung der Mängel strategischer Objekte gerichtet ist. Auch in dem Falle, daß Hörtests in die strategische Struktur von PR-2 eingeführt würden, bliebe es eine offene Frage, ob sie es dem Lernenden ermöglichen würden, mögliche Operatoren-Konflikte vorauszusehen und sie kompositorisch nutzbar zu machen. Dies ist der Fall insbesondere deswegen, weil die Mehrzahl der für PR-2 wesentlichen Daten-Strukturen, anstatt in der Aufgaben-Darstellung aufzutreten, intern durch einen (ein für allemal fixierten) Operatoren-Komplex erzeugt werden. Jedoch ist es nicht der aleatorische Charakter der Operatoren als solcher, der erfolgreichem Lernen entgegensteht; vielmehr ist es die Problemlösungsfunktion der Operatoren, obwohl sie einerseits zur technischen Wirksamkeit der Rechenprozesse beiträgt und andererseits die Wahrscheinlichkeit syntagmatisch verständlicher Resultate vermindert.

Die methodologisch grundlegende Schwäche der Strategie liegt in dem Fehlen einer autonomen internen Aufgaben-Darstellung begründet, aufgrund deren der Benutzer die Funktion des Operatoren-Komplexes frei bestimmen könnte, anstatt ihm hörig zu sein.[34] Eine solche Aufgaben-Darstellung ließe sich in der Form eines musikalischen Lernsystems ausbilden, das die für PR-2 definierten Auswahlaufgaben auf ein (im Sinne musikalischen Problemlösens) untergeordnetes Niveau beschränkt, um strategischen Objekten und Zielen den Vorrang zu geben, die unabhängig von den vorhandenen Methoden zu entwerfen wären.

Überdies würde eine solche Aufgaben-Darstellung neue Aufgaben einzuführen haben oder vielmehr die Möglichkeit schaffen müssen, neue Aufgaben zu erlernen. In einem musikalischen Lernsystem würde die Hierarchie strategischer Objekte (die durch den Benutzer von PR-2 ein für allemal fixiert wird) durch eine experimentelle Strategie ersetzt werden, die zur Aufgabe hätte, die Wechselwirkung zwischen klanglichen Dimensionen zu testen, anstatt vorauszusetzen, daß jeder von ihnen eine absolute Natur - getrennt von allen anderen - habe. Diesen Schritt zu vollziehen heißt allerdings, die parametrische Spezifikation der Objekte aufzugeben, die in einer Zusammenstellung einander äußerlich bleibender Dimensionen resultiert. Folglich könnte die Beziehung zwischen klanglichen Teildimensionen nicht stipuliert werden; sie zu definieren, würde zu einer Aufgabe des Lernenden werden. Der Methoden-Komplex, welcher in einem solchen Falle eine ganz andere methodologische Funktion hätte, wäre vielleicht imstande, die Funktion eines syntaktischen Automaton zu übernehmen; in Abhängigkeit von dem gewählten Operator (oder der Operatoren-Gruppe) würde dieses Automaton Strukturen wechselnder Grade musikalischer

---

[34] Ein flexibles musikalisches Aufgabenwissen macht die Funktion der Methoden und ihre Wahl von einer unabhängig vom Methoden-Komplex entwickelten Aufgabe abhängig.

Wohlgeformtheit produzieren. *Unter solchen Umständen würde der Operatoren-Komplex einen im strikteren Sinne kompositorischen Charakter annehmen.* Dies träfe vor allem dann zu, wenn verschiedene Niveaus des musikalischen Problemlösungsprozesses, von Repertoir-Auswahlen bis hin zu Entscheidungen hinsichtlich der Endstruktur als ganzer, deutlich unterschieden würden. Unter dieser Voraussetzung würde es möglich werden, die Anwendung der Operatoren von der Wahl strategischer Aufgaben (durch den Benutzer) abhängig zu machen. Ferner wäre kein Anlaß vorhanden, in der Anwendung des Methoden-Komplexes von spezifischen Einzelheiten der Objekt-Darstellung Gebrauch zu machen.

Letzten Endes besteht die Unvereinbarkeit klanglicher Teildimensionen, methodologisch betrachtet, nur unter der Voraussetzung, daß die Natur (Besonderheit) einer jeden solchen Dimension Vorrang vor ihrer Problemlösungsfunktion habe (über die wenig oder nichts bekannt ist); mit anderen Worten, unter der Voraussetzung, daß sich ihre Natur unabhängig von der Funktion ihrer Elemente in verständlichen musikalischen Zusammenhängen definieren lasse. Während zum einen diese Voraussetzung in gewisser Hinsicht für 'instrumentales (musikalisches) Denken' kennzeichnend sein mag, ist derjenige, welcher sie in der Formulierung musikalischer Strategien nachbildet, in Gefahr, Barrieren gegen mögliche Einsichten in die innere strategische und grammatische Struktur instrumentaler Denkprozesse aufzurichten.

2.2.b. Komposition als Formung verständlicher musikalischer Zusammenhänge: POD 4 (1972)[35]

Ein kompositorisches Problem im Sinne von POD 4 ist das Problem, musikalisch verständliche, klangliche Zusammenhänge auf dem Wege über die Beseitigung von Mängeln strategischer Objekte zu stiften. Die Problemlösungsstruktur von POD 4 ist die folgende:

---

[35] [Spätere Anmerkung des Autors (2002): Spätere Erweiterungen dieses Programms, wie POD5 und PODX, haben die musiktheoretische Grundstruktur von POD4 nicht verändert.]

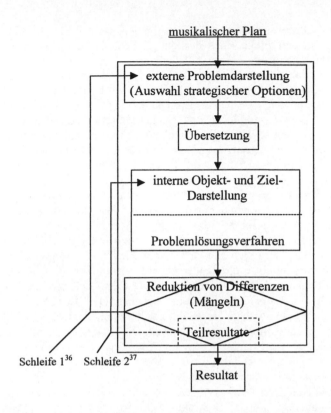

musikalischer Plan

externe Problemdarstellung
(Auswahl strategischer Optionen)

Übersetzung

interne Objekt- und Ziel-
Darstellung

Problemlösungsverfahren

Reduktion von Differenzen
(Mängeln)

Teilresultate

Schleife 1[36] Schleife 2[37]

Resultat

Wie in allen resultat-orientierten Programmen fällt auch hier die Entwicklung eines musikalischen Planes für den Gebrauch der programmierten Strategie außerhalb der Strategie selbst. Im Falle von POD 4 erfährt diese Kennzeichnung jedoch eine Einschränkung. Der Grund dafür liegt in der Besonderheit des Zieles, für welches die Strategie formuliert wurde. Die Tatsache, daß das Primärziel (Hauptproblem) von POD 4 die (geistige und physische) Realisierung eines in abstracto definierten klanglichen FELDES ist[38], hat methodologisch zur Folge, daß sich sowohl die Aufgaben des Programms als auch die des Benutzers in

---

[36] Schleife 1: Veränderung der externen Problemdarstellung.
[37] Schleife 2: Revision der internen Zieldarstellung.
[38] Die FELD-Struktur des Zielobjekts ist eine Poisson-Verteilung, welche die abstrakten Frequenz- und Zeitmerkmale eines klanglichen Zusammenhangs definiert. Das FELD wird vom Benutzer hinsichtlich der totalen Klangdichte ("Anzahl von Klängen in der Sekunde") und durch die Angabe einer anfänglichen Klangdichte spezifiziert. Alle weiteren Operationen des Programms und seines Benutzers zielen auf die realzeitliche Verwirklichung dieser abstrakten FELD-Struktur.

179

die folgenden zwei Klassen scheiden: in jene Aufgaben, welche die abstrakte Struktur des strategischen Objekts (hier: des klanglichen FELDES), und jene, die dessen Realisierung betreffen.

Die Unterscheidung der abstrakten Struktur strategischer Objekte und ihrer Verwirklichung ist auch in einer anderen Hinsicht von Bedeutung: sie impliziert eine Lernaufgabe. Die externe Problem-Darstellung von POD 4 enthält zwei Klassen von 'Optionen' (möglichen strategischen Schritten oder Operationen): erstens solche, die sich spezifisch auf die klanglichen Dimensionen strategischer Objekte beziehen, sie definieren und verwirklichen; zweitens solche, die Information bereitstellen und speichern, welche es dem Benutzer erleichtern, Differenzen zwischen Objekten zu vermindern oder zu beseitigen und umfassendere Klangzusammenhänge zu verwirklichen, die aus mehr als einem einzigen FELD bestehen. Die Optionen der ersten Klasse ermöglichen es dem Benutzer, Realisierungsoperatoren für die Beseitigung von Mängeln einzusetzen.

Die Strategie enthält keine Operatoren, die explizit Mängel deklarieren und beurteilen (so daß sich folglich alle Differenzen zwischen dem geplanten Zielobjekt und dem tatsächlich resultierenden Objekt von impliziten, unausgesprochenen Beurteilungen herleiten). Jedoch stellt POD 4 dem Benutzer die folgenden Möglichkeiten zur Verfügung: erstens, die abstrakte FELD-Struktur (hors-temps) strategischer Objekte zu verändern; zweitens, ein abstraktes FELD durch die Ausführung von Hörtests zu verwirklichen. Die Existenz (nicht-expliziter) Differenz-Deklarationen hat weiterhin zur Folge, daß Teilresultate und Endresultate voneinander unterschieden werden. Während der Verwirklichung des Zielobjekts sind alle Resultate der Strategie (nicht-expliziten) Beurteilungen unterworfen, die den Benutzter bestimmen können, seine Problem-Darstellung oder (wo es sich um die abstrakte FELD-Struktur selbst handelt) gar seine musikalischen Pläne zu verändern. Außerdem kann der Benutzer gewisse von ihm verwirklichte klangliche Aspekte des FELDES in Lernstrategien einsetzen. Dies ermöglicht es ihm, zu Resultaten größerer physischer Komplexität zu gelangen und also die geplante FELD-Struktur in angemessener Weise zu verwirklichen.[39]

Wie das die Problemslösungsstruktur andeutende Schema (siehe oben) zeigt, sind die dem Objekt auferlegten physischen Veränderungen (Schleife 2) methodologisch der Revision der externen Problem-Darstellung untergeordnet, durch welche der Benutzer die Strategie unter Kontrolle hält. Obwohl die Entwicklung musikalischer Pläne außerhalb der Strategie fällt, sind deshalb Pläne, die auf die Revision der FELD-Struktur der Objekte und der Art und Weise ih-

---

[39] Ein konkretes Beispiel dafür ist die Möglichkeit, eine Gruppe gespeicherter Schwingungsformen als Grundlage der Erzeugung physisch und psycho-akustisch komplexerer Schwingungsformen zu verwenden.

rer Verwirklichung abzielen, ein integraler (wenn auch nicht ein expliziter) Bestandteil der Strategie.

Die Tatsache, daß die Aufspürung von Differenzen sowie ihre Verminderung innerhalb der Strategie nicht expliziert werden, zeigt an, daß POD 4 trotz der in ihm enthaltenen Lernstrategie im wesentlichen ein resultat-orientiertes Programm ist. Jedoch sind die strategischen Vollzüge, die es ermöglicht, umfassenden Prüfungen unterworfen, die sich auf (nicht-explizite) Objekt- und Zielbeurteilungen gründen. Da die provozierten Beurteilungen in aller Wahrscheinlichkeit Veränderungen in der Definition der abstrakten FELD-Struktur erforderlich machen, hängt das Endresultat des strategischen Prozesses deutlich von der Realisationsstrategie - und nur in untergeordneter Weise von der Strukturdefinition - ab (deren Entwicklung außerhalb der Strategie fällt).

Der Benutzer von POD 4 stellt sich Probleme und löst sie dadurch, daß er kompositorische und perzeptive Optionen wählt, die es ihm ermöglichen, Aufgaben zu erfinden. Jede dieser Optionen bezieht sich auf eine bestimmte klangliche Teildimension des FELDES und schließt die Verwendung eines bestimmten Operators und / oder einer bestimmten Methode für die Realisierung des FELDES ein. Eine weitere Klasse von Optionen ermöglicht ihm die physische Synthese der für die Verwirklichung des Zielobjekts erforderlichen klanglichen Teildimensionen. Von den wenigen Fällen abgesehen, in denen die Verwendung einer der Optionen eine (technische) Voraussetzung der Verwendung einer anderen darstellt[40], hängen die vom Benutzer bei der Problemstellung und - lösung beschrittenen Wege ausschließlich von seinen eigenen Problemformulierungen ab. Mit anderen Worten, *die Aktivierung der Problemlösungsstruktur von POD 4 ist durch den entwickelten musikalischen Plan bestimmt; sie determiniert diesen nicht.*

Das gestellte Problem tritt als eine (teilweise geordnete) Reihe gewählter Optionen in Erscheinung, die allesamt, eine nach der anderen, in die programminterne Objekt-Ziel-Darstellung übersetzt werden. Indem der Benutzer eine der Optionen auswählt, wählt er auch die spezifische Objekt-Dimension, in der er zu arbeiten vorhat; in einem weiteren Schritt wählt er einen bestimmten Operator, den er zu benutzen gedenkt. Da jede der vorhandenen Optionen die Problemlösungsstruktur des Programms in seiner Ganzheit zu aktivieren vermag, kann man jene Struktur nicht als unabhängig von der externen Problem-Darstellung verstehen. Aus diesem Grunde werden wir im folgenden die Hypothesen analytisch betrachten, auf denen die externe Problem-Darstellung beruht, in der Voraussicht, daß unsere Analyse den Einfluß jener Darstellung auf den tatsächlichen strategischen Prozeß in POD 4 verständlich machen wird.

---

[40] Ein konkretes Beispiel dafür ist das Erfordernis, die Daten für Schwingungsformen zu spezifizieren, bevor zur Berechnung der Poisson-FELD-Struktur fortgeschritten wird.

Die externe Problem-Darstellung umfaßt Spezifikationen, die sich entweder auf eine individuelle klangliche Dimension beziehen oder die Zusammenstellung des Zielobjekts als eines Ganzen angehen. Ferner enthält sie Instruktionen, welche die tatsächliche Synthese individueller klanglicher Dimensionen oder des FELDES als eines Ganzen betreffen. Diese beiden Teilstücke der externen Problem-Darstellung gründen sich auf die Setzung der folgenden Daten-Strukturen:

1. ein Ziel, in diesem Falle die Realisierung von in abstracto definierten Objektstrukturen, die einen (hypothetisch gesetzten) musikalischen Zusammenhang verwirklichen sollen;
2. eine Menge strategischer Objekte, FELDER genannt (die kompositorische Abschnitte umfassenderer musikalischer Zusammenhänge darstellen können);
3. drei Hauptdimensionen des Zielobjekts, ZEIT, KLANG und RAUM genannt[41];
4. eine Menge von Operatoren a) der Auswahl, b) der Realisierung und / oder Differenzverminderung (die einen expliziten Bestandteil der Strategie ausmachen);
5. eine Menge von Methoden der Realisierung und Differenzierung strategischer Objekte (die entweder implizit oder explizit definiert sind);
6. eine Menge von Regeln, die Zuordnung von Operatoren und klanglichen Dimensionen betreffend;
7. eine Menge von (unausgesprochenen) Beschränkungen, die die Verbindung der Operatoren untereinander betreffen.

Man beachte, daß diese Stipulierungen aufgaben-gerichtet, nicht zielgerichtet sind. (Träfe das letztere zu, so würden sie sich direkt auf musikalische Pläne beziehen und würden daher nicht strikt klangspezifische Operatoren enthalten müssen.) Angemerkt sei ferner, daß die Formulierung der externen Problem-Darstellung als einer von Optionen die Beziehung beeinflußt, in der die interne Aufgaben-Darstellung[42] zu den vorhandenen Problemlösungsverfahren steht. Man kann eine Option in POD 4 als einen Operator verstehen, dessen Eingabe eine (unvollständige) sonische oder sonologische Darstellung ist[43] und dessen

---

[41] Die hier eingeführten Namen sollen helfen, die Problemlösungsstruktur von POD 4 klarzumachen; sie gehören der Interpretation, nicht dem Programm selbst an.

[42] Die interne Aufgaben-Darstellung in POD 4 ist weder autonom noch vollständig; sie bringt nur Objekte und Ziele zur Darstellung und auch diese nur in einem eingeschränkten Maße.

[43] Siehe auch Fußnote 22. Im Gegensatz zu einer sonischen Darstellung ist eine sonologisch genannte geistige Darstellung syntagmatischer und / oder paradigmatischer Natur und steht

Ausgabe ein psycho-akustisches Resultat darstellt. Dessen Beurteilung kann zu Revisionen der Eingabe des Operators führen. Eine Option bezieht sich implizit auf eine Menge von Tests, denen die erzielten Umformungen unterworfen sind. Eine Umformung[44] ist eine Daten-Struktur, die aus einer Operation und einer Menge von Argumenten besteht; im Falle von POD 4 sind diese Argumente psycho-akustischer Natur, während die Tests, denen sie unterworfen sind, letzten Endes sonologisch determinierte Tests sind.

Die zwischen der Aufgaben-Darstellung und den Problemlösungs-Verfahren bestehende Abhängigkeit ist durch zwei Faktoren bestimmt: erstens durch das Fehlen von ausdrücklichen Differenz-Deklarationen und von Operatoren, die Differenzen entweder anzeigen oder beurteilen; zweitens durch die Tatsache, daß die Problemlösungsverfahren von POD 4 einerseits aus (expliziten) Operatoren, andererseits aus (impliziten) Methoden bestehen.

Zwischen Operatoren und Methoden kann man mit Recht in dem Maße unterscheiden, als Problemlösungsverfahren zielgerichtet sind, anstatt bloße Ausführungsverfahren darzustellen. In POD 4 hat Ziel-Bestimmtheit (von Methoden) mit der Revision eines anfänglich gesetzten Zieles (als Folge von Lernprozessen) zu tun. Obwohl, wie gezeigt werden wird, alle Methoden ihr operationelles Analogon in einem bestimmten Operator haben (der die tatsächlichen Resultate liefert), sind sie doch methodologisch von Operatoren verschieden, insofern sie sonologische Ziel-Darstellungen verkörpern, auf deren Grundlage psychoakustische Veränderungen zustandekommen. Als Folge davon sind solche Veränderungen sonologischen (d.h. auf musikalischem Hören beruhenden) Beurteilungen unterworfen; darum gewinnt die programm-interne Objekt-Ziel-Darstellung (obwohl sie nicht eine vollständige und autonome Aufgaben-Darstellung ist) ein bestimmtes Maß von Unabhängigkeit in Hinsicht auf die vorhandenen Problemlösungsverfahren. Soweit die letzteren Methoden sind, sind sie von operationellen Aufgaben unabhängig und beziehen sich entweder auf die interne Objekt-Darstellung oder auf hypothetisch gesetzte Ziel-Objekte.

Während alle Aufgaben des Programms selbst von den vorhandenen Operatoren abhängen, sind einige der Aufgaben des Benutzers von dieser Bindung frei, da sie sich auf Methoden beziehen. Betrachtet man diese Sachlage im Sinne der Verwirklichung musikalischer Allgemeinheit, so bedeutet sie, daß das Ziel der Strategie sich nicht auf ein Repertoir von Objekten reduzieren läßt, sondern wesentlich in der Realisierung eines musikalischen Planes besteht. Insofern die Allgemeinheit der vom Benutzer zu verwirklichenden Problemformulierungen nicht direkt von einem unveränderlichen Operatoren-Komplex abhängt,

---

daher syntaktischen Interpretationen offen. Eine sonische Darstellung resultiert aus der intuitiven Vereinfachung psycho-akustischer Beziehungen und ist sonologisch determiniert.
[44] Siehe dazu Ernst und Newell, a.a.O., S. 76.

kann man rechtmäßig sagen, *daß der strategische Prozeß in POD 4 ein Prozeß der Formulierung musikalischer Hypothesen und ihrer Verwirklichung ist.* Die Verwirklichung eines Zieles ist in POD 4 insofern von den vorhandenen Problemlösungsverfahren abhängig, als die Ausführung einer Grundhypothese (oder eines musikalischen Planes) als die Zusammenstellung des Zielobjekts aus getrennten, individuellen klanglichen Dimensionen vonstatten geht. Die durch dieses Verfahren implizierte Reduktion musikalischer Denkprozesse auf psycho-akustische Begriffe wird insofern teilweise kompensiert, als es dem Benutzer möglich ist, das strategische Zielobjekt (FELD) sonologisch - d.h. durch Interpretation - zu beurteilen, zu testen und zu revidieren. Infolgedessen stellen die psycho-akustischen und / oder sonischen Dimensionen[45] nicht das strategische Objekt aller musikalischen Handlungen, sondern nur dessen physischen Aspekt dar.

Ein Ziel in POD 4 setzt nicht nur eine sonologische Hypothese voraus, sondern hat auch syntaktische und semantische Darstellungen des Zielobjekts zur Voraussetzung. Die letzteren sind abstrakter (wenn nicht gar allgemeiner) als die ersteren. In geringerem Maße als die vorigen lassen sie sich eineindeutig auf psycho-akustische und sonische Dimensionen beziehen. Vielmehr sind syntaktisch-semantische Darstellungen bereits Interpretationen sonologischer Syntagmata (musikalischen Sinn bergender Klangfolgen).

Alle Realisierungsoperatoren in POD 4 sind aleatorischer Natur[46], jedoch haben sie eine (im Hinblick auf den gesamten Komplex vorhandener Problemlösungsverfahren) untergeordnete Funktion. Diese Sachlage erlaubt es, sie als Analogien sonologischer Verfahrensweisen, wenn nicht gar als Mittel zu betrachten, durch die sich kompositorische Entscheidungen hinsichtlich der Form als ganzer verwirklichen. Folglich bleiben sie der (während des strategischen Prozesses vor sich gehenden) Formulierung von Hypothesen untergeordnet. Also kann man von POD 4 mit Recht als von einem elementaren Problemlösungsverfahren sprechen. Eine Revision der internen Ziel-Darstellung (Schleife 2) ist eine Funktion von Veränderungen in der externen Problem-Darstellung (Schleife 1), welche die Verwirklichung eines musikalischen Planes zum Ziele hat.

---

[45] Während psycho-akustische Dimensionen aufgrund physischer Parameter bestimmt werden, sind sonische Dimensionen aufgrund von *Beziehungen zwischen Parametern* zu kennzeichnen. Da die zwischen dem psycho-akustischen und dem sonologischen Niveau vermittelnden sonischen Darstellungen unbekannt sind, kann man den Begriff 'sonisch' als eine *'dummy'*-Variable betrachten, die für die tatsächlich entwickelten, jedoch unbekannten Darstellungen einsteht. *Sonologische* Strukturen sind demgegenüber voll entwickelte musikalische, musikalischen Sinn tragende Strukturen, soweit sie unter dem Aspekt des Klanges betrachtet und beurteilt werden.

[46] Im Sinne der fortschreitenden Vereinfachung von Prozessen der Wahrnehmung betrachtet, ist ihre Reihenfolge: ALEA, RATIO, TENDENCY. Siehe auch G. M. Koenig, *PROJECT 1*, a.a.O., preface.

184

Wo das strategische Objekt nicht eine psycho-akustische oder sonische Dimension ist, sondern ein sonologisches Syntagma (und also einen höheren Grad musikalischer Allgemeinheit verkörpert), ist es offenbar nicht erforderlich, die Problemlösungsverfahren mit einem extremen Grad rein technischer Allgemeinheit auszustatten. Vielmehr kann man sich darauf verlassen, daß der Benutzer selbst musikalische Allgemeinheit durch abstrakte Planungen verwirklicht. POD 4 macht von vorausgesetzter (im Gegensatz zu der vom Benutzer verwirklichten) musikalischer Allgemeiheit nur zum Zweck der Spezifikation der abstrakten FELD-Struktur strategischer Objekte Gebrauch. Diese rein technische Allgemeinheit wird aber durch die in POD 4 enthaltene Realisierungsstrategie und Lernstrategie unter Kontrolle gehalten.[47] Die Aufgaben-Darstellungen, die POD 4 ermöglicht, verwirklichen einen Typus von Allgemeinheit, der eher musikalisch als bloß technisch ist. Dies wird dadurch erreicht, daß sich die Aufgaben-Darstellung auf ein Ziel bezieht, dessen Allgemeinheit eine vom Benutzer verwirklichte, nicht schon durch das bloße Vorhandensein des Methoden-Komplexes gesicherte ist. Es gibt in POD 4 fünf verschiedene Aufgaben des Benutzers: Aufgaben der Spezifizierung, der Verwirklichung, der Veränderung, der Prüfung und - als Folge der letzteren - Lernaufgaben. Aufgaben des Programms sind solche der Errechnung (Klangsynthese), des Speicherns und der Bereitstellung von (Zwischen-) Informationen. Alle Benutzer-Aufgaben, mit Ausnahme der Test- und Lernaufgaben, besitzen ein Gegenstück in Aufgaben des Programmes.

Die Tatsache, daß in POD 4 zwischen der abstrakten FELD-Struktur strategischer Objekte und ihrer Realisierung unterschieden wird, gewinnt an methodologischer Bedeutung dadurch, daß zwei grundsätzlich verschiedene Realisationen eines FELDES möglich sind. Obwohl diese Möglichkeit nur auf einer rein operationellen Ebene eingeführt wird[48] (nämlich als Alternative zwischen zwei Optionen, welche die Zeitstruktur des Zielobjekts betreffen), beeinflußt sie nicht nur die Realisierungsstrategie des Benutzers, sondern kann auf dem Wege über die Lernstrategie für die Ausbildung musikalischer Pläne selbst bestimmend werden.

---

[47] Das von einem Benutzer verwirklichte FELD kann einem größeren musikalischen Zusammenhang einverleibt werden. Folglich kann der Benutzer Pläne entwickeln, welche die musikalische Funktion einzelner FELDER in Zusammenhängen höherer Ordnung hypothetisch festlegen. Für die Ausübung semantischer Kompetenz ist diese Möglichkeit von großer Bedeutung.

[48] Die genannten Optionen betreffen die Interpretation (en-temps) des grundlegenden ZEIT-FELDES (hors-temps). Entweder entscheidet man sich, die Zeitstruktur des FELDES so zu verstehen, daß Z(eit) die Summe der Dauer der Hüllkurve und des Einsatzabstandes (zwischen einander folgenden Ereignissen) ist; oder Z(eit) wird als Einsatzabstand aufgefaßt. Die erste Entscheidung führt zu dem Resultat, daß die abstrakte FELD-Struktur die sie realisierenden klanglichen Dimensionen dominierend bestimmt, während im zweiten Falle die empirische Gestalt des FELDES primär von der Spezifikation seiner zeitlichen Aspekte abhängt.

Ein Objekt im Sinn von POD 4 ist ein mehrdimensionales FELD. Es wird auf der Grundlage von Spezifikationen zusammengestellt, die sich auf drei Dimensionen - die ZEIT, den KLANG und den RAUM - beziehen. Es gibt insgesamt sieben (3+3+1) Teildimensionen[49], von denen zwei die abstrakte FELD-Struktur und die übrigen fünf dessen Realisierung betreffen.[50] In Übereinstimmung mit der externen Problem-Darstellung als einer dem Benutzer Wahlfreiheit lassenden Liste von Optionen werden in POD 4 alle Teildimensionen (des Zielobjekts) in einer von musikalischen Plänen abhängigen Ordnung spezifiziert und zusammengefügt.[51] Strategisch betrachtet, kann man den Prozeß der Realisierung des Zielobjekts auf zwei entgegengesetzte Weisen betrachten; die Aufgaben des Benutzers stehen daher zwei verschiedenen Interpretationen offen.

Entweder ist die Synthese des Zielobjekts die Artikulation seiner FELD-Struktur (hors-temps) aufgrund der Wahl geeigneter klangdimensionaler Merkmale; oder sie stellt eine Interpretation individuell spezifizierter Klangereignisse aufgrund einer diesen auferlegten globalen Zeitstruktur dar. Der Tatsache zufolge, daß für die real-zeitliche Verwirklichung der FELD-Struktur nur ein einziger Operator zur Verfügung steht (TENDENZ), wird es dem Benutzer nahegelegt, der ersteren Konzeption, der Synthese als Artikulation, einen gewissen methodologischen Vorrang zuzuerkennen.

Betrachtet man die beiden Konzeptionen im Sinne der Problemlösungsmethodik, so erscheinen sie einem als durchaus verschiedene. Für die erste Konzeption (der Artikulation eines abstrakten FELDES) bedarf der Benutzer eines Suchverfahrens für optimale FELD-Werte, die imstande sind, das FELD als FELD zu realisieren. Solche Werte werden im Hinblick auf eine Hypothese, die den Gesamtzusammenhang betrifft, ausgewählt. Im zweiten Falle (der Inter-

---

[49] Die Aufteilung der Hauptdimensionen in Teildimensionen ist die folgende: (ZEIT) Verteilung der Zeitpunkte (hors-temps) (1), Dauer und Einsatzabstand (2), Geschwindigkeit (3); (KLANG) Frequenzverteilung (hors-temps) (4), Schwingungsform (5), Obertöne und / oder Amplitudenmodulation (6); (RAUM) Position im Klangraum (7). Einer jeden dieser Dimensionen ist eine verschiedene Anzahl von Realisierungsoperatoren zugeordnet. Ein einziger Operator (TENDENZ) trifft eine Auswahl der innerhalb der Zeit-Frequenz-Verteilung verfügbaren Regionen, während der fünften (für die Klangsynthese zentral bedeutsamen) Teildimension insgesamt 4 Operatoren zugeordnet sind. Die erste und vierte Dimension sind von ausschließlich struktureller Bedeutung.

[50] In POD 5, einer Variante von POD 4, ist die relative Unabhängigkeit der Spezifikationen von ZEIT und KLANG durch die Einführung des Begriffs dreidimensionaler Klangobjekte aufgehoben. Dementsprechend verliert die Idee, strategische Objekte aufgrund individueller Teildimensionen zusammenzustellen, an methodologischem Gewicht. Anstatt mit getrennten Dimensionen, hat es der Benutzer mit zusammengesetzten Teilobjekten (die zusammen ein FELD ausmachen) zu tun. Ein Klangobjekt ist eher eine sonische als eine psycho-akustische Dimension.

[51] Siehe auch Fußnote 48.

pretation individueller Klangereignisse aufgrund einer tendenziellen Zeitvertei-
lung) bedarf der Benutzer eines Suchverfahrens, das es ihm ermöglicht, die
Funktion zu bestimmen, die verschiedenen Gruppen von Klangereignissen im
Zeitganzen zuzukommen hat.

Beide Verfahren sind generativer Natur. Das erste legt den Nachdruck auf
den Klangzusammenhang als ganzen, während das zweite das angemessene
Funktionieren von (gruppierten) Klangereignissen in einem Zusammenhang betont. Offenbar steht die erste Konzeption abstraktem Planen näher, da sie sehr
formale Aspekte der Form-Organisation betont. Nicht nur hindert sie den Benutzer daran, einen unrechtmäßig großen Teil seiner Aufmerksamkeit der Beziehung zwischen individuellen Klangereignissen zu widmen[52]; sie zwingt ihn
auch, sonologische und syntaktische Strategien zu entwickeln, die zufallsbe-
stimmte FELD-Strukturen semantisch interpretierbar machen. Die Tatsache, daß
der Operator TENDENZ eine einheit-stiftende Matrix für alle Einzelbestim-
mungen des FELDES bereitstellt, hat den methodologischen Vorteil, daß sich
besondere, die Vielfalt klanglicher Ereignisse vermindernde Operatoren er-
übrigen und daß keine Konflikte zwischen Operatoren entstehen, schon gar
nicht solche, die sich den empirischen Tests des Benutzers entziehen. Als eine
weitere Konsequenz ergibt sich, daß die beiden musik-strategisch entscheidenden Dimensionen, KLANG und ZEIT, auf sehr ähnliche Weise in Untereinheiten aufgefächert sind.[53]

Aus diesen Gründen ist musikalische Verständlichkeit nicht von der Aus-
beutung dem strategischen Objekt äußerlich bleibender Operatoren abhängig
(wie es bei indexierten Objekt-Darstellungen der Fall ist). Vielmehr wird musikalische Allgemeinheit durch Test- und Lern-Strategien verwirklicht, die entweder durch Mängel strategischer Teilobjekte oder durch Differenzen zwischen
Operatoren ins Leben gerufen werden. Der stipulierte Vorrang gewisser (klanglicher) Dimensionen über andere führt in POD 4 zu einem Aufgabenbereich, in
dem die Bewirkung und Beurteilung psycho-akustischer Veränderungen eine
Funktion sonischen und sonologischen Wissens darstellen. Die Aufgabe des
Benutzers ist daher nicht die optimale Verwendung von Operatoren, sondern die
Umformung eines Klang-FELDES zu einem semantisch interpretierbaren Syntagma. Mit anderen Worten, der Benutzer muß eine Hierarchie sonischer Para-
meterbeziehungen und sonologischer Darstellungen (eines Klangrepertoirs) entwickeln.

Unter dem Aspekt der Problemlösungsstruktur betrachtet, bleibt die Zusammenstellung des Zielobjekts aus Teildimensionen eine der abstrakten Pla-

---

[52] Truax, Barry D., *The Composition - Sound Synthesis Program POD 4* (Sonological Reports
2), Utrecht: Institute of Sonology, Utrecht State University, Netherlands, 1975 (Summer), S.
ii.
[53] Siehe auch Fußnote 49.

nung des gesamten FELDES untergeordnete Aufgabe. Dieser Sachverhalt wird durch die Tatsache unterstrichen, daß erzielte Teilresultate als Eingabe von Lernstrategien Verwendung finden können.

Die externe Problem-Darstellung enthält zwei verschiedene Arten von Operatoren: solche der Auswahl einerseits sowie der Realisierung und Modifizierung andererseits.[54] Die Operatoren der Veränderung geben Anlaß zur Bildung lernbestimmter Methoden, die sich alle primär auf die Verwirklichung eines FELDES, nicht auf dessen strukturelle Definition beziehen. Diese Methoden sind zweifacher Natur. Erstens betreffen sie die Realisierung, zweitens die Differenzierung strategischer Objekte. Da keine expliziten Differenz-Deklarationen und Differenz-Schemata in POD 4 bestehen, sind alle diese Methoden implizite Teilstrategien, deren operationelles Analogon Operatoren der Veränderung sind.[55] Insgesamt stellt POD 4 die folgende Liste von Arbeitsprinzipien zur Verfügung:

1. Operatoren der Auswahl[56],
2. Operatoren der Realisierung,
3. Operatoren der Veränderung,
4. Methoden der Realisierung[57],
5. Methoden des Differenzierens.

Die Existenz von Methoden stellt sicher, daß Strategien nicht einfache Vollzugsstrategien darstellen, sondern vielmehr Prüfungen unterworfen sind. Obwohl sie nicht explizit programmiert sind, stellen diese Methoden eine strate-

---

[54] Die von Operatoren ausgeführten Instruktionen sind im einzelnen die folgenden: "wähle aus, rechne (erneut) aus, synthesiere, integriere, speichere, berufe ab". Die der Realisierung und Veränderung von Klangdimensionen dienenden Operatoren machen von Speicherungs- und Abberufungsfunktionen Gebrauch, welche ohne direkte Bedeutung für den Benutzer sind, jedoch die Realisierung der klanglichen Dimensionen erleichtern.

[55] Die durch diese Methoden ausgeführten Operationen sind im einzelnen die folgenden: (Verwirklichung) "prüfe, beurteile, ändere, wähle aus"; (Differenzierung) "vermindere (Mängel), revidiere (die geplante FELD-Struktur), entwickle (ein Teil-Resultat)". Die Differenzierungsmethoden haben ihr operationelles Analogon in solchen Operatoren wie "rechne (erneut) aus" und "integriere".

[56] Im einzelnen sind diese Operatoren, die sich alle auf klangdimensionale Repertoirs beziehen, die folgenden: ALEA, RATIO, SEQUENZ, KORRELATION. Die beiden ersteren bringen eine (zeitunabhängige) Wahrscheinlichkeitsverteilung zustande, der letztere Operator produziert eine sich (in der Zeit) ändernde Wahrscheinlichkeit. Der vierte Operator ermöglicht es dem Benutzer, schrittweise selbst Auswahlen zu treffen. Der letzte Operator bringt Auswählen mit einer bestimmten Tendenz (der Zeit-Frequenz-Verteilung) in Übereinstimmung.

[57] Der Unterschied zwischen Realisierungsoperatoren (wie "rechne aus und synthesiere") und Methoden des Realisierens von Objekten entspricht dem zwischen psycho-akustischen und sonologischen Methoden.

gische Wirklichkeit dar, ohne welche die Vollzugsschleife "realisiere-prüfe-ver-ändere-akzeptiere (oder verwerfe)" unausführbar wäre. Am gewichtigsten ist die Bedeutung dieser Methoden für die Interpretation der externen Aufgaben-Darstellung. Ohne jene Methoden wären Aufgaben vollständig an die vorhandenen Operatoren gebunden. Wäre das der Fall, so könnte sich *musikalische Allgemeinheit, also musik-grammatisches Wissen*, nicht wirklich realisieren. Vielmehr müßte es, um überhaupt Existenz zu besitzen, als rein technische Allgemeinheit im Operatoren-Komplex vorausgesetzt werden. Hingegen ist musikalische Allgemeinheit in dem Sinne *dialektisch* oder *vermittelt*, als sie von syntaktischer, semantischer und sonologischer Besonderheit nicht abgetrennt werden kann. Sie integriert vielmehr diese Besonderheit, was sie der intentio obliqua zuordnet.

Der Gebrauch von Operatoren der Auswahl ist in POD 4 problemabhängig und macht nicht umgekehrt die Aufgaben-Darstellung von sich abhängig. Dasselbe gilt für die Operatoren, durch welche die FELD-Struktur bestimmt wird oder durch die Objektmängel bzw. die unzureichende Wirksamkeit von Operatoren vermindert oder aufgehoben werden. Wie gering auch die Unabhängigkeit der Problemlösungsmethoden von Operatoren sein mag, sie ist ausreichend dafür, musikalische Allgemeinheit auf dem Wege über Lernprozesse zu verwirklichen. *In dieser Hinsicht stellt POD 4 einen ersten Schritt zur Formulierung musikalischer Lernsysteme dar.*

Da ein Konflikt von Operatoren in POD 4 nicht möglich ist, ist auch die Anzahl der auf sie bezüglichen Restriktionen gering; alle Restriktionen sind überdies unausgesprochene Restriktionen. Methodologisch bedeutsam ist die Tatsache, daß ein einziger Operator (TENDENZ) zwischen der Definition und der Verwirklichung des Zielobjekts vermittelt. Aufgrunddessen wird eine klare Scheidung zwischen klanglichem Entwurf und klanglicher Realisierung möglich.

Es gibt zwei Arten von Restriktionen im eigentlichen Sinne. Erstens können nur zwei der sieben klanglichen Teildimensionen durch mehr als einen einzigen Operator bestimmt werden; zweitens können, teilweise aufgrund der letzteren Restriktion, teilweise aufgrund des Vorrangs von TENDENZ, nicht alle Auswahl-Operatoren miteinander verbunden werden. Dennoch lassen sich Spezifikationen eines hohen Grades von Homogenität verwirklichen.[58] Hier, wo sich die Vielfalt von Spezifikationen nicht aus der Vielfalt vorhandener Operatoren ergeben kann, kommt sie durch den variablen Gebrauch der vorhandenen Operatoren zustande. Dieser Typus von Vielfalt ist im Sinne musika-

---

[58] Ein konkretes Beispiel hierfür ist die Möglichkeit, die klanglichen Teildimensionen Nr. 1, 4, 5 und 7 durch TENDENZ bestimmen sein zu lassen, also das Zeitfeld (hors-temps), die Frequenz-Verteilung (hors-temps), die Schwingungsform und die räumliche Position von Klängen.

lischen Problemlösens sicher vorzuziehen, da in diesem Falle die Vielfalt der Resultate von dem Gebrauch der Methoden (anstatt dem bloßer Operatoren) herrührt. Solche Vielfalt kann als ein Resultat der Hypothesen-Formulierung des Benutzers betrachtet werden.

Da die Aktivierung der Problemlösungsstruktur des Programms von den entwickelten musikalischen Plänen des Benutzers abhängt, schließt die Strategie von POD 4 nicht nur Auswahlaufgaben, sondern auch Aufgaben der Erkenntnis und Beurteilung ein. Zum Beispiel muß der Benutzer Ziele vergleichen und muß, wo einfachere Teilziele bestehen, komplexere Ziele von unmittelbarer Wirksamkeit ausschließen. Auch ist der Benutzer instandgesetzt, mangelhafte Objekte zu verwerfen und nach einwandfreieren Objekten zu suchen. Diese Situation ist vor allem in dem Fall gültig, in dem der Benutzer mehrere FELDER verwirklicht. Sobald mehrere klangliche FELDER entweder einander in der Zeit folgen oder gleichzeitig miteinander verbunden sind, besteht die Möglichkeit, ein einzelnes FELD ausschließlich in Hinsicht auf seine syntagmatische Funktion in größeren klanglichen Zusammenhängen zu erfinden. Die klangliche Natur des FELDES ist dann der semantischen Relevanz seiner Elemente deutlich nachgeordnet. FELDER können daher, obwohl sie selbst nur Resultate sind, als Elemente (nicht-expliziter) Lösungen fungieren.

2.3. Schlußfolgerung

Diese ins einzelne gehende Analyse zweier resultat-orientierter Programme hat die Beschränkung von Strategien aufgewiesen, die - anstatt Lösungen zu schaffen - nur Resultate oder Endresultate liefern. Indem sie zwei prototypische Strategien erläuterte (zwischen denen man sich eine beliebige Anzahl von Mischtypen vorstellen kann), sollte die Analyse zudem eine methodologische Perspektive formulieren, in der sich musikalische Programme bedeutungsvoll analysieren lassen. In den meisten Fällen sind die methodologischen Implikationen solcher Programme entweder unentdeckt oder, wo solche Programme ausgesprochen schlechte Problemlöser sind, werden bewußt durch die Anpreisung rein technologischer Vorzüge verdeckt. Die in diesem Aufsatz vorgeschlagene methodologische Perspektive hat zum Ziel, eine (selbst-) kritischere Beurteilung musikalischer Programme zu ermöglichen. Ohne spezifische Einzelheiten zu wiederholen, werden wir im folgenden die erzielten Haupteinsichten kurz zusammenfassen.

Die deutlichste Schwäche resultat-orientierter Programme liegt, wie deutlich wurde, in dem Fehlen einer autonomen internen Aufgaben-Darstellung und, als Folge davon, in der deutlichen Abhängigkeit, die zwischen Problem- und Aufgaben-Formulierungen einerseits und Problemlösungsmethoden andererseits besteht. Sogar dort, wo die Komplexität der eingesetzten Rechenprozesse nicht einseitig nur der physischen Struktur klanglicher Grundrepertoirs (im Gegensatz zu ihrer musikalischen Verwendung) zugute kommt, übertreiben resultat-orientierte Programme ex definitio die methodologische Bedeutung solcher Repertoirs. Betrachtet man sie unter dem Aspekt des Problemlösens, so sind Grundrepertoirs eine bloße Vorbedingung dafür, Daten-Strukturen zu schaffen, aufgrund deren sich musikalische Aufgaben formulieren lassen. Nicht ihre Natur, sondern ihre Funktion ist für musikalisches Problemlösen von Bedeutung.

Die Kritik, die eine Theorie musikalischen Problemlösens in Hinsicht auf die Überbetonung bloßer Klangrepertoirs formuliert, ist übrigens einer strikt kompositorischen Denkweise nicht fremd. Sowohl kompositionstheoretische als auch kritische Reflexion lassen deutlich werden, daß die Spezifikation von Klangrepertoirs und Auswahlen aus ihnen nur den elementarsten Aspekt der Komposition genannten musikalischen Aktivität ausmachen. Ähnliches gilt für Prozesse musikalischer Wahrnehmung. Man kann sagen, daß resultat-orientierte Programme, auch jene, die psycho-akustisch außerordentlich entwickelt sind, nur einen untergeordneten Aspekt musikalischer Aktivität wirklich darstellen können. Nur wenn Klangrepertoirs als eine conditio sine qua non - anstatt als Zentrum - musikalischer Aktivität behandelt werden, kann man Strategien entwickeln, in denen die einseitige Abhängigkeit der (internen) Aufgaben-Darstellung von einem Operatoren-Komplex vermieden ist. Diese Abhängigkeit ist der Grund dafür, daß die Auswertung resultat-orientierter Programme musik-grammatisches Wissen nicht faßbar zu machen vermag.

Um es dem Benutzer zu ermöglichen, ein gewisses Maß von musikalischer Allgemeinheit zu verwirklichen, konzentriert sich die Aufmerksamkeit in PR-2 und POD 4 auf abstraktere, die Gesamtorganisation strategischer Objekte betreffende) Entscheidungen. Dies zu ermöglichen, verwenden sie statistische Prämissen. Jedoch ist die statistisch definierte Allgemeinheit nur gesetzt, nicht vom Benutzer selbst entwickelt, sogar dort, wo (wie in POD 4) der Einfluß von aufgaben-unabhängigem Wissen auf strategische Prozesse deutlicher sichtbar ist. *Beide Programme können die durch den Benutzer erzielte Allgemeinheit musikalischer Formulierungen nicht explizieren. Daher sind sie außerstande, Einsicht in Wissensarten zu gewähren, die nicht strikt aufgaben-abhängig sind.*

Diese Unfähigkeit von einem anderen Blickpunkt betrachtend, kann man sagen, daß in beiden Programmen die Entwicklung musikalischer Pläne zum größten Teil außerhalb der den Plan ausführenden Strategie fällt. Folglich sind die von diesen Programmen vorgeschlagenen Aufgaben in erster Linie von Methoden - wenn nicht von Operatoren - abhängig. Jedoch ist kompositorische und wahrnehmende Aktivität in Wirklichkeit durch ein sehr flexibles Aufgabenwissen gekennzeichnet, das es dem Benutzer ermöglicht, die Formulierung von Aufgaben auf interne Problem-Darstellungen - statt auf vorhandene Problemlösungsverfahren - zu gründen.

Da resultat-orientierte Programme flexibles Aufgabenwissen nicht darzustellen vermögen, sind sie in Gefahr, ein schiefes Bild kompositorischer und perzeptiver Aktivität zu vermitteln, da sie diese Aktivität nur als eine an Repertoirs gebundene auffassen. Vom Standpunkt solcher Programme aus gesehen, ist Komposition einfache Ordnungsstiftung (Formung), nicht aber *Gestaltung* (für die der Unterschied zwischen Material und Form nicht besteht). Wahrnehmung wird von ihnen als Verarbeitung von Information betrachtet, nicht als die (interne) Erzeugung ästhetischer Information.

Um bedeutungsvoll für die Erforschung musikalischen Problemlösens zu sein, müssen musikalische Programme nicht nur ein flexibles Aufgaben-Wissen darstellen können, sie müssen auch imstande sein, eine vereinheitlichte Darstellung des zu lösenden Problems zu geben. Ein idealer musikalischer Problemlöser würde keine Spezifikationen erfordern, die für eine Darstellung musikalischer Probleme im verbalen oder visuellen Medium überflüssig sind. Folglich stellt die Vermehrung der Anzahl von klanglichen Teildimensionen und / oder Operatoren über das unbedingt notwendige Maß hinaus ein Beispiel schlechter methodologischer Planung dar. Denn dadurch wird nur deutlich, daß Probleme des Klangrepertoirs keine angemessene Lösung gefunden haben und ferner, daß die Verminderung oder Aufhebung von Differenzen (Mängeln) entweder gar nicht oder nur in unzureichendem Maße besteht.

Man kann sagen, es gibt drei methodologisch sinnvolle Ansätze der Erforschung musikalischer Allgemeinheit:

1. die Verallgemeinerung der Aufgaben-Darstellung;
2. die Verallgemeinerung der Problemlösungsmethoden;
3. die Rekonstruktion musikalischer Lernprozesse.

Ginge es um Allgemeinheit als solche, so wären die ersten beiden Ansätze die geeignetsten. Sie sich zu eigen zu machen, setzt jedoch bereits voraus, daß man (sei es auch hypothetisch) bereits weiß, was denn musikalische Allgemeinheit sei, insbesondere also, was aufgaben-unabhängiges musikalisches Wissen sei, und wie es sich zu musik-strategischem Wissen verhalte. Dieser Autor muß bekennen, daß er ein solches Wissen nicht besitzt. Er verfügt lediglich über einige Hypothesen hinsichtlich dessen, was musik-grammatisches Wissen (also Kompetenz) sein könnte. Jedoch scheint es ihm, daß man solche Hypothesen nur durch Programme verwirklichen kann, die nicht resultat-orientierte Programme sind. Die Gründe dafür sollten nunmehr deutlich sein.

Im folgenden machen wir uns den Ansatz zu eigen, der musikalische Allgemeinheit aufgrund von Lernprozessen untersucht. Wir werden die von musikalischen Lernsystemen gestellten Grundprobleme erörtern und als konkrete Beispiele solcher Systeme klangbegreifende Programme betrachten. Dies geschieht aufgrund der Auffassung, daß klangbegreifende Programme uns einige dringend benötigte Lektionen hinsichtlich der Frage erteilen können, was musikalisches Problemlösen sei, auf welche Weise musikalisches Lernen stattfinde und, schließlich, was denn aufgaben-unabhängiges musikalisches Wissen sei.

3. Musikalische Lernsysteme

3.1. Über musikalische Lernsysteme im allgemeinen

Der Begriff musikalischen Lernens bezieht sich auf den geistigen Prozeß, durch den man als Klänge-Zusammenstellender oder sie Hörender die Fähigkeit erwirbt, klingende Materie als musikalische Struktur zu verstehen und sie dementsprechend zu verwenden. Für eine Untersuchung der Entscheidungen und Problemlösungsprozesse klangbegreifender Systeme ist es von untergeordneter Bedeutung, ob die zu verwirklichenden Zielstrukturen in erster Linie als (syntaktisch) wohlgeformte, (semantisch) interpretierbare oder (sonologisch) verständliche Zusammenhänge betrachtet werden. Obwohl in der Tat Klangstrukturen musikalischen Charakters stets die oben genannten Merkmale aufweisen und ihre Trennung nur gewaltsam möglich ist, kann man doch zu methodologischem Vorteil die drei genannten Kriterien trennen, um so die von den beiden verbleibenden Merkmalen gestellten Probleme auf ein Minimum zu beschränken.

Lernprozesse werden im allgemeinen unterschieden von geistigen Prozessen, die eine ausgereifte Vollzugsfähigkeit manifestieren. Wir können uns diesen Standpunkt zu eigen machen. Da jedoch in Studien zur Künstlichen Intelligenz Lernen häufig im rein strategischen Sinne verstanden wird (derart, daß die epistemologischen Probleme des Lernens vollständig vernachlässigt werden), ist daran zu erinnern, daß die Untersuchung von Lernprozessen vor einer doppelten Aufgabe steht: einmal der, den Erwerb und das Zur-Reife-Kommen einer grundlegenden Kompetenz zu erklären, die es jemandem ermöglicht, wohlgeformte, verständliche und interpretierbare - also musikalische - Strukturen zu erzeugen; ferner der, den Erwerb und den Einsatz strategischer Mittel zu untersuchen, durch die dieses Wissen sich in einer konkreten kompositorischen und perzeptiven Situation verwirklicht.

Es scheint deutlich, daß der fundamentalere Prozeß der erstgenannte ist. Lernen im strategischen Sinn ist grundsätzlich ein Mittel, nicht ein Selbstzweck. Offensichtlich ist es keine einfache Aufgabe, die beiden Lernprozesse klar zu unterscheiden, es sei denn im Medium methodologischer Begriffe. Der zwischen Kompetenz und Strategie gemachte Unterschied ist deswegen bedeutsam, weil er es dem Forscher ermöglicht, Hypothesen hinsichtlich der Erlernung genannten geistigen Prozesse zu formulieren und aufgrund dessen den Gegenstand seiner Untersuchungen eindeutig zu bestimmen.

Man kann musikalisches Lernen als den Prozeß auffassen, durch den man die Fähigkeit erwirbt, zwischen zwei scheinbar durchaus heterogenen, jedoch innig verschlungenen Faktoren musikalischer Erfahrung zu unterscheiden, nämlich dem Klang und dem Sinn. Diese beiden Faktoren in der Erkenntnis zu trennen, einem jeden von ihnen als solchem Genüge zu tun und beide Faktoren sodann in angemessener Weise zu verbinden, setzt voraus, daß man sonologische Darstellungen von Klängen zu erfinden vermag. Solche Darstellungen müssen syntaktische Funktionen erfüllen und semantische Bedeutungen annehmen können.

In einer musikalischen Semantik müssen die Begriffe der *Bedeutung*, des *Sinnes* und der *Interpretation* unterschieden werden. Der letztere ist ein sich auf Kompetenz beziehender Begriff, da er musik-grammatisches Wissen impliziert, während die beiden ersteren Begriffe die strategischen Prozesse angehen, durch die sich musikalische Kompetenz verwirklicht.

Beinahe gar nichts ist über die geistigen Prozesse bekannt, durch die identifizierbare musikalische Bedeutungen zustandekommen. Es scheint angemessen anzunehmen, daß die semantische Aufgabe par excellence die Explikation von "mit Sinn gesättigten Klängen" ist, wobei unter Sinn ein labiles Konglomerat von Protobedeutungen zu verstehen ist. Einige Evidenz besteht zugunsten der Annahme, daß die genannte Aufgabe syntaktische Mittel erfordert, also die Fähigkeit, syntagmatisch und paradigmatisch wohlgeformte Klangzusammenhänge zu formen, denen sich semantische Interpretationen zuordnen lassen.[59] Jedoch muß man, bevor syntaktische und semantische Probleme berücksichtigt werden können, grundlegendere - nämlich sonologische - Probleme zu lösen suchen.

Sonologische Kompetenz ist die Fähigkeit, deren man bedarf, um auf der Grundlage der Abstraktion von irgendeinem psycho-akustischen Klangrepertoir verständliche musikalische Zusammenhänge zu stiften. Eine solche Fähigkeit scheint eine unabdingbare Voraussetzung dafür zu sein, sich mit abstrakteren Darstellungen von Klängen zu befassen, wie sie für die Lösung syntaktischer und semantischer Probleme erforderlich sind.

Ein Modell sonologischen Lernens sollte imstande sein, den Prozeß zu simulieren, durch den sich akustische Darstellungen von Klängen in sonologische Darstellungen von Klangereignissen verwandeln. Dies geschieht höchstwahrscheinlich aufgrund der hypothetischen Formulierung vermittelnder geistiger Darstellungen. Da man Musik dadurch lernt, daß man sie macht, d.h. durch eine musikalische Aktivität der einen oder anderen Art, wird der strategische Aspekt des Lernens bei solchen Untersuchungen im Vordergrund stehen müssen. Man wird jedoch den musik-strategischen Prozeß nur schlecht verstehen

---

[59] Siehe die Arbeit von John Lyons, *Introduction to Theoretical Linguistics*, Cambride, England: University Press, 1969, S. 422.

und nie als Vehikel der Erforschung musik-grammatischen Lernens verwenden können, wenn man nicht die *Aktualisierung* von musikalischem Wissen von diesem Wissen selbst deutlich unterscheidet.

Unter den in Studien zur Künstlichen Intelligenz vorkommenden Themen ist das seiner methodologischen Bedeutung nach der hier behandelten Frage am nächsten kommende Thema das der Verwirklichung (logischer) Allgemeinheit (insbesondere insofern sie als auf der Verallgemeinerung der internen Aufgaben-Darstellung beruhend aufgefaßt ist). Obwohl die Fähigkeit, neue Aufgabenstellungen zu erlernen und die, die strategische Leistungsfähigkeit eines Systems zu verbessern, sicher untrennbar sind, scheint doch die erstere von größerer methodologischer Bedeutung zu sein; schließlich sind strategische Methoden nicht in erster Linie dazu bestimmt, Probleme zu stellen, sondern sie zu lösen. Die Aufgabe, musikalische Darstellungen von zunehmender Allgemeinheit und Aufgaben-Unabhängigkeit zu entwickeln, hat entscheidend mit der Fähigkeit zu tun, zunehmend abstraktere Problemformulierungen hervorzubringen. Letzteres schließt die Fähigkeit ein, Aufgaben-Darstellungen zu erfinden, die es einem Vollzugssystem ermöglichen, in abstrakter Weise, d.h. unbeeinflußt von konkreten akustischen Reizen, zu planen.

Unter den für eine autonome Aufgaben-Darstellung minimal erforderlichen Elementen - wie Zielen, Objekten, Operatoren, und Differenzen - kommt den letzteren besondere Bedeutung für Lernmodelle zu. Denn ohne die Fähigkeit, Differenzen zwischen strategischen Objekten und Mängel von Operatoren zu entdecken, zu beurteilen und zu vermindern oder aufzuheben, kann ein Lernprozeß nicht stattfinden. Lernen im emphatischen Sinne schließt ein, daß Differenzen deklariert werden und daß Beurteilungen von Differenzen von einem Vollzugssystem explizit gemacht werden.

Wie in der Analyse resultat-orientierter Programme gezeigt wurde, setzt die Fähigkeit, Differenzen zu handhaben, voraus, daß der Aufgaben-Darstellung ein gewisses Maß von Autonomie gegenüber den Problemlösungs-Verfahren oder Lernmethoden eigen ist. Ferner wurde gezeigt, daß sich die Verwirklichung musikalischer Allgemeinheit im epistemologischen Sinne als der Erwerb von aufgaben-unabhängigem Wissen verstehen läßt. Es ist anzunehmen, daß solches Wissen die Verwendung von aufgaben-abhängigem Wissen bestimmt. Die letztere Art von Wissen ist zweifacher Natur. Sie umfaßt sowohl grammatisches als auch strategisches Wissen.

Methodologisch gesehen, besteht zu aufgaben-unabhängigem Wissen kein anderer Zugang als der, der über die Rekonstruktion der strategischen Prozesse führt, durch die es sich verwirklicht. Aus diesem Grunde sollten musikalische Lernsysteme so konstruiert sein, daß das dem musikalischen Lernen zugrundeliegende 'innere Programm' experimentellen Untersuchungen zugänglich gemacht wird. Sonologisch betrachtet bedeutet das, zu untersuchen, auf welche

Weise in Lernprozessen zunehmend abstraktere Darstellungen eines Repertoirs physischer Elemente ausgebildet werden.

Da allein die äußeren Enden der Hierarchie der für sonologisches Problemlösen erforderlichen geistigen Darstellungen analytisch bekannt sind (nämlich akustische Reize einerseits und Komplexe syntaktisch-semantischer Syntagmata andererseits), sollten es klangbegreifende Programme ermöglichen, die zwischen diesen extremen vermittelnden geistigen Darstellungen ins Zentrum der Untersuchung zu rücken. Solche Programme sollten es dem Forscher erleichtern, Hypothesen hinsichtlich sonologischen Lernens zu formulieren. Sonologisches Lernen wird dabei als die Entwicklung zunehmend autonomer, verfahrens-unabhängiger (interner) Aufgaben-Darstellungen verstanden.

Man kann ein sonologisches Lernsystem als aus vier relativ unabhängigen, doch untereinander verbundenen Teilsystemen zusammengesetzt auffassen: einem akustischen, einem psycho-akustischen, einem sonischen und einem sonologischen System.[60] Das akustische System ist ein klangproduzierendes System, das nur insofern von Bedeutung ist, als es Eingaben bereitstellt. Es stellt also die physische Umwelt des Lernsystems dar. Das Lernsystem als ganzes steht zwei Interpretationen offen: es kann entweder als ein System, das sonologisches Schließen vollzieht, angesehen werden, oder als eines, das sonologische Hypothesen ausführt.

Verfahren der ersten Art haben die Umformung psycho-akustischer Eingaben in sonologische Syntagmata (sinnvolle Klangfolgen) zum Ziele; dies geschieht durch die Erzeugung geistiger Darstellungen (von Klängen) die, in ihrer allgemeinsten Form, sonologische Darstellungen physischer Eingaben sind. Sie lassen sich als Folgerungen im Sinn musikalischer Induktion betrachten. Verfahren der zweiten Art vollziehen sich in entgegengesetzter Richtung, indem sie 'von oben nach unten' vorgehen. Sie setzen ein hypothetisches Anfangswissen hinsichtlich sonologischer Syntagmata voraus und haben die Realisierung sonologischer Hypothesen im Medium physischen Klanges zum Ziele.

Die Trennung von Systemen, die aus physischen Eingaben sonologische Schlußfolgerungen ziehen und denen, die sonologische Hypothesen im Medium physischen Klanges verwirklichen, ist gewiß eine künstliche. Sonologische Verfahren setzen gewiß ein Arbeiten in beiden Richtungen voraus und vereinigen daher die beiden genannten Systeme. Ja, die Wechselwirkung beider Systeme könnte man für das entscheidende Problem sonologischer Untersuchungen halten. *Eine umfassende sonologische Untersuchung wird daher beide Verfahrensweisen in ihrer Wechselwirkung untersuchen müssen.* Es ist anzunehmen, daß das Verhältnis zwischen beiden Verfahrensweisen von dem jeweils zu lösenden Problem abhängt. Da uns unser gegenwärtiges Wissen über sonologische Kom-

---

[60] Psycho-akustische Elemente betreffen Einzelparameter, während sonische Elemente Parameterverbindungen betreffen.

petenz die hypothetische Formulierung sonologischer Ziele kaum schon ermöglicht, beschränken wir uns im folgenden auf Verfahren sonologischer Induktion. Welche Interpretation eines sonologischen Lernsystems man auch wähle, die zu behandelnden Probleme sind im wesentlichen die gleichen, nur daß man sie unter einem anderen Blickpunkt betrachtet. In jedem Falle ist das prinzipielle Problem das des internen Problemlösungsmechanismus, durch welchen die Eingaben und Ausgaben des Systems verbunden sind. Man kann einem sonologischen Lernsystem zwei verschiedene Problemlösungsstrukturen geben, je nachdem ob es eine sich selbst genügende programmierte Strategie ist oder nicht. Im negativen Falle ist ein sonologisches Lernsystem ein mehr oder weniger aktives Interface zwischen einem Benutzer (der sich Schlußfolgerungsaufgaben stellt) und einer psycho-akustischen Umwelt. Im positiven Falle hat das System genug Wissen erworben, um Schlußfolgerungsaufgaben selbst in Angriff nehmen zu können. Die letztere Situation kann offenbar nur eine Folge der ersteren sein. Nichtsdestoweniger ist es vielleicht nicht stets einfach, eine klare Unterscheidung zwischen den beiden Arten des Problemlösens zu treffen, besonders im Falle von klangbegreifenden Programmen, die auf dem Dialogprinzip beruhen. In solchen gemischten Systemen verhalten sich die Programmstruktur und ihr Benutzer gegenseitig wie Schüler und Lehrer.

In seiner elementarsten Form stellt das System dem Benutzer eine Anzahl von Optionen der Klangerzeugung zur Verfügung, die für die Ausführung kompositorischer und / oder perzeptiver Aufgaben geeignet sind. Das Lernsystem versucht sodann, die Komplexität der im Geist des Benutzers sich abspielenden Entscheidungsprozesse in seinen eigenen, maschinen-abhängigen Begriffen nachzubilden, arbeitet also unter der Aufsicht des Benutzers. In einem weiteren methodologischen Schritt wird von dem im System investierten Wissen Gebrauch gemacht, um zu einer angemesseneren Rekonstruktion der Aktivität des Benutzers zu gelangen und schließlich ein vollständig automatisiertes sonologisches Lernsystem zu formulieren.[61]

Welches auch immer der Grad von Unabhängigkeit eines (programmierten) Lernsystems gegenüber seinem Benutzer ist, in jedem Falle wird es die Problemlösungsstruktur ermöglichen müssen, die geistigen Prozesse zu testen, die zum Erwerb sonologischer Kompetenz führen.

Zieht man in Betracht, daß sonologisches Lernen in erster Linie ein Erlernen neuer sonologischer Aufgaben ist, so wird deutlich, daß die Verbesserung von Methoden der Klangerzeugung und von Problemlösungsverfahren für eine Wissenschaft musikalischen Problemlösens von zweitrangiger Bedeutung

---

[61] Man kann sich ein sonologisches Lernsystem 'ohne Lehrer' als ein auf Bayes'sche Prinzipien gegründetes Lernsystem denken. Jedoch betreffen die meisten derart konzipierten Systeme nur die Erkenntnis von Schwingungsformen, nicht von komplexen sonologischen Objekten. Wie in der Einleitung zu diesem Text gezeigt wurde, können musikalische Aufgaben nicht als bloße *pattern recognition tasks* verstanden werden.

sind.[62] Da am belangreichsten die geistigen Prozesse sind, durch die neue Probleme gestellt und neue Aufgaben erworben werden, sollte die Wirksamkeit sowohl der technischen als auch der methodischen Komponente konstant bleiben. Im Zentrum der Aufmerksamkeit sollte die (externe) Problemformulierung und die interne Aufgaben-Darstellung des Lernsystems stehen. Das Verstehen von Klangstrukturen als musikalischer Gebilde kann sodann als der Erwerb einer Menge von mehr oder minder abstrakten geistigen Darstellungen akustischer Eingaben betrachtet werden, durch welche der Lernende sonologische Zusammenhänge zunehmender Komplexität formt.

Unserem analytischen Wissen über sonologische Schlußfolgerungs-Verfahren nach zu urteilen, hat sich ein Musik-Lernender mit den folgenden Problemen auseinanderzusetzen: Um auf der Grundlage psycho-akustischer Klangmerkmale verständliche Klangzusammenhänge zu formen[63], muß der Lernende eine Vielzahl von Vektorschätzungen durchführen, um zunehmend einfachere sonische Darstellungen zu finden, die psycho-akustische Veränderungen in einem Format darstellen, das für die Konstruktion sonologischer Syntagmata relevant ist. Besonders im Falle, daß ein Minimum von apriorischem Wissen angenommen wird (*unsupervised estimation*), ist die Anzahl durchzuführender Operationen so groß, daß es unrealistisch wäre anzunehmen, daß ein Lernender in

---

[62] Dies bedeutet nicht, daß gewisse minimale Anforderungen hinsichtlich der Komlexität sowohl der Klangsynthese als auch der Problemlösungsverfahren außer acht gelassen werden können; wo solche Anforderungen nicht erfüllt sind, wird es unmöglich, sonologisches Lernen in angemessener Weise darzustellen. [Spätere Anmerkung des Autors (2002): Ein gutes Beispiel für diesen Sachverhalt ist das von C. Scaletti entwickelte Kyma-System. Kyma arbeitet mit '*icons*', die man als sonische Modelle (*templates*) sonologischer Syntagmata betrachten kann. Die letzteren kommen dadurch zustande, daß man den '*icons*' Partituren (also syntaktische Syntagmata) zuordnet. Aus der Zusammenfügung syntaktischer und sonologischer Syntagmata entstehen semantische Sinnzusammenhänge, also musikalische Strukturen. Das Binden sonischer *icons* an syntaktische Strukturen (Partituren) kann weiterhin so potenziert werden, daß einem '*sample icon*' in Kyma eine syntaktische Struktur unterlegt wird, auf deren Grundlage sich eine Partitur zweiter Ordnung verklanglichen läßt (z.B. eine CSound oder CMask-Partitur). Auf diese Weise lassen sich sonologische Darstellungen höherer Ordnung verwirklichen, deren Potenz durch "Mischung" genannte Verfahren weiterhin potenziert werden kann. Obwohl Kyma kein explizites sonologisches Lernsystem ist, läßt sich dennoch sagen, daß es sonologische Sinnbildung durch eine Hierarchie sonischer Klangdarstellungen ('*icons*') befördert und daher zur Bildung höherer Arten musikalischer Allgemeinheit beiträgt. Allerdings gilt dies nur für jene Verwendungen von Kyma, die auf dem Gebrauch von Partituren beruhen.]
[63] Die Analyse psycho-akustischer Klangmerkmale verschafft dem Lernenden Einsicht in Beziehungen zwischen meßbaren Eigenschaften (*feature extraction*). Auf diese Einsicht kann er sich bei der hypothetischen Setzung klanglicher Charakteristika (*features*) stützen. Selbst dieser elementare Prozeß schließt bereits Entscheidungsprozesse ein. Siehe dazu Edward A. Patrick, *Fundamentals of Pattern Recognition*, Englewood Cliffs, NJ: Prentice-Hall, 1972, S. 478-483.

der Tat eine lineare Verfahrensweise wählen würde. Dasselbe gilt prinzipiell für *'supervised estimation'*. Die Unbrauchbarkeit eindimensionaler und linearer Verfahrensweisen wird noch deutlicher[64], wenn man die Zeit in Betracht zieht, über welche der Lernende verfügt, um sonologisch relevante Information zu verarbeiten. Folglich muß angenommen werden, daß der Lernende abstrakter Planungen fähig ist, die es ihm ermöglichen, die für die Verarbeitung psycho-akustischer Information notwendige Zeit als auch den Betrag solcher Information selbst erheblich zu verkürzen.

Am wahrscheinlichsten ist es, daß der Lernende zu sonologischen Darstellungen dadurch gelangt, daß er beständig und systematisch geistige Darstellungen empfangener Eingaben umformt; er schafft dadurch eine ganze Staffel geistiger Darstellungen, die zwischen seinem abstrakten psycho-akustischen Wissen und der von ihm formulierten syntagmatischen Hypothese vermitteln. Die vom Lernenden entwickelten Methoden abstrakter Planung setzen ihn instand, "Entscheidungen zu treffen, ohne den Verlauf der diese Entscheidungen ausführenden Handlungen im einzelnen erforschen zu müssen" (W. Jacobs). Dies erlaubt es ihm, eine Menge von Teilzielen zu definieren; mit anderen Worten, der Lernende entwirft eine Reihe von sonischen Darstellungen, die seine psycho-akustischen Vorstellungen in Übereinstimmung mit den strategischen Erfordernissen der (von ihm entwickelten) Methoden abstrakter Planung vereinfachen. *Eine solche Entwicklung von vermittelnden sonischen Darstellungen macht eine sonologische Strategie aus.* Die Strategie setzt den Lernenden instand, nur jene akustischen Veränderungen (als Hinweise) zu beachten, die ihm ein sonologisches Ziel, also eine musikalische Einsicht, zu verwirklichen gestatten.[65] Ein sonologisches Lernsystem ist daher im wesentlichen ein System, das vermittelnde sonische Darstellungen produziert, die als Operatoren sonologischer Problemlösungsverfahren auftreten.

---

[64] Dies geschieht nämlich aufgrund der Vieldimensionalität von Merkmalvektoren.

[65] Die statistische Konzeption musikalischer Einsicht besagt, daß sich diese auf Entscheidungsregeln gründet, die ein Risiko minimalisieren. Jedoch ist ein Risiko - epistemologisch betrachtet - nur ein negativer Faktor; ein solcher ist vielleicht für Prüfverfahren von Bedeutung, doch setzen solche Verfahren ein positives (apriorisches) Wissen stets schon voraus, nämlich Wissen hinsichtlich eines Zieles auszuführender Tests. Jedoch können statistische Operatoren zur Prüfung apriorischen Wissens herangezogen werden. Im letzteren Falle werden sowohl apriorisches Wissen wie auch *'training samples'* verwandt, um Einsicht in die Regeln zu gewinnen, nach denen sich *pattern recognition decisions* vollziehen. Siehe dazu Edward A. Patrick, a.a.O., S. 478-488.

3.2. Die innere Organisation klangbegreifender Systeme

Um abstrakte sonologische Planungen ausführen zu können, muß ein Vollzugssystem gewisse strukturelle Erfordernisse erfüllen. Man konzipiert ein solches System am besten als ein vieldimensionales, hierarchisches System[66], dessen verschiedene Niveaus so miteinander verbunden sind, daß die höheren Niveaus (auf denen abstraktere Verfahren eingesetzt werden) ein Eingriffsrecht auf niederen Niveaus haben. Dieser Vorrang der höheren Niveaus wird durch ihre Abhängigkeit von den tatsächlichen Vollzügen auf den niederen Niveaus ausgeglichen. Das Eingriffsrecht der höheren Niveaus impliziert (in einem gewissen Grade), daß Problemlösungsverfahren an eine schrittweise Abfolge von Handlungen derart gebunden sind, daß der Lösungsalgorithmus auf einem jeden Niveau von dem des nächst höheren Niveaus abhängt. Die strikte Konsequenz des Gesagten scheint zu sein, daß im Lösungsalgorithmus des niederen Niveaus unspezifizierte Parameter auftreten, die sich erst durch eine Umformung der auf dem höheren Niveau erreichten Lösung voll bestimmen lassen. Jedoch würde unter diesen Umständen das System sehr rasch paralysiert sein; es müssen also Verfahren bestehen, die verhindern, daß Probleme der niederen Stufen erst dann vollständig definiert sind, wenn das Problem auf der höheren Stufe gelöst worden ist.[67]

Die Teilsysteme eines sonologischen Vollzusgssystems (also dessen akustisches, psycho-akustisches, sonisches und sonologisches Niveau) sind begrifflicher Natur. Jedes dieser Niveaus stellt eine Menge von Operationen dar, die ausgeführt werden müssen, um zu einer sonologischen (Teil-) Lösung zu gelangen. Wo sich der Austausch mit der Umwelt vorzüglich auf niederen Niveaus (insbesondere dem psycho-akustischen Niveau) abspielt, kann man ein Vollzugssystem als auf Feedback und die Reaktion auf Eingriffe gegründet betrachten. Vollzüge sind daher 'aufwärts' gerichtet, d.h. sie sind ausgerichtet auf das sonologische und auf das syntaktisch-semantische Niveau.

Die Kennzeichnung eines sonologischen Niveaus als 'akustisch, psychoakustisch, sonisch, und sonologisch' hat verschiedene Bedeutungen, je nachdem sie als Beschreibung gemeint ist, die Komplexität der auf einem Niveau fallenden Entscheidungen betrifft, oder sich auf die innere Organisation des Niveaus bezieht. Im ersten Fall sprechen wir[68] von einem Stratum, im zweiten von Schichten, im dritten von Staffelung.

---

[66] Mesarovic zufolge (M. D. Mesarovic et al., *Theory of Hierarchical, Multilevel Systems*, New York: Academic Press, 1970, S. 34) sind die Hauptmerkmale solcher Systeme die folgenden: a) die vertikale Anordnung der Teilsysteme eines Systems, b) Handlungsvorrecht der höheren Teilsysteme, c) Abhängigkeit der höheren Teilsysteme von den tatsächlichen Vollzügen der niederen Teilsysteme.

[67] Siehe M. D. Mesarovic et al., a.a.O., S. 36.

[68] Ebd., S. 37.

200

Zum Zweck der bloß äußerlichen Beschreibung eines sonologischen Systems betrachten wir zunächst seine Strata. Jede der vier (oben genannten) Kennzeichnungen läßt uns dann das System im Sinne verschiedener Abstraktionsstufen betrachten. Wir nehmen an, daß jedes Niveau eine ihm eigene Menge von Charakteristika, Variablen und Tests besitzt. Die gedrängteste Betrachtung würde das System als aus zwei Strata bestehend ansehen, einem geistigen Stratum und einem physischen Stratum, die sich beide wiederum in drei Untereinheiten teilen:

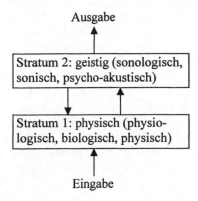

Dadurch, daß sonologische Planung dem Vollzugssystem syntaktische und semantische Bereiche eröffnet, weitet es die Möglichkeiten abstrakter Planung entschieden aus. Gleichzeitig führt solche Planung Determinanten anderer Arten von Kompetenz ein, wie z.B. kognitiver und sprachlicher Kompetenz, aufgrund deren das Vollzugssystem eine Anschauung seiner 'Welt' entwickelt.

Sonologisches Folgern scheint ein in zwei Richtungen verlaufender Prozeß zu sein, insofern es sowohl von abstraktiv-erzeugender als auch rezeptiver Natur ist. Die eigentlich musikalischen Faktoren (Prinzipien) sonologischer Aktivität scheinen einem Bereich anzugehören, in dem die von außen übermittelten (passiv empfangenen) und die innerlich erzeugten Informationselemente zu einem Gleichgewicht gelangen.

Das unterste, physische Stratum eines sonologischen Vollzugssystems ist in eine akustische Klangquelle und einen aktiven biologischen und physiologischen Empfänger unterteilt. Ohne ein genaues Wissen darüber, in welcher Weise die beiden Strata tatsächlich verbunden sind, läßt sich mit einiger Wahrscheinlichkeit annehmen, daß sich das rein physische Stratum als eine Menge sehr allgemeiner Beschränkungsprinzipien darstellen läßt, welche die conditio sine qua non sonologischer Aktivität verkörpern. Ob es in diesem Stratum zu irgendeiner aktiven Setzung (Stipulierung) von musikalischer Relevanz kommen kann, mag als zweifelhaft erscheinen, doch sollte diese Möglichkeit nicht dogmatisch ausgeschlossen werden.[69]

Bei dem gegenwärtigen Stand sonologischen Wissens kann nur die akustische Klangquelle (übersetzt in Software) dem Vollzugssystem einverleibt werden; die biologischen und physiologischen Determinanten stellen demgegenüber eine Menge nicht-expliziter Beschränkungen dar. Man könnte sagen, sie formen einen passiven Filter, der entscheidet, welche akustischen Eingaben zum geistigen Stratum gelangen.[70]

Zusammen mit dem menschlichen Benutzer (welcher die biologischen und physiologischen Determinanten verkörpert) bildet das programmierte Vollzugssystem seine eigene unmittelbare Umwelt, da es selbst die Eingaben produziert, auf die es reagiert. Daher ist die physische Umwelt des Vollzugssystems zum Teil unter dessen Kontrolle, teilweise ist es abhängig von beschränkenden Prinzipien, die es nicht versteht, auf die es nur rechnen kann.

In dieser physischen Umwelt kommt - aufgrund der Aktivierung des Vollzugssystems durch den Benutzer - ein Aufgabenbereich doppelter Natur zustande. Er enthält die Aufgaben des Programms einerseits, die des Benutzers andererseits. Man betrachtet beide Aufgabenbereiche am besten als gegenseitig voneinander abhängig und daher als integrale Bestandteile eines sie umfassenden Ganzen. Ein sonologischer Aufgabenbereich enthält drei verschiedene Strata:

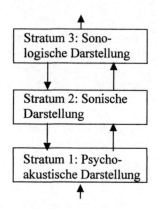

[69] Siehe Olav Thommessen, *On Body Determinants of Musical Activity*, Utrecht, Niederlande, unveröffentlichtes Manuskript, 1972 (April).
[70] Die Untersuchungen von H. Helmholtz und seinen Nachfolgern haben zu einer großen Menge von Einsichten in die physiologischen Determinanten musikalischer Handlung geführt. Jedoch ist bislang keine Methodologie entwickelt worden, die es ermöglichte, von diesen Einsichten in *epistemologisch relevanten* Untersuchungen von Musik Gebrauch zu machen.

Die nach unten zeigenden Pfeile deuten Eingriff und Kontrolle an, die aufwärts weisenden deuten Feedback an.

Betrachtet man die Wirksamkeit der Problemlösungsverfahren des Systems als eine Konstante, so hängt offenbar die Problemlösungseffizienz des Systems und das Ausmaß, in dem es allgemeine Problemformulierungen zu finden vermag, von der epistemologischen Komplexität seiner (geistigen) Darstellungen ab. Höchstwahrscheinlich verfügt das System über ein 'inneres Programm', d.h. über einen Fundus aufgabenunabhängigen Wissens, den es im selben Augenblick in Tätigkeit setzt, in dem es neue Einsichten in sich aufnimmt. *Strategisch betrachtet, wird Einsicht vom System dadurch erzielt, daß höhere Niveaus auf niedrigeren eingreifen.* Während die eigentliche Produktion von Klangobjekten die Aufgabe der (künstlichen) Klangquelle ist, werden Entscheidungen hinsichtlich dessen, was ein verständlicher Klangzusammenhang ist, von den Erfordernissen der höheren Niveaus bestimmt.

Insofern die Erfordernisse für das richtige Funktionieren eines jeden Stratum als beschränkende Prinzipien der Operationen niedrigerer Niveaus erscheinen, ist die gegenseitige Abhängigkeit der verschiedenen Strata asymmetrischer Natur. Die Entwicklung des eigentlichen Problemlösungsprozesses und der Klangerzeugung wird durch das Verhalten der höheren Strata bestimmt. Daher bewegt man sich 'aufwärts' zum Zwecke besseren Verständnisses und 'abwärts', um mehr ins einzelne gehende Erklärungen zu finden. Während Erklärung in Begriffen von Elementen eines und desselben Stratum nur Beschreibung ist, müssen Erklärungen im eigentlichen Sinne in Hinsicht auf die Elemente niedrigerer Strata formuliert werden. Sie müssen also die Funktion der Elemente eines bestimmten Stratum erhellen.

Ein sonologisches Modell sollte so konstruiert sein, daß man durch Verweis auf die niedrigeren Strata angeben kann, wie das System funktioniert. Die Bedeutung der Operationen der Teilsysteme für das Endresultat sollte eine Funktion der vom System formulierten Zielvorstellungen sein. Jedes Stratum des Systems verfügt über nur ihm eigene Objekte, Operatoren und Differenzen. Für ein jegliches Stratum ist daher die Aufgabe, musikalische Allgemeinheit zu verwirklichen, eine andersgeartete. Was auf einem höheren Niveau als Element auftritt, stellt sich auf einem niedrigeren Niveau als eine Menge von Elementen dar. Obwohl daher die Prinzipien aller Strata untereinander verbunden sind, lassen sie sich doch nicht voneinander herleiten.

Das prinzipielle Zielobjekt wird auf jedem der Strata in verschiedener Weise konzipiert. Was auf Stratum 1 als eine Menge vieldimensionaler Merkmalvektoren erscheint, stellt sich auf Stratum 2 als ein einheitliches sonisches Objekt dar. In Begriffen des Stratum 3 schließlich stellt es ein von seiner Funktion im klanglichen Gesamtzusammenhang abhängiges Objekt dar. Während es das System auf allen Strata mit einem und demselben physischen Objekt zu tun hat, ist die Erscheinungsweise des strategischen Objekts abhängig vom jeweiligen Stratum. Die endgültige Bedeutung des physischen Objekts ergibt sich aus Interpretationen, die durch Normen der Wohlgeformtheit und Verständlichkeit bestimmt werden. Die letzteren machen einen Teil des höchsten Stratum aus. *Man könnte sagen, daß das physische Objekt durch einen sonischen wie auch sonologischen 'Compiler' verarbeitet wird, der seine Annehmbarkeit (Verständlichkeit) entscheidet.* Die entscheidende (in diesem Zusammenhang zu stellende) Frage betrifft die innere Struktur dieser 'Compiler'.

Der Ausdruck 'Compiler' bezieht sich gewöhnlich auf Übersetzer, die eine Sprache höherer Allgemeinheit in eine solche niedrigerer Allgemeinheit übersetzen. Insofern jedoch ein sonologischer Compiler durch ein inneres Programm bestimmt wird, leitet er gleichermaßen Gebilde höherer Allgemeinheit von solchen niedrigerer Allgemeinheit ab. Das Problem sonologischer Induktion betrifft beide Richtungen übersetzerischer Tätigkeit. Die Aufgabe des Gesamtsystems besteht darin, von einer endlichen Menge von *training samples* sonologische Darstellungen abzuleiten. Im Sinne eines vollständigen musikalischen Vollzugssystems betrachtet, ist diese Aufgabe eine Teilaufgabe des umfassenderen Problems musik-grammatikalischer Induktion.

Ein sonologischer Übersetzer schließt gewiß semantische oder protosemantische Elemente ein. Die Relevanz semantischer Implikationen für eine Untersuchung klangbegreifender Systeme hängt von dem Umfang der klanglichen Zusammenhänge ab, mit denen man es aufnehmen will. Man kann semantische Elemente nur dann explizieren, wenn Normen syntaktischer Wohlgeformtheit festgesetzt worden sind. Jedoch ist unser gegenwärtiges Wissen von syntaktischer und sonologischer Wohlgeformtheit zu rudimentär, als daß wir solche Normen vorschlagen könnten.

Untersuchungen elementarer klangbegreifender Systeme sind nicht vor allem mit dem Problem (syntaktischer) Wohlgeformtheit und sonologischer Komplexität, als vielmehr mit dem *musikalischer Annehmbarkeit* von klanglichen Folgen befaßt. Wenn solche Folgen hinreichend kurz gehalten werden, kann man (wenigstens versuchsweise) sonologische von syntaktischen Problemen scheiden. Jedoch ist man in jedem Falle von Anbeginn mit sonologischen Zusammenhängen befaßt, nicht mit der Erscheinungsweise einzelner, isolierter Klangereignisse.

Um eine Klangfolge überhaupt als sonologischen Zusammenhang wahrzunehmen (nicht zu reden von der Beurteilung der Annehmbarkeit solcher Folgen und ihrer musikalischen Verständlichkeit)[71], bedarf ein musikalisch Handelnder intuitiver Einsicht in die distributionelle Äquivalenz von Klängen.

---

[71] Während grundsätzlich musikalische Verständlichkeit von der Wohlgeformtheit eines Zusammenhangs abhängt, kann man von sonologischer Verständlichkeit im engeren Sinne annehmen, daß sie allein von der Annehmbarkeit klanglicher Folgen als musikalischer Folgen abhängt. Im Gegensatz zu Wohlgeformtheit bezieht sich Annehmbarkeit eher auf intuitive als auf rationale Einsichten.

Höchstwahrscheinlich verfügt ein Musiker über intuitives Wissen darüber, welche Klänge in welchen Zusammenhängen (musikalisch) annehmbar sind. Solches Wissen ermöglicht es ihm, Hypothesen hinsichtlich der vollständigen, teilweisen oder komplementären Streuungsequivalenz von Klängen zu formulieren.[72] Man kann sonologisches Wissen als die Explikation solcher elementarer Einsicht betrachten.[73]

Sonologisch betrachtet, ist ein Klang stets Element eines Zusammenhangs. Außerhalb eines Zusammenhangs sind Klänge sonologisch irrelevant. Ein sonologischer Zusammenhang gründet sich auf zwei Arten von Beziehungen seiner Elemente: syntagmatische Beziehungen einerseits, paradigmatische Beziehungen andererseits. Die ersteren stellen Beziehungen dar, wie sie zwischen klanglichen Einheiten (Klängen) eines und desselben Niveaus bestehen. Die letzteren umfassen jene Klänge, die anstelle eines bestimmten Klanges im gleichen Zusammenhang erscheinen könnten, sei es, daß sie eine gegensätzliche, oder sei es, daß sie eine equivalente Funktion in Hinsicht auf jenen Klang erfüllen.[74]

Von sonologischer Annehmbarkeit und Verständlichkeit zu sprechen, setzt voraus, daß sich (aufgrund distributionaler Equivalenz) syntagmatische und paradigmatische Beziehungen von Klängen bestimmen lassen. Die Verständlichkeit von Klängen ist ein ausschließlich kontextuelles Problem, gleichgültig ob ein bestimmter Klangzusammenhang geordnet oder ungeordnet ist, und ob er eine Reihenfolge darstellt oder mehrdimensional ist. In dem Fall, in dem ein Musiker einen Klangzusammenhang als unannehmbar verwirft, leugnet er erstens, daß die vorkommenden Klänge seiner Einsicht nach eine distributionelle Klasse bilden, und zweitens, daß syntagmatische Beziehungen (wie z.B. Ordnung, Vorgänger- und Nachfolger-Beziehungen, gegenseitige Abhängigkeit)

---

[72] Solche Hypothesen gehen die Frage an, welche Klänge eine distributionelle Klasse ausmachen. Man kann vier Möglichkeiten unterscheiden: a) zwei Klänge kommen (der Möglichkeit nach) in einem und demselben Zusammenhang vor; dann sind sie im Sinne ihrer Distribution equivalent; b) die Zone des Vorkommens eines Klanges schließt die eines anderen ein; c) die Vorkommenszonen zweier Klänge überschneiden sich teilweise; dann sind diese Klänge teilweise einander distributionell equivalent; schließlich d) zwei Klänge sind in einem und demselben Zusammenhang niemals annehmbar; dann liegt komplementäre Equivalenz vor. Man beachte, daß im musikalischen Bereich Urteile über distributionelle Equivalenz nicht außerhalb klanglicher Zusammenhänge möglich sind. Distributionelle Klassen bestehen also nicht a priori, außerhalb der Beziehung auf solche Zusammenhänge.
[73] Einsicht in die Equivalenz und Nicht-Equivalenz sonologischer Verteilungen ist nicht ex definitio semantische Einsicht; solche Einsicht ist vielmehr proto-semantisch, da sie die Vorbedingungen angeht, unter denen Klangfolgen musikalische Zusammenhänge bilden, welche semantischer Interpretation offenstehen.
[74] Man beachte, daß Syntagmata nicht notwendigerweise der Reihenfolge nach geordnet sind; sequenzielle Verkettungen sind nur ein besonders häufig vorkommender Fall syntagmatischer Beziehungen. Siehe dazu die Arbeit von John Lyons, a.a.O., S. 73 und 209-210.

und paradigmatische Beziehungen (wie Ähnlichkeit oder Kontrast) zwischen den Klängen bestehen. In dem Falle, daß er Klänge als unverständlich beurteilt, setzt der Urteilende die Existenz solcher Zusammenhänge voraus, erfährt es jedoch als unmöglich, sie sich klarzumachen.

Versuche, sonologischen Vollzug zu simulieren, sind im wesentlichen mit der Aufgabe befaßt, Hypothesen bezüglich der Annehmbarkeit und Verständlichkeit klanglicher Zusammenhänge zu prüfen und die strategischen Prozesse zu untersuchen, durch die solche Zusammenhänge entwickelt, geprüft, akzeptiert oder verworfen werden. Vergegenwärtigt man sich erneut das Eingriffsrecht, das höhere sonologische Niveaus in Hinsicht auf niedrigere Niveaus haben, so wird klar, daß sich distributionale, syntagmatische und paradigmatische Kriterien als Prinzipien der Formung von Klangobjekten auf allen strategischen Stufen auswirken. *Die sonologische Grundaufgabe par excellence scheint die Bildung von Zusammenhängen auf der Grundlage elementarer (etwa psychoakustischer und sonischer) Darstellungen von Klängen zu sein.*[75] Die Aufgabe besteht darin, durch die Beurteilung der Funktion von Klängen (also ihrer zusammenhanglichen Eigenschaften) zu angemessenen geistigen Darstellungen von Klangfolgen zu gelangen. Diese Aufgabe ist identisch mit der, annehmbare klangliche Zusammenhänge zu stiften.

Im einzelnen wären sonologische Aufgaben wie folgt zu spezifizieren:

1. Klangeinheiten auszuwählen, die geeignet sind, annehmbare musikalische Zusammenhänge zu formen;
2. die Grenzen eines in sich geschlossenen musikalischen Zusammenhangs zu bestimmen;
3. die Identität von Zusammenhängen unter Bedingungen syntagmatischer Veränderung zu prüfen;
4. die paradigmatische Ersetzbarkeit von Teilen eines musikalischen Zusammenhangs zu prüfen (konkret gesprochen, Zusammenhänge zu variieren);
5. bestehende Zusammenhänge zu umfassenderen Syntagmata auszuweiten.

Bei all diesen Aufgaben werden Klangeinheiten funktional, nämlich mit Hinsicht auf die ihre Bedeutung ausmachenden zusammenhanglichen Beziehungen beurteilt (im Gegensatz zu Beurteilungen der Natur solcher Klänge im Sinn eines sie vereinzelnden solfege). Wer solche Aufgaben ausführt, stellt sozusagen ein sonisches Vokabular zusammen, über dem sich eine sonologische Sprache

---

[75] Sonische Darstellungen betreffen die Beziehungen psychoakustischer Parameter. Solch eine Darstellung kommt durch Abstraktion von psycho-akustischer Vielfalt zustande, wie sie Klangobjekte niedrigerer Formungsstufe kennzeichnet.

definieren läßt. Die sonologische Darstellung, auf die er zu schließen sucht, ist jener Algorithmus, der die einen annehmbaren und verständlichen Klangkontext formenden Einheiten feststellt. In einem solchen Fall ist die sonologische Darstellung induktiv erschlossen und funktioniert als sonologische Lösung. Man kann aber eine solche Darstellung auch als eine Hypothese betrachten, auf deren Grundlage induktive sonologische Verfahren (im Sinn abstrakter Planung) allererst ausführbar werden. Solch eine Hypothese ermöglicht es dem Vollzugssystem, als Hinweise nur denjenigen klanglichen Veränderungen Beachtung zu schenken, die für die Formung verständlicher musikalischer Zusammenhänge von unmittelbarer Bedeutung sind.

Welche Interpretation des Begriffs 'sonologische Darstellung' man auch wähle, es wäre eine schlimme methodologische Vereinfachung, sie sich als ein genaues Abbild dessen, was 'in jedermanns Bewußtsein ist' vorzustellen. Vielmehr stellt eine solche Darstellung eine nützliche Hypothese für die Analyse, die Voraussage und die Rekonstruktion sonologischen Verhaltens dar.[76] Aus diesem Grund kann man eine sonologische Darstellung auf verschiedene Weise operationell definieren, nämlich in Abhängigkeit von der jeweiligen sonologischen Aufgabe, die man zu untersuchen gedenkt. Eine sonologische Darstellung ist dann eine Menge (expliziter oder impliziter) Instruktionen, die ausgeführt werden müssen, um ein sonologisches Ziel zu erreichen.

*

Nachdem wir die von musikalischem Lernen gestellten Grundprobleme, die Struktur sonologischer Vollzugssysteme und schließlich deren grundsätzliche Aufgabe erörtert haben, sind wir nun in der Lage, die sonologische Entscheidungen vollziehenden organisatorischen Einheiten eines Vollzugssystems und ihr Format im einzelnen zu betrachten.

Um die Aufgaben eines sonologischen Vollzugssystems in größerer Einzelheit bestimmen zu können, führen wir den Begriff der Schicht ein. Eine Schicht ist ein unter dem Aspekt zu fällender Entscheidungen betrachtetes Niveau eines Vollzugssystems. Wir nehmen versuchsweise an, daß jede der Schichten eine mehr oder weniger Komplexe Instanz des Entscheidungsprozesses darstellt. Demgemäß unterscheiden wir drei verschiedene Arten von Entscheidungen: psycho-akustische, sonische und sonologische.

Während psycho-akustische Entscheidungen sich in erster Linie auf *pattern recognition tasks* beziehen, gehen sonische Entscheidungen die Verminde-

---

[76] Sonologisches Verhalten zu verstehen setzt zweierlei voraus: a) Einsicht in die Normen, die sonologische Verständlichkeit bestimmen; b) Einsicht in die Strategie, durch die sonologische Hypothesen geprüft werden. In einer Untersuchung sonologischen Verhaltens treten sonologische Regeln nur als strategische auf; ihr musik-grammatisches Format zu bestimmen, stellt eine Hauptaufgabe der Interpretation sonologischer Benutzerprotokolle dar.

rung der divergenten Vielfalt psycho-akustischer Information an. Einerseits machen solche Entscheidungen eine bestimmte Art von Problemreduktion möglich, zum anderen bereiten sie Problemformulierungen auf einem abstrakteren, nämlich dem sonologischen Niveau vor. Sonische Problemreduktion ist nur dann möglich, wenn (hypothetisch gesetzte) sonologische Normen existieren, deren Verwirklichung ein Teilziel des Vollzugssystems ausmacht. Sonologische Entscheidungen schließlich betreffen die Aufgabe, auf der Grundlage sonischer Darstellungen musikalisch verständliche, klangliche Zusammenhänge zu stiften (wobei sich jene Darstellungen als "die einfachsten möglichen Darstellungen akustischer Veränderungen" verstehen lassen).

Aufgrund der Tatsache, daß das sonologische Niveau Vorrang vor den ihm untergeordneten Entscheidungseinheiten hat, betrachtet man das Vollzugssystem als Ganzes am besten als aus drei relativ unabhängigen Automata bestehend. Die Ausgabe des elementarsten Automaton bildet dann die Eingabe des nächst höheren. Man kann sodann eine Familie von Entscheidungsproblemen derart definieren, daß die Lösung eines jeden Problems (in der Hierarchie der Probleme) einen bestimmten, im folgenden Problem enthaltenen Parameter expliziert. Das einem Problem nachfolgende Problem kann man nicht vollständig spezifizieren und seine Lösung läßt sich (wahrscheinlich) nicht erreichen, solange nicht die Probleme der *nächst höheren* Stufe, wenigstens prinzipiell, gelöst worden sind.

Angesichts dieser methodologischen Situation erscheint es als wahrscheinlich, daß es auf jedem Niveau zum Konflikt zwischen Entscheidungen kommt, die einerseits die Verwirklichung musikalischer Allgemeinheit, andererseits die technische Leistungsfähigkeit des Niveaus betreffen.[77] Entscheidungen auf einem nächst höheren Niveau müssen einerseits abstrakt genug sein, um die beschränkte verfügbare Realzeit und die beschränkte Kapazität des Speichers des Systems auszugleichen.[78]

Andererseits müssen diese Entscheidungen jedoch spezifisch genug sein, da sie sonst für den Problemlösungsprozeß der niederen Stufe von keiner Relevanz sind. In strikten Zeitbegriffen ist zu sagen: einerseits muß das System unverzüglich handeln, während es zum anderen eine vertiefte Einsicht in die Situation benötigt. Was die Speicherung und Abberufung von Information angeht, so wird nur jene Information überhaupt gespeichert, die für die Formulierung von Hinweisen (*cues*) erforderlich ist, die das höhere Niveau benötigt. *Für ein jedes Niveau gilt, daß nur jene Entscheidungen, die zu einer als mögliche Eingabe zu dem nächst höheren Niveau verwendbaren Ausgabe führen, optimale Entschei-*

---

[77] Dieser Konflikt schließt den zwischen verschiedenen Niveaus ein, jedoch ist dieser durch den Vorrang des sonologischen Niveaus vorentschieden zugunsten des letzteren.

[78] Beschränkungen der Realzeit und der Speicherkapazität machen offenbar Schichten noch höherer Allgemeinheit - also syntaktische und semantische Schichten - zu einer musikalischen Notwendigkeit.

dungen darstellen.[79] Das besagt, daß sonologische (d.h. syntagmatische) Entscheidungen eher weniger als mehr Information benötigen. Sonologische Lernstrategien basieren daher im wesentlichen auf Entscheidungen, welche die Reduktion überflüssiger Komplexität von Information betreffen.

Eine Hierarchie sonologischer Entscheidungseinheiten könnte wie folgt aussehen[80]:

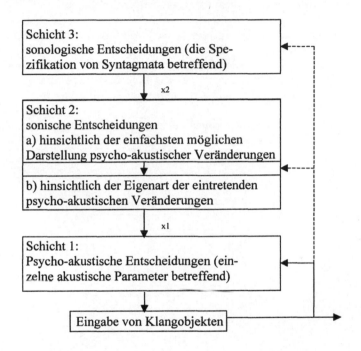

---

[79] Psycho-akustische Entscheidungen betreffen die Erzeugung von Hinweisen, die die Vielfalt verfügbarer Information über Klangobjekte in sinnvoller Weise reduzieren helfen. Sonische Entscheidungen beziehen sich auf die Erzeugung von Hinweisen, die eine Funktion in sonologischen Beurteilungsverfahren ausüben, also syntagmatische und / oder paradigmatische Beziehungen angehen. Die Strenge der den Ausgaben der psycho-akustischen Einheit auferlegten Beschränkungen hängt von dem Format sonischer Darstellungen sowie von der Interpretation des Begriffs einer "möglichst einfachen sonischen Darstellung psychoakustischer Veränderungen" ab.

[80] Man beachte, daß Entscheidungen in Schicht 1 nicht nur Wahrnehmungen dessen, was geschehen ist, gleichkommen, sondern auch Veränderungen, die es hervorzubringen gilt, betreffen.

Diese Hierarchie von Entscheidungen ist das Schema einer Strategie für die Formung sonologischer Zusammenhänge auf der Grundlage akustischer Eingaben. Entscheidend für die Verwirklichung solcher Zusammenhänge ist die Beziehung der Schichten Nr. 2 und Nr. 3. Sie beinhaltet Lernprozesse. Solche Lernprozesse, die auf apriorisches Wissen verzichten, führen zu Entscheidungen, die *'under true uncertainty'* getroffen werden. Für Entscheidungsprobleme sind die drei folgenden Aufgaben von ausschlaggebender Bedeutung:

(i)   die Auswahl der für die Lösung von Problemen zu benutzenden Strategien;
(ii) die Reduktion oder Aufhebung bestehender Unsicherheiten;
(iii) (unter der Voraussetzung, daß eine bestimmte Strategie besteht) die Suche nach einer optimalen Handlungsweise.

Man könnte für ein sonologisches Vollzugssystem die folgende externe Aufgaben-Darstellung vorschlagen:

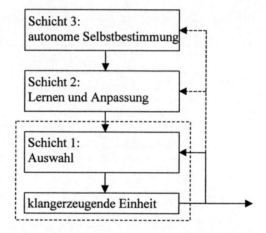

Den sich in drei Schichten abspielenden Entscheidungsprozeß kann man sich in folgender Weise vorstellen[81]:

(i) Die niedrigste Entscheidungen treffende Einheit empfängt physische Information. Sie sucht nach einem Algorithmus, der eine optimale Handlungsfolge abzuleiten erlaubt.[82] Wo keine Lösungstabelle (*solution map*) für eine be-

---

[81] Siehe M. D. Mesarovic et al., a.a.O., S. 46-49.
[82] Die Tatsache, daß höhere Niveaus das Recht zum Eingriff auf niedrigeren Niveaus haben, besagt nicht, daß eine erste Handlungsfolge von Entscheidungen auf höchster Ebene abhängt.

stimmte Menge von Eingabedaten besteht, müssen Lösungen durch heuristische Verfahren gefunden werden. Will man das in der ersten Schicht auftretende Auswahlproblem definieren, so muß man wenigstens die folgenden zwei Vollzugsfunktionen spezifizieren. Erstens eine Ausgabefunktion P: M x U → Y, die eine Abbildung der Menge alternativer Handlungen (M) und einer Menge von Unsicherheiten (U) auf eine Menge von Ausgaben (Y) ist und wo U alle die Beziehungen von Handlung (m) zu Ausgabe (y) betreffende Unsicherheit umfaßt; zweitens, eine Beurteilungsfunktion G: M x Y → V, die eine Abbildung einer Menge von Handlungen (M) und einer Menge von Ausgaben (Y) auf eine Menge von Werten darstellt, die mit dem Vollzugssystem verbunden sind (V). Die Auswahl alternativer Handlungen wird von dem jeweiligen Problem und von der Aufgaben-Darstellung abhängen, welche das Vollzugssystem zu formulieren vermag.[83] Wo keine Unsicherheiten bestehen, können Optimierungsverfahren angewandt werden. Wo hingegen die Menge der Unsicherheiten sehr groß ist, kann es notwendig werden, zusätzliche Funktionen zu definieren und neue heuristische Verfahren (für die Auswahl angemessener Handlungen) zu entwickeln.

(ii) In der Schicht sonischen Lernens und sonischer Anpassung wird die in der Auswahlschicht verwandte Menge von Unsicherheiten näher bestimmt. U gibt die alle möglichen Quellen und Arten von Unsicherheit betreffenden Hypothesen wieder. Zwei Arten von Unsicherheit gehen aus der vorherigen Beschreibung dieser Schicht klar hervor: erstens die Unwissenheit des Systems hinsichtlich dessen, was die "einfachste mögliche Darstellung psycho-akustischer Veränderungen" ist (welche entweder schon eingetreten sind oder welche es zustandezubringen gilt); zweitens, die Unsicherheit des Vollzugssystems hinsichtlich der Syntagmata, mit denen es zu tun hat (sei es, daß diese noch zu formulieren sind oder daß sie bereits formuliert wurden).

Allgemein gesagt, ist es das Ziel sonischer Entscheidungen, die bestehende Unsicherheit bis zu einem Punkt zu vermindern, wo Optimierungsverfahren anwendbar werden. Um die im System vorhandene Unsicherheit zu vermindern, muß die sonische Schicht Suchverfahren für die (im Hinblick auf ein bestimmtes Syntagma) einfachste Darstellung psycho-akustischer Veränderungen enthalten. Wo Unsicherheit durch Lernprozesse vermindert wird, mag es geschehen, daß sich die Aufgabe der niedrigsten, auswahl-treffenden Schicht zum einfachen Empfang einer bestimmten Eingabe vereinfacht, so daß die Schicht Nr. 1 als bloßer Randapparat funktioniert. Wo die Menge der Unsicherheiten größer als angenommen ist, kann es vorkommen, daß die gesetzten Hypothesen vollständig neu formuliert werden müssen.

(iii) In der Schicht autonomer Selbstbestimmung werden die in den niedrigeren Schichten gewählten Strategien zu dem Zweck beurteilt und / oder neu

---

[83] Siehe die weiter oben aufgeführte Liste sonologischer Aufgaben.

definiert, ein Gesamtziel in möglichst angemessener Weise zu verfolgen. Dadurch, daß durch die Schicht Nr. 3 auf der untersten Schicht eingegriffen wird, kann es zu einer Veränderung der Vollzugsfunktion (P) und der Beurteilungsfunktion (G) kommen. Was die vermittelnde Schicht sonischen Lernens angeht, so kann es zu einer Veränderung der Lernstrategie kommen, besonders wenn sich die stattfindende Beurteilung der Unsicherheiten als unzureichend herausstellt. Schließlich könnte es notwendig werden, zusätzliche Funktionen zu berücksichtigen, die sich von einer feineren Aufteilung der für Entscheidungsprozesse relevanten Schichten herleiten.

Betrachtet man ein klangbegreifendes System unter einem rein organisatorischen Aspekt, so könnte man es als ein vieldimensionales, auf ein Einzelziel gerichtetes System definieren.[84] Alle Variablen, über die entschieden wird, hängen mit diesem einen Ziel zusammen. Die Einfachheit des Gesamtziels (das operationell zu definieren in den meisten Fällen sehr schwierig ist) bilden einen Gegensatz zu den hierarchischen Beziehungen, die zwischen den einzelnen Entscheidungseinheiten des Systems bestehen. Diesem Kontrast kann man nicht dadurch aus dem Wege gehen, daß man das Vollzugssystem in eine Anzahl von eindimensionalen Systemen auseinandernimmt. Denn das Vollzugssystem ist ja aus einer Anzahl aufeinander reagierender Teilsysteme zusammengesetzt.

In dem Falle, in dem ein sonologisches Vollzugssystem syntaktische und / oder semantische Entscheidungseinheiten aufweist, kann es zu Konflikten zwischen den Zielen, die den verschiedenen Einheiten eigen sind, kommen. Solche Konflikte zu beseitigen, kann schwerfallen, zumal die höheren Niveaus nicht unbedingt eine vollständige Kontrolle über die Entscheidungsprozesse der niederen Einheiten besitzen. In einem solchen Falle ist es wahrscheinlich, daß verschiedene Strategien miteinander in Wettbewerb stehen, bis eine optimale Gesamtstrategie gefunden worden ist.

Die einfachste Hypothese, die man hinsichtlich der Beziehung von Entscheidungen fällenden Einheiten zu Niveaus im organisatorischen Sinn (d.h. Staffelungen) formulieren kann, würde besagen, zwischen ihnen bestehe eine eindeutige Zuordnung. Offenbar ist eine solche Hypothese nicht sehr vielversprechend. Die zu wählende organisatorische Struktur hängt offenbar von der externen Problemformulierung sowie von der internen Aufgaben-Darstellung ab.[85] Was eine optimale Anzahl organisatorischer Niveaus ist, wird offenbar

---

[84] Dieser Typ eines Systems wird von Mesarovic eigentümlicherweise nicht erwähnt; siehe Mesarovic, a.a.O., S. 50-51.

[85] Wo die Ausbildung von Lernstrategien, insbesondere zum Zweck des Erwerbs neuer Aufgaben, von entscheidender Bedeutung ist, wie in allen klarbegreifenden Systemen, kann die Aufgaben-Komponente nicht als eindimensional konzipiert werden, sondern muß mehrere Entscheidungsniveaus umfassen. Die Annahme mehrerer Niveaus ist überall dort angebracht, wo es gilt, durch Lernen Lösungen zu (lokalen) Teilproblemen zu finden (ohne welche die Gesamtlösung nicht zu realisieren ist).

zum einen durch den Grad der Unabhängigkeit bestimmt, den die interne Aufgaben-Darstellung gegenüber dem Methodenkomplex verwirklicht; ferner ist sie auch durch den Typus musikalischer Allgemeinheit bedingt, welchen das Vollzugssystem zu verwirklichen hat.

3.3. Ein konkretes Beispiel: OBSERV 1 (1973)[86]

Ein Problem im Sinne von OBSERV 1[87] ist ein Problem musikalischer Induktion, welches durch das Erlernen sonologischer Begriffe (Konzepte) gelöst werden soll. Ein sonologischer Begriff wird als ein geistiges Schema verstanden, welches der Bildung eines musikalisch annehmbaren und verständlichen klanglichen Zusammenhanges zugrundeliegt. Es wird angenommen, ein sonologischer Begriff sei gelernt worden, wenn ein solcher Zusammenhang versuchsweise (hypothetisch) formuliert wurde[88] und wenn Vergleiche des Zusammenhangs mit komponierten Abweichungen eines seiner Teile einen neuen Zusammenhang ergeben haben, der dem zuerst gebildeten funktional equivalent ist. Der Prozeß, durch den ein sonologischer Begriff erlernt wird, ist als dreistufig angenommen:

1. die Bildung eines experimentellen Klangzusammenhangs (*trial concept*) auf der Grundlage aleatorischer Auswahlen aus einem Universum ungeformter Klangobjekte (die Grenzen dieses Universums sind im vorhinein festgelegt worden);
2. die Einführung von Abweichungen vom normativen Zusammenhang zum Zwecke der Bildung begrifflicher Varianten (d.h. auch: neuer klanglicher Zusammenhänge);

---

[86] Dieses musikalische Lernsystem wird vom Autor in Zusammenarbeit mit Mr. Barry Truax entwickelt. Es basiert auf der Konzeption der "Sonologie" genannten Disziplin durch den Autor. Die Programmierung des Modells wird ausschließlich von Mr. Truax besorgt. Ferner sind die Klangerzeugungsmethoden, auf denen das Lernsystem beruht, die des von Mr. Truax entwickelten POD 4-Programms.

[87] OBSERV 1 ist das erste einer geplanten Reihe von Versuchen, explizite musikalische Lernsysteme zu entwerfen, die den Erwerb von aufgabenunabhängigem, insbesondere sonologischem Wissen rekonstruieren. Die Arbeit an diesem Modell ist nicht weit genug fortgeschritten, um eine definitive Darstellung zu geben. Nur die methodologisch wichtigsten Eigenschaften werden genannt. - Der Hauptunterschied zwischen OBSERV 1 und den Programmen, die ihm Folgen sollen, betrifft das Ausmaß, in dem das Programm selbst die Funktion eines aktiven Teilnehmers am Lernprozeß zu übernehmen imstande ist. In OBSERV 1 ist das nur minimal der Fall. OBSERV 1 wurde in Übereinstimmung mit der Idee entworfen, so wenig wie möglich apriorisches Wissen zu verwenden.

[88] Dieses Konzept gewinnt physische Existenz in einer vom Benutzer geformten Klangfolge, auf die alles fortgeschrittene Lernen dem Sinn nach bezogen ist.

3. die Prüfung, Beurteilung, das Annehmen (oder Verwerfen) eines Klangzusammenhanges.

Die OBSERV 1 ausmachende Strategie ist eine gemischte Strategie, insofern sie sowohl Elemente der Komposition als auch Elemente der Wahrnehmung umfaßt. Die Hauptstrategie umfaßt drei Teilstrategien: erstens eine Erzeugungsstrategie, die es dem Benutzer ermöglicht, eine jegliche Struktur, die er als wohlgeformt erachtet, hervorzubringen; zweitens, eine Wahrnehmungsstrategie für Klangfolgen, die aus diskontinuierlich auftretenden einzelnen Klangobjekten gefügt sind; drittens, eine Auswahlstrategie für Klangfolgen, die als Teil eines dem Bewußtsein in seiner Gesamtheit gegenwärtigen Klangfeldes gehört werden.

Es ist der Zweck der Strategie als ganzer, eine sonologische Regel für die Beurteilung "X ist ein verständlicher Zusammenhang" aufzustellen, nämlich im Sinne der Beurteilung "X' (der neue Zusammenhang) ist ein dem normativen Zusammenhang X funktional equivalenter musikalischer Zusammenhang". Eine Lernaufgabe in OBSERV 1 läßt sich als eine Variante von *concept attainment tasks* verstehen. Sie beschränkt sich jedoch nicht auf die Auffindung von Klassifikationsregeln. Bei der Aufgabe, musikalische Allgemeinheit - in diesem Falle, ein aufgabenunabhängiges Wissen manifestierendes sonologisches Konzept - zu realisieren, liegt der Nachdruck auf der Auffindung von Regeln für die Bildung, Veränderung und Beurteilung annehmbarer klanglicher Zusammenhänge. Klassifikationsregeln finden daher nur auf die Resultate strategischer Veranstaltungen Anwendung, die erforderlich sind, um solche Zusammenhänge zu formen, zu verändern, zu prüfen und zu beurteilen. Ein sonologisches Konzept (ein sonologischer Begriff) wird als eine in Einzelschritte auflösbare Entscheidungsregel ausgedrückt. Sie stellt daher eine (teilweise geordnete) Reihenfolge von Zügen und Fragen dar, die zu einer Verwirklichung des Konzepts führen. Solch eine Reihenfolge stellt ein *decision tree* dar, dessen Wurzel eine Hypothese (ein versuchsweise formuliertes Konzept) und dessen Endpunkt ein neuer, die Hypothese verwirklichender Zusammenhang ist.[89] Der *decision tree* weist die verschiedenen möglichen Reihenfolgen von Fragen (*tests*), Antworten (Beurteilungen), Formungs- und Veränderungszügen auf. Er stellt also die vom Benutzer entwickelte Strategie dar.

Die in OBSERV 1 zum Zweck der Ausbildung sonologischer Regeln entwickelte Strategie sieht wie folgt aus:

---

[89] Die interne Darstellung eines *decision tree* ist entweder eine Matrix oder eine Listenstruktur.

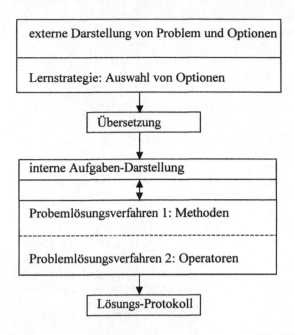

Um einen sonologischen Begriff (d.h. praktisch, einen verständlichen Klangzusammenhang) zu formen, sind zwei Durchgänge durch die gesamte Problemlösungsstruktur des Modells notwendig. Für jeden dieser Durchgänge ist die externe Problem- und Option-Darstellung sowie auch die Lernstrategie eine verschiedene.[90] Im ersten Durchgang wird eine aleatorische Auswahl aus einem vordefinierten Universum von Klangereignissen getroffen, die durch den Benutzer in Übereinstimmung mit einem zu entwickelnden (normativen) Zusammenhang zu formen und umzuformen sind. Der im ersten Durchgang allmählich sich herausbildende Normzusammenhang steckt den Rahmen ab, in dem sich alle Züge des zweiten Durchgangs abspielen. Im zweiten Durchgang wird die gestiftete sonologische Norm entweder variiert, um zu prüfen, inwieweit sich von der Norm abweichen läßt, ohne daß diese ihre Identität verliert; oder der gesetzte Zusammenhang wird auf Klangereignisse ausgeweitet, die es - in ihn eingefügt - erlauben, zu einem neuen, funktional equivalenten Zusammenhang

---

[90] Nichtsdestoweniger stehen dem Benutzer für beide Durchgänge in vieler Hinsicht gleichartige Optionen zur Verfügung, nur daß die Ordnung, in welcher sie gewählt werden, von der jeweils zu lösenden Aufgabe abhängt. Die methodologische Bedeutsamkeit der Optionen hängt von der Funktion ab, die sie in einer Folge von strategischen Zügen erfüllen.

überzugehen.[91] Dieses Ausweitungsverfahren wird auf zweifache Weise durchgeführt. Einmal wird der normative Zusammenhang erweitert, bis daß er eine festgesetzte Anzahl von Klangereignissen umfaßt; oder es wird ein von ihm unabhängiger zweiter Zusammenhang gebildet, der sodann mit dem ersten zu einem neuen Syntagma zu vereinigen ist.

In beiden Durchgängen funktioniert das hypothetisch gesetzte sonologische Konzept als ein die Erzeugung verständlicher Vergleichsstrukturen bestimmendes Prinzip. Unter der von ihm ausgeübten Kontrolle werden musikalische Strukturen solange geformt und umgeformt, bis daß sie eine anfänglich gesetzte Hypothese realisieren.[92]

Musikalisches Lernen wird in OBSERV 1 als eine Abart induktiven Schließens aufgefaßt. Zunächst wird die verfügbare Evidenz, die man sich durch die Auswahl von Probe-Objekten verschafft, mit dem Zweck beurteilt, eine Hypothese hinsichtlich des zu stiftenden Klangzusammenhangs zu formulieren. Danach werden strategische Züge unternommen, um sich neue Evidenz zu verschaffen, mit deren sich das geformte sonologische Konzept beurteilen läßt. Falls sich die aufgestellte Hypothese als falsch erweist, wird die gesamte verfügbare Evidenz einer erneuten Beurteilung in der Absicht unterzogen, eine bessere Hypothese zu formulieren, die nach weiteren Prüfungen als Klangzusammenhang verwirklicht wird.

Die aleatorische Erzeugungsmethode des ersten Durchgangs und die dem Benutzer gewährten strategischen Freiheiten des zweiten Durchgangs in OBSERV 1 machen es unmöglich, die Ordnung vorauszusagen, in der strategische Optionen vom Benutzer gewählt werden. Vielmehr kommt es methodologisch gerade darauf an zu erkennen, wie, auf dem Wege über die Auswahl von strategischen Zügen, ein sonologisches Konzept erzeugt und in einem Zusammenhang verwirklicht wird.

Das musikalische Lernsystem beurteilt nicht nur gespeicherte, die strategischen Objekte betreffende Information, sondern darüberhinaus die von Erkennenden formulierte Hypothese. Seine prinzipielle Strategie ist die "Beurteilung eines geformten Konzepts in Hinsicht auf neue Evidenz", sei es, daß das Ver-

---

[91] Zusammen betrachtet, weisen die beiden Durchgänge auf, wie eine sonologische Hypothese zustande kommt und - ferner - wie sie vom Vollzugssystem aufgrund eines alle Handlungen determinierenden Planes durchgeführt wird.

[92] Es scheint angemessener zu sein, musikalische Induktion als ein Lernen von Begriffen (Konzepten) anzusehen, im Gegensatz zu *pattern recognition*. *Pattern recognition* (welche die Bildung von Patterns einschließt) bedarf generativer Prinzipien abstrakter Natur, soll sie zur Bildung verständlicher Zusammenhänge führen. Musikalisches Erkennen von Patterns beruht also auf Begriffsbildung. Für eine Lernaufgabe sind nicht die Patterns selber bedeutsam; vielmehr kommt es auf ihre Funktion im Hinblick auf eine sonologische Regel (oder Entscheidungsfolge) an.

suchskonzept in seiner Identität bewahrt (also direkt bestätigt) bleibt, oder sei es, daß es in eine neue Identität umgeformt (indirekt bestätigt) wird. *Eine sonologische Regel ist eine die Erzeugung verständlicher klanglicher Zusammenhänge bestimmende Regel.* Strategisch betrachtet, ist sie eine Entscheidungsregel, welche die Reihenfolge betrifft, in der verfügbare kompositorische und perzeptive Optionen von einem Benutzer gewählt werden. Solche Optionen sind in OBSERV 1 von zweifacher Art: sie betreffen entweder die Bildung und / oder Veränderung gewählter Objekte; oder sie stellen Fragen (*tests*)[93] und Antworten (Beurteilungen sonologischer Objekte) dar. Der Tatsache eingedenk, daß eine Folge von strategischen Entscheidungen nur ein Mittel der Realisierung einer Hypothese darstellt, kann man von einem sonologischen Konzept grundsätzlich sagen, es sei eine Folge von Tests, die die Beurteilung von Eigenschaften der einen Zusammenhang bildenden Objekte betreffen. Alle vorkommenden Objekte sind sonologischer Natur, da sie stets als Mitglieder eines bestimmten Zusammenhangs auftreten. Sie werden untereinander in zweifacher Weise unterschieden:

a. durch die Bewertung, die ihnen in Hinsicht auf bestimmte Eigenschaften zuteil wird;
b. durch die Mängel (Differenzen), die sie im Hinblick auf andere Objekte desselben Zusammenhangs aufweisen.

Es gibt drei Arten von Attributen: psycho-akustische, sonische und sonologische. Die letzteren betreffen Gruppen von Klangereignissen oder ganze Zusammenhänge, während sich die ersteren zwei Arten auf einzelne, einen Zusammenhang bildende Objekte beziehen.[94] Alle sonologischen Attribute sind aufgrund von Attributen niedrigerer Abstraktionsstufe spezifiziert.

Um komplexe Veränderungen von Attributen möglich zu machen, deren Teiloperationen eine Gruppe bilden[95], wurde für ein jedes der elementaren (psycho-akustischen) Attribute eine Menge von vier Grundoperationen festgesetzt, nämlich Krebs (1), Umkehrung (2), Transposition (3) und tendenzielle Formung (4). Folglich können abstrakte Attribute (Schemata psycho-akustischer und so-

---

[93] Das Programm stellt Fragen an den Benutzer, die zu obligatorischen Beurteilungen (als Antworten) führen. Beurteilungen stellen den Status einer Gruppe von Klängen oder eines klanglichen Zusammenhangs in Bezug auf alle wahrnehmbaren Attribute fest.

[94] Die vier psycho-akustischen Attribute sind: F(requenz), S(chwingungsform), Z(eit) und H(üllkurve). Sonische Attribute, versuchsweise als Zusammensetzungen solcher Attribute definiert, sind Z(EIT) (Z,H) und K(LANG) (F,S). Es bestehen drei sonologische Attribute: Stimmigkeit, Wohlgeformtheit und - implizit - Verständlichkeit.

[95] Eine Menge von Elementen macht eine Gruppe unter der Bedingung aus, daß die für sie definierten Operationen niemals zu Resultaten führen, die außerhalb der Grenzen der jeweiligen Menge liegen.

nischer Natur) formuliert werden, welche drei verschiedene Klassen von Veränderung schaffenden strategischen Zügen erlauben: a) solche, die auf alle Attribute Verwendung finden; b) solche, die für jedes Attribut eine andere Operation verwenden; c) solche, in denen eine gewisse Operation (oder gewisse Operationen) mehr als einmal vorkommt.[96]

Die Werte, die ein Objekt in Hinsicht auf Attribute oder Attribut-Schemata besitzt, stellen Differenzierungen des Objekts innerhalb zuvor festgesetzter Grenzen dar; innerhalb der letzteren bestimmt der Benutzer selbst die ihm gemäßen Grenzen.[97] Die methodologische Bedeutung der Attribut-Schemata liegt in der Tatsache, daß sich sonologische Beschreibungen[98] aufgrund von Attributen niedrigerer Abstraktionsstufe spezifizieren lassen. Folglich ist es möglich, vermittelnde sonische Darstellungen von Klängen zu erschließen und formal zu bewerten, von denen angenommen werden kann, daß sie sonologischen Beurteilungen zugrundeliegen.

Die interne Aufgaben-Darstellung von OBSERV 1 ist vollständig insofern, als sie wohl Differenzen und Methoden (wenigstens implizit) enthält, Objekte und Ziele aber ausschließt. Diese Feststellung bedarf weiterer Erklärung.

OBSERV 1 beruht auf den folgenden Setzungen:

1. Ein Ziel ist definiert als die Verwirklichung eines Konzepts (Begriffs), das als Prinzip der Erzeugung klanglicher Vergleichsstrukturen funktioniert.
2. Ein Objekt ist ein mögliches oder wirkliches Klangereignis, das einen integralen Bestandteil eines Zusammenhangs ausmacht.
3. Eine Differenz existiert zwischen einer Menge von Objekten und einem hypothetisch gesetzten klanglichen Zusammenhang; ferner treten Differenzen zwischen einzelnen Objekten auf;
4. Methoden sind Regeln für die Erzeugung von klanglichen Zusammenhängen; sie sind entweder Gestaltungs- oder Veränderungsregeln. Eine zweite Kategorie von Methoden sind Beurteilungen (Antworten auf Fragen); Fragen bestehen aus Tests die, da sie Wahrnehmungstests sind, vollständig unexpliziert bleiben.

---

[96] Ein konkretes Beispiel für a): F2, S2, Z2, H2; für b): F1, S2, Z3, H4; für c): F1, S2, Z2, H4.
[97] Psycho-akustische und sonische Attribute können Werte zwischen +/-5 annehmen, während sonologische Attribute binärer Natur sind.
[98] Eine sonologische Beschreibung ist eine Menge von Beurteilungen, die durch die Verbindung je eines Wertes mit einem jeden Attribut zustandekommt. Ein sonologisches Attribut ist z.B. "wohlgeformt/J(a),N(ein)", wo J/N die beiden zugeordneten Werte sind, welche das Attribut annehmen kann. In OBSERV 1 ist es möglich, die Werte psycho-akustischer Attribute (F,S,Z,H) zu bestimmen, welche die abstraktere sonologische Beurteilung determinierten.

5. Operatoren sind Klangerzeugungsverfahren; sie entziehen sich dem Einfluß des Benutzers, da sie die (aleatorische) Auswahl treffen, die den Regeln der Gestaltung und / oder Veränderung implizit ist.

Während Differenzen und Methoden aus einer visuellen Darstellung der strategischen Züge des Benutzers (*decision tree*) ersichtlich werden, bleibt das Ziel, um deswillen diese Züge getan werden, selbst unexpliziert. Jegliche Information, welche die einen Zusammenhang ausmachenden Objekte betrifft, wird vom System gespeichert und kann jederzeit abberufen werden. Jedoch ist das strategische Objekt im eigentlichen Sinn - der hypothetisch gesetzte Zusammenhang, intern nur in Begriffen der individuellen ihn ausmachenden Objekte - nicht in seinen eigenen Begriffen (als eine selbständige Einheit) beschrieben.

Da Aufgaben des Benutzers ausschließlich durch Methoden ausgeführt werden, Operatoren also nur mit Aufgaben des Programms verbunden sind, besteht zwischen der (unvollständigen) internen Aufgaben-Darstellung und dem Operatoren-Komplex eine gewisse Unabhängigkeit. Jedoch sind die Methoden, die sich zumeist auf psycho-akustische Attribute und insofern auf die Klangerzeugung beziehen, nicht frei genug von der Gesetzgebung der Operatoren, als daß sie eine autonome interne Aufgaben-Darstellung garantieren könnten.

Die Unvollständigkeit der Aufgaben-Darstellung und ihr Mangel an Autonomie dem Methoden- und Operatoren-Komplex gegenüber reflektiert den Grad, zu dem das Programm selbst (im Gegensatz zu dem Benutzer des Programms) eher ein passiver als aktiver Teilnehmer bleibt. Das Programm trägt zur Aufstellung eines sonologischen Konzepts erstens dadurch bei, daß es Klänge synthetisiert, und zweitens durch Speicherung und Wiederabberufung von Information. Die Klangerzeugung versorgt den Benutzer mit frischer Evidenz, im Hinblick auf welche er das versuchsweise aufgestellte Konzept prüfen kann, während es die Speicherung und Wiederabberufung von Information ermöglicht, aufgrund deren sich die aufgestellte Entscheidungsregel aus einem vom Drucker ausgegebenen Benutzerprotokoll erschließen läßt. Das Programm 'beobachtet' den Benutzer insofern, als es versucht, sonologische Gedankenprozesse in seinen eigenen, maschinen-abhängigen Begriffen nachzubilden. Der vom Benutzer produzierte *feedback* kontrolliert alle Verfahren, verstärkt einige der psychoakustischen Attribute und verwirft andere.

Das Program sucht die Aufgaben des Benutzers - nicht seine Probleme - nachzubilden. Dadurch, daß es gespeicherte Information abberuft, ist das Programm imstande, ganze Zusammenhänge betreffende Beurteilungen zu vollziehen und Veränderungen vorzuschlagen. In dem Maße, in dem das Programm dazu gebracht werden kann, seine Darstellung der Aufgaben des Benutzers zu verfeinern und auszuweiten, kann es sich zu einem tatsächlichen Partner des Benutzers entwickeln.

Die Aufgabe, das Programm selbst in einen mehr oder weniger autonomen Beobachter, also in ein sich selbst bestimmendes System zu verwandeln[99], setzt zwei Arten von Einsicht voraus: erstens eine vertiefte Einsicht in die Struktur tatsächlichen musikalischen Problemlösens und zweitens eine Einsicht in die maximale Komplexität der Rechenprozesse, die notwendig ist, um musikalische Lernaufgaben durch Programme zu rekonstruieren. Je mehr Einsicht man in das einem Lernsystem innewohnende Wissen hat, desto näher ist man an der Allgemeinheit sonologischer Regeln, die es im klangbegreifenden System abzubilden gilt.

Die Lektion, welche ein klangbegreifendes System erteilen kann, ist zweifacher Art. Erstens gibt die vom Programm erzeugte Entscheidungsfolge (insbesondere die Beziehung, die darin zwischen den Umformungsschriften und den daran gebundenen Beurteilungen besteht) eine Einsicht in gewisse strategische Invarianten musikalischen Problemlösens, aus denen sich vielleicht musikgrammatische Evidenz erschließen läßt. Zweitens lehrt einen die Einsicht in solche Invarianten, was eigentlich musikalisches Problemlösen ist und welche Verfahren notwendig sind, um Prozesse zu konstruieren, die es zustandebringen.

Um vollen Nutzen aus den Lektionen eines klangbegreifenden Programms zu ziehen, ist es notwendig, formale Bewertungsverfahren für Benutzerprotokolle zu entwickeln.[100] Wo solche Verfahren nicht bestehen, ist man gezwungen, seine ungeprüften Intuitionen zu verwenden. Folglich kann man in ei-

---

[99] Es ist durchaus möglich, ein Beobachter-Programm für Aufgaben instrumentaler Komposition zu entwickeln. Das in diesem Falle zu lösende Hauptproblem besteht darin, Möglichkeiten für Hörtests zu entwickeln, die die an bloße Notation gebundenen visuellen Tests (wie sie für instrumentale Musik charakteristisch sind) ersetzen können. Wenigstens sollte das der Partitur zugrundeliegende Endrepertoir, wenn auch in rudimentärer Form, hörbar gemacht werden. Tests könnten sich auf die Tonhöhen- und Zeitstruktur instrumentaler Teilkompositionen beschränken. Als elementare Instrumente, die die Ausführung der Strukturen übernehmen, kommen normierte Schwingungsformen infrage. - Wo zu Hörtests führende Tonsynthese sich nicht verwirklichen läßt, kann man die für instrumentale Musik charakteristischen Lernprozesse dadurch studieren, daß man bedeutsame Teilprobleme definiert, die einfach genug sind, um über sie als einzelne aufgrund intuitiver Tests (d.h. inneren Hörens) zu entscheiden.

[100] Der angemessenste Weg dafür besteht darin, ein formales System zu definieren, das imstande ist, Benutzerprotokolle aufgrund einer Menge von meta-strategischen Variablen zu erzeugen. Solche Variablen lassen sich aufgrund des Studiums von Invarianten einer musikalischen Strategie herleiten. Als ein Mittel der Erzeugung von Benutzerprotokollen kommt vielleicht eine programmierte Grammatik in Betracht, die man aus *sample computations* erschließt. Für Einzelheiten hinsichtlich der letzteren Möglichkeit siehe Alan W. Biermann, "On the Inference of Turing Machines from Sample Computations", *Artificial Intelligence* 3 (1972), S. 181-198.

nem solchen Falle nicht sicher sein, ob die scheinbar vom Protokoll abgeleitete Einsicht nicht vielmehr in dieses erst projiziert wurde.[101]

4. Richtungen zukünftiger Untersuchungen

Es scheint einsichtig, daß ein künstliches System, um musikalische Probleme zu lösen, 'Musik verstehen' müsse. Solches Verstehen setzt ein Wissen bestimmter Art voraus. Offenbar wäre solches Wissen ein Wissen aus zweiter Hand, wenn es bloß Tätigkeiten auszuführen erlaubte, die sich auf die äußere Manipulierung von Symbolen, Mustern oder fixierten analytischen Einheiten beschränken. Solches analytische Wissen wäre nicht so sehr eine fundamentale Fähigkeit als vielmehr bereits deren strategische Verwirklichung. Im Gegensatz zu solchem Wissen ist das allen musikalischen Tätigkeiten zugrundeliegende Vermögen generativer Natur; es bezieht sich nicht auf das, was Musik 'ist', sondern darauf, wie Musik kommuniziert. Der Begriff 'Musik' in einem solchen Ausdruck wie 'Musik verstehen' bezieht sich also auf eine Anzahl von Strukturen, die für Zwecke der Kommunikation erzeugt wurden.

Es ließe sich sagen, daß Klangstrukturen eine musikalische Kommunikation ermöglichen (oder kommunizieren), wenn sie so beschaffen sind, daß sie ein *analoges Verstehen* hervorbringen, d.h. eine Wissenserfahrung, die der vom musikalischen Erzeuger manifestierten Einsicht zwar nicht identisch, aber doch analog ist. Analoges Verstehen ist nur unter der Bedingung denkbar, daß die an einer musikalischen Kommunikation Teilnehmenden - wie verschieden auch ihre strategischen Aufgaben seien - einen Fundus von Kompetenz gemeinsam haben. Die Teilnehmer an einer musikalischen Kommunikation müssen imstande sein, Klangfolgen nicht nur zu produzieren, sondern hinsichtlich solcher Klangfolgen zu einander ähnlichen oder analogen hypothetischen Urteilen zu gelangen, deren Bestätigung eine dem Gehörten sonologisch gerecht werdende Interpretation darstellt. Die Allgemeinheit solcher Urteile ist letzten Endes eine gesellschaftliche, durch eine gemeinsame Kultur bewirkte, wie das Adorno in vielfachen Analysen aufgewiesen hat. Dies gilt nicht nur für syntaktische und semantische, sondern gleichermaßen für sonologische Urteile.

*

---

[101] Die in ein analytisches Schema projizierte Einsicht für eine aus ihm abgeleitete Einsicht zu halten, stellt einen 'analytischen Trugschluß' dar; dieser wird von der Musikwissenschaft und Musiktheorie beständig begangen - Disziplinen, die sich deshalb als unfähig erwiesen haben, zu Einsicht in musikalisches Denken beizutragen.

Die Schwierigkeit, künstliche musikalische Systeme zu entwickeln, hängt theoretisch in erster Linie mit der Vielzahl von heterogenen Komponenten zusammen, aus denen sich musikalisches Wissen fügt. Diese Komponenten sind zumindest die folgenden:

a) ein syntaktischer Generator;
b) ein semantischer Generator;
c) ein sonologischer Generator [102];
d) ein System, das Sinnesgestalten erkennt (*sensory pattern recognizer*);
e) ein allgemeines Problemlösungsverfahren.

Das Teilsystem (a,b,c) stellt das musik-grammatische Wissen, das Teilsystem (d,e) das musik-strategische Wissen dar. [103]

Um zu Einsicht in die Struktur jeder dieser Komponenten zu gelangen, studiert man am besten zwei Grundtypen eines Vollzugssystems: erstens ein System, das die Komponenten c-d-e enthält, und zweitens ein System, das die Komponenten a-b-d-e enthält. Das erstere System stellt ein klangbegreifendes System dar, welches sowohl kompositorische Aufgaben als auch Aufgaben der Wahrnehmung einschließt. Einsicht in ein solches System scheint die Voraussetzung für die Erkenntnis des umfassenderen zweiten Systems zu sein, in dem der sonologische Generator als gegeben vorausgesetzt wird. [104]

Will man das sonologische System von Grund auf studieren, so betrachtet man es vorzugsweise als ein Lernsystem, da der Erwerb musikalischen Wissens, insbesondere aufgaben-unabhängigen Wissens, in entscheidender Weise von der sonologischen Kompetenz abhängt, welche der Lernende zur Verfügung hat. [105]

Gleichgültig, ob künstliche musikalische Systeme vorzüglich als Werkzeuge für ein Verstehen des musikalischen Verhaltens von Menschen oder als sich selbst genügende Artefakte entwickelt werden, das mit ihnen gestellte methodologische Hauptproblem ist stets, wie musikalisches Wissen darzustellen

---

[102] Der erste Generator wählt aus der gesamten Ausgabe (des Automaton) jene Strukturen aus, die wohlgeformt sind, während der zweite die interpretierbaren Strukturen bestimmt. Der dritte stellt schließlich eine Menge von Regeln dar, welche die Verständlichkeit von Klangfolgen als musikalischer Zusammenhänge bestimmen.

[103] Es ist möglich, daß noch andere Komponenten erforderlich sind, um 'Musik zu verstehen', etwa psychologisches und soziologisches Wissen. Jedoch scheinen diese Wissensarten (für Musik) zweitrangig zu sein, falls es nicht richtiger ist zu sagen, daß sie einen integralen Bestandteil musikalischen Wissens ausmachen.

[104] Die letztere Voraussetzung wird von all jenen programmierten Strategien gemacht, die Tätigkeiten instrumentaler Komposition nachzubilden suchen.

[105] Lernsysteme, die auf instrumentalen Strategien beruhen, haben die Tendenz, den Erwerb syntaktischen und semantischen Wissens zu betonen, da die Existenz sonologischer Kompetenz von ihnen unterstellt wird.

sei. Dieses Problem zerfällt in drei Teilprobleme: das Problem, welches Wissen (was für ein Wissen) darzustellen sei; wie solches Wissen darzustellen sei; und wieviel von solchem Wissen zu verwenden sei. Was die letztere Frage angeht, so versteht der Programmierende im allgemeinen seine Aufgabe als die, dem Programm so viel Problemwissen wie möglich einzuverleiben. Die Mehrzahl der Untersuchungen zur Künstlichen Intelligenz benutzt den entgegengesetzten Ansatz, sucht also so wenig wie möglich Problemwissen in einem Programm vorauszusetzen.[106] Um diese Alternative sinnvoll zu entscheiden, muß nicht in erster Linie das äußere, über ein Problem vorhandene Wissen in Betracht gezogen werden, sondern vielmehr das implizite musikalische Wissen, das notwendig ist, um äußeres (programmiertes) Problemwissen optimal zu verwenden. Mit anderen Worten, es geht in erster Linie um die Beziehung beider Wissensarten.

Diese Beziehung wirft die Frage auf, was denn die minimal benötigte Komplexität der Rechenprozesse ist, die für die Ausführung bestimmter musikalischer Aufgaben benötigt wird. Dies zu bestimmen, scheint unmöglich, solange nicht bekannt ist, worin das für die Ausführung einer musikalischen Aufgabe minimal erforderliche grammatische Wissen besteht. Die Tatsache, daß letzteres bis heute nicht bestimmt werden konnte, erklärt (jedenfalls teilweise) die unnötige - und in der Tat sich vernünftiger Handhabung entziehende - Komplexität der Rechenprozesse, die heutigen musikalischen Programmen zugrundeliegen. Solche Komplexität ist von der Unfähigkeit dieser Programme begleitet, die für den Prozeß musikalischen Problemlösens fundamentalen Bestimmungen zu erhellen.

Es ist nicht undenkbar, daß wir mit der vorgeschlagenen Scheidung der internen Aufgaben-Darstellung eines Programms von dessen Problemlösungsverfahren (also der Scheidung zwischen Daten und Programmen) Irrtümer, die gemacht worden sind und noch gemacht werden, eher unterstützt als vielmehr ihnen abgeholfen haben. Das jene Scheidung rechtfertigende Argument war, daß sich musikalische Allgemeinheit (die vor allem die Allgemeinheit von Problemformulierungen und daher in letzter Hinsicht die der internen Aufgaben-Darstellung ist) nur durch ein Programm verwirklichen lasse, dessen Aufgabenwissen flexibel, von einem Methoden-Komplex optimal unabhängig sei.

Obwohl dieses Argument als kritische Norm methodologischer Angemessenheit resultat-orientierter und klangbegreifender Programme recht zu haben scheint, besteht für die Entwicklung autonomer musikalischer Problemlöser eine Alternativlösung. Um diese Alternative recht zu verstehen, muß die Frage gestellt werden: *Welche Verbindung besteht zwischen den Teilkomponenten musikalischen Wissens?*

---

[106] Henk Koppelaar, *Notes on Computational Complexity*, unveröffentlichtes Manuskript, Utrecht, Netherlands: Utrecht State University, 1973 (Spring).

Diese Frage läßt zwei Interpretationen zu. Die erste erfordert eine musik-grammatikalische Antwort, da die interne Struktur einer musikalischen Grammatik nichts anderes als die Beziehung zwischen ihren Komponenten ist. Unter dem Aspekt von Studien zur Künstlichen Intelligenz betrachtet, stellt eine Grammatik ein Endresultat dar, nicht eine den Anfang machende Hypothese.[107] Da sie eine Abstraktion von den inneren Zuständen eines Umschreibungssystems (in realer Zeit) darstellt, kann sie erst dann definitiv formuliert werden, wenn alle Eingabe- und Ausgabe-Relationen ihrer Teilsysteme (Komponenten) bekannt sind. Daraus folgt, daß eine musik-grammatikalische Antwort auf die oben gestellte Frage gegenwärtig nicht verfügbar ist.[108]

Die zweite Interpretation der (oben gestellten) Frage erfordert eine musik-strategische Antwort. Es scheint einsichtig, daß die interne Aufgaben-Darstellung eines musikalischen Vollzugssystems in dem Maße flexibel ist, als alle Komponenten musikalischen Wissens erstens den Problemlösungsprozeß direkt beeinflussen und zweitens einander während jenes Prozesses jederzeit anrufen können.[109] Um das erste Erfordernis zu erfüllen, wäre es notwendig, formale Sprachen zu entwickeln, die nicht nur die Kontrollstruktur von Programmiersprachen besitzen, sondern auch der Eigenart der von ihnen repräsentierten Komponente musikalischen Wissens Rechnung tragen.

Anstatt das durch die fünf (weiter oben genannten) Komponenten vergegenwärtigte musikalische Wissen durch solche Daten-Strukturen wie Listen, Tabellen oder Mengen von beschränkenden Prinzipien darzustellen, die zu ihnen Realisierung eines separaten Methoden-Komplexes bedürfen, könnte man

---

[107] Rein methodologisch betrachtet, stellt eine musikalische Grammatik in der Tat eine solche den Anfang machende Hypothese dar; denn ohne eine solche Hypothese ist es unmöglich, musikalische Probleme in bearbeitbare Teilprobleme aufzulösen und Methoden zu ihrer Lösung zu erarbeiten.

[108] Im Gegensatz zu einer analytischen Grammatik schreibt eine generative Grammatik nicht musikalische Strukturen um, sondern die Menge geistiger Darstellungen, die ein musikalisch Handelnder erzeugen muß, um musikalische Strukturen hervorzubringen. Zu einer systematischen Umschreibung solcher Darstellungen bedarf man einer Notation. Gegenwärtig sind nur Notationen strategischer Schritte verfügbar; deren musik-grammatische Analoga lassen sich im Augenblick nicht einmal voraussehen. - Es scheint vernünftig anzunehmen, daß End-Darstellungen (d.h. die Endmenge der von der Grammatik abgeleiteten geistigen Darstellungen) einer bestimmten Klasse von musikalischen Strukturen (nicht aber individuellen Strukturen) derart zugeordnet sind, daß sich voraussagen läßt, welche Strukturen aufgrund einer bestimmten geistigen Darstellung erzeugt werden. *In der Untersuchung der Beziehung zwischen geistigen Darstellungen und Klassen musikalischer Strukturen liegt das eigentlich kompositionstheoretische Problem einer musikalischen Grammatik.* Eine Einsicht in diese Beziehung könnte einen point de repère für den Entwurf epistemologisch angemessener Modelle von Kompositionsprozessen abgeben.

[109] Im folgenden sind wir von der folgenden Arbeit beeinflußt: Terry Winograd, *Procedures as a Representation for Data in a Computer Program for Understanding Natural Language*, Cambridge, MA: Artificial Intelligence Laboratory, M.I.T., doctoral thesis, 1971 (February).

jene Komponenten als voneinander unabhängige, jedoch aufeinander bezogene Verfahren (*procedures*) formulieren, die einander jederzeit anrufen können. (Dies würde ein paralleles Abarbeiten von Problemen ermöglichen.) Musikalische Allgemeinheit wäre dann im Sinne einer jeden dieser Komponenten zu verwirklichen, sei sie grammatikalischer oder strategischer Natur. Folglich würde die Unterscheidung zwischen Daten und Programmen (Daten-Strukturen und Methoden) bedeutungslos werden, da das die individuellen Komponenten ausmachende Wissen den Problemlösungsprozeß direkt, nicht aber über seine Realisierung durch einen Methoden-Komplex, kontrollieren würde.[110]

Auch wenn das Problem, wie und in welchem Ausmaß musikalisches Wissen zu programmieren sei, gelöst worden wäre, bliebe die Frage bestehen, welches Mindestwissen zu programmieren sei. Strategisch betrachtet, ist das die Frage, welches Wissen der musikalisch Handelnde unbedingt nötig hat, um zu musikalischen Lösungen zu gelangen. Es scheint, als könnten nur musikalische Lernsysteme über diese Frage Auskunft geben. Die Annahme, daß autonome musikalische Problemlöser sich nur dann entwickeln lassen, wenn mehr Einsicht in musikalische Lernprozesse vorhanden ist, scheint demnach ihren Sinn zu haben. Einsicht in das minimale erforderliche musikalische Wissen wird auch die Frage zu entscheiden erlauben, ob der oben vorgeschlagene Ansatz die Komplexität real-zeitlicher Rechenprozesse hinreichend niedrig zu halten vermag und daher programmiertechnisch durchführbar ist.

Bibliographie

Banerji, Ranan B., *Theory of Problem Solving: An Approach to Artificial Intelligence*, New York: American Elsevier, 1969.
Banerji, Ranan B., und Mihajlo D. Mesarovic, *Theoretical Approaches to Non-Numerical Problem Solving*, Berlin und New York: Springer, 1970.
Barbaud, Pierre, *Initiation à la composition musicale automatique*, Paris: Dunod, 1965.
Barbaud, Pierre, *La musique, discipline scientifique*, Paris: Dunod, 1968.
Biermann, Alan W. "On the Inference of Turing Machines from Sample Computations", *Artificial Intelligence* 3 (1972), S. 181-198.
Brabant, Eric, *ADN 36, un modèle cybernétique de composition musicale*, Utrecht, Netherlands: Institute of Sonology, Utrecht State University, unveröffentlichtes Manuskript, 1973 (Spring).
Cooper, David B., und Henk Koppelaar, *On Computational Complexity*, Delft, Netherlands: Technische Hogeschool, unveröffentlichtes Manuskript, 1973 (Winter).
Digital Equipment Corporation, *MACRO-15 ASSEMBLER, Programmer's Reference Manual*, Maynard, MA, U.S.A., 1969.

---

[110] Siehe dazu ebd., S. 21. Offenbar sind verfahrengerichtete Sprachen (Fortran, Algol), wie sie gegenwärtig in musikalischen Programmen Verwendung finden, ungeeignet, dies zustande zu bringen. Fortran ist zu diesem Zweck besonders ungeeignet, da es keine dynamischen arrays bereitstellt, wie sie insbesondere für Lernaufgaben unerläßlich sind.

Ernst, George Werner, und Allen Newell, *G.P.S.: A Case Study in Generality and Problem Solving*, New York: Academic Press, 1969.

Fox, Jerome (Hrsg.), *Proceedings of the Symposium on Mathematical Theory of Automata, New York, N.Y., April 24, 25, 26, 1962*, New York: Polytechnic Press, 1963.

Fralick, Stanley C., "Learning to Recognize Patterns Without A Teacher", *IEEE Transactions on Information Theory* 13/1 (January 1967), S. 57-64.

Goldsmith, David S., "An Electronically Generated Complex Microtonal System of Horizontal and Vertical Tonality", *Journal of the Audio Engineering Society* 19/10 (November 1971): S. 851-858.

Henke, William, *MITSYN - Multiple Internactive Tone Synthesis System, User's Manual*, Cambridge, MA: Research Laboratory of Electronics, M.I.T., 1971 (August).

Hiller, Lejaren A., und Leonard M. Isaacson, *Experimental Music: Composition With An Electronic Computer*, New York: McGraw-Hill, 1959.

Hiller, Lejaren A., *Informationstheorie und Computermusik*, Mainz: Schott, 1964.

Hiller, Lejaren A., und Antonio Leal, *Revised MUSICOMP Manual*, Urbana, Ill.: University of Illinois Experimental Music Studio, 1966.

Hintze, Guenther, *Fundamentals of Digital Machine Computing*. New York: Springer, 1966.

Howe, Hubert S., Jr., *MUSIC 4BF, A Fortran Version of Music 4B*, Princeton, NJ, 1967.

Hunt, Earl B., Janet Marin und Philip J. Stone, *Experiments in Induction*. New York: Academic Press, 1966.

International Conference on Frontiers of Pattern Recognition: Honolulu, Hawaii, January 18, 19, 20, 1971, Honolulu, Hawaii: University of Hawaii, 1971.

Jacobs, Walter, "Help Stamp Out Programming", *Theoretical Approaches to Non-Numerical Problem Solving*, hrsg. von Ranan B. Banerji und Mihajlo D. Mesarovic, Berlin und New York: Springer, 1970, S. 419-454.

Jacobs, Walter, "A Structure for Systems That Plan Abstractly", *1971 Spring Joint Computer Conference, May 18-20, 1971, Atlantic City, New Jersey*, AFIPS Conference Proceedings, Bd. 38, Montvale, NJ: AFIPS Press, 1971, S. 557-564.

Koenig, Gottfried M., PROJECT 1, Electronic Music Reports, Nr. 2, Utrecht, Netherlands, Institute of Sonology, Utrecht State University, 1970 (July), S. 52-44.

Koenig, Gottfried M., PROJECT 2, Electronic Music Reports, Nr. 3, Utrecht, Netherlands, Institute of Sonology, Utrecht State University, 1970 (December).

Koenig, Gottfried M., "Computer-Verwendung in Kompositionsprozessen", *Musik auf der Flucht vor sich selbst*, hrsg. von Dibelius, München: Hauser, 1969, S. 78-91.

Koenig, Gottfried M., *Introduction to Computer Use*, Utrecht, Netherlands, Institute of Sonology, Utrecht State University, unveröffentlichtes Manuskript, 1973 (Winter).

Koppelaar, Henk, *A Systems Theoretical View of Performance Models for Music*, Utrecht, Netherlands, Institute of Sonology, Utrecht State University, unveröffentlichtes Manuskript, 1973 (Winter).

Koppelaar, Henk, *Notes on Computational Complexity*, Utrecht, Netherlands, Institute of Sonology, Utrecht State University, unveröffentlichtes Manuskript, 1973 (Spring).

Laske, Otto E., "On the Understanding and Design of Aesthetic Artefacts", *Musik und Verstehen*, hrsg. von Peter Faltin und Hans-Peter Reinecke. Köln: Arno Volk, 1973, S. 189-216.

Laske, Otto E., *On Problems of a Performance Model for Music*, Utrecht, Netherlands: Institute of Sonology, Utrecht State University, 1972.

Laske, Otto E., "Introduction to a Generative Theory of Music", *Sonological Reports* 1, Utrecht, Netherlands, Institute of Sonology, Utrecht State University, 1973 (Winter).

Mathews, Max V., und Joan E. Miller, *The Technology of Computer Music*, Cambridge, MA: M.I.T. Press, 1969.

Mathews, Max V., und L. Rosler, *Graphical Language for the Scores of Computer-Generated Sounds*, Murray Hill, NJ: Bell Telephone Laboratories, 1965.

Mathews, Max V., und F. R. Moore, *GRØØVE, A Program to Compose, Store, and Edit Functions of Time*, Murray Hill, NJ: Bell Telephone Laboratories, manuscript. [ohne Jahr]

Mesarovic, Mihajlo D., D. Macko, und Yasuhiko Takahara, *Theory of Hierarchical, Multilevel Systems*, New York: Academic Press, 1970.

Nilsson, Nils J., *Problem-Solving Methods in Artificial Intelligence*, New York: McGraw-Hill, 1971.

Patrick, Edward A., *Fundamentals of Pattern Recognition*, Englewood Cliffs, NJ: Prentice-Hall, 1972.

Reitman, Walter Ralph, *Cognition and Thought: An Information-Processing Approach*, New York: Wiley, 1965. (insbesondere Kapitel 6: "Creative Problem Solving").

Risset, Jean-Claude, *An Introductory Catalogue of Computer Synthesized Sounds*, Murray Hill, NJ: Bell Telephone Laboratories, 1969.

Simon, Herbert A., "Perception du Pattern Musical par 'AUDITEUR'", *Sciences de l'Art* 5/2 (1968), S. 28-34.

Simon, Herbert A., "Complexity and the Representation of Patterned Sequences of Symbols", *Psychological Review* 79/5 (1972), S. 369-382.

Simon, Herbert A., und Richard K. Sumner, "Patterns in Music", *Formal Representation of Human Judgment*, hrsg. von Benjamin Kleinmuntz und Raymond B. Cattell, New York: Wiley, 1968, S. 219-250.

Smith, Leland, "SCORE, A Musician's Approach to Computer Music," *Journal of the Audio Engineering Society*, 20/1 (January 1972), S. 7-14.

Smoliar, Stephen W., *Music Theory - A Programming Linguistic Approach* (Technical Report No. 15), Haifa: Technion, Israel Institute of Technology, 1972 (January).

Smoliar, Stephen W., *Basic Research in Computer-Music Studies* (Technical Report No. 20), Haifa: Technion, Israel Institute of Technology, 1972 (October).

Smoliar, Stephen W., *A Data Structure for an Interactive Music System* (Technical Report No. 21), Haifa: Technion, Israel Institute of Technology, 1972 (October).

Steingrandt, W. J., und St. S. Yau, "A Stochastic Approximation Method for Waveform Cluster Center Generation," *IEEE Trans. Actions for Information Theory*, New York: Institute of Electronics and Electrical Engineers, Bd. IT-18, Nr. 2, 1972 (March), S. 262-274.

Tenney, James C., "Sound Generation by Means of a Digital Computer", *Journal of Music Theory* 2 (1965), S. 24-70.

Truax, Barry L., *The Composition - Sound Synthesis Program POD 4* (Sonological Reports No. 2), Utrecht, Netherlands: Institute of Sonology, Utrecht State University, 1975 (Summer).

Truax, Barry L., *Ornstein's 'On the Experience of Time'*, Utrecht, Netherlands: Institute of Sonlogy, Utrecht State University, unveröffentlichtes Manuskript, 1973 (Winter).

van Leeuwen, Jan, *Rule-Labeled Programs*, doctoral thesis, Utrecht: State University of Utrecht, Department of Mathematics, 1972 (June).

Warfield, Gerald, *Beginner's Manual of Music 4B*, Princeton, NJ: Princeton University, Center for Musical Studies, [196?].

Wiggen, Knut, *EMS 1 Manual* (parts 1/2), Stockholm, Sweden, manuscript, 1972 (Fall).

Winham, Godfrey, und Hubert S. Howe, *The Reference Manual of Music 4B*, Princeton, NJ: Princeton University, Center for Musical Studies, [196?].

Winograd, Terry, *Procedures as a Representation for Data in a Computer Program for Understanding Natural Language*, doctoral thesis, Cambridge, MA: Artifial Intelligence Laboratory, M.I.T., 1971 (February).

Xenakis, Iannis, *Musiques Formelles*, Paris: Richard-Masse, 1963.

Zwei Ansätze zu einem expliziten Modell kompositorischen Problemlösens
(1974)

Für Theodor W. Adorno

Abstract

Dies ist eine Untersuchung kompositorischen Problemlösens aufgrund geeigneter Computerprogramme. Insbesondere wird die Funktion der von diesen Programmen implizierten Methoden, der Protokollanalyse und der Angemessenheitsanalyse (*sufficiency analysis*), aufgewiesen. Es wird gezeigt, daß sich ein Problem wie das musikalischer Komposition, das gewöhnlich nicht als ein wohlstrukturiertes Problem (*well structured problem*) gilt, aufgrund der von Herbert A. Simon und Allen Newell erarbeiteten Konzeption symbol-manipulierender Systeme erfolgreich bearbeiten läßt.

Vorbemerkung

Der folgende Text setzt ein elementares Vorwissen hinsichtlich der von Herbert A. Simon und Allen Newell entwickelten Methoden voraus, sowie ein Vorwissen bezüglich der Struktur eines Computerprogramms und eines ein solches Programm ausführenden Systems. Wo ein solches Vorwissen nicht vorhanden ist, ziehe man die in der Bibliographie aufgeführte Literatur, insbesondere die von Allen Newell, zu Rate.

Die im Deutschen verwandte Wiedergabe grundlegender englischer Fachausdrücke ist die folgende:

Angemessenheitsanalyse	sufficiency analysis
Aufgabenfeld	task environment
Ausleger	interpreter
bedingte Instruktion	production
befristeter Speicher	short-term memory
Elementarer symbol- manipulierender Prozeß	elementary information process
"Erzeugen-und-prüfen"	"generate-and-test" (method)
"Hügelsteigen"	"hill-climbing" (method of)
"Mittel-Zweck Analyse"	"means-ends analysis"
Problemverhaltensdiagramm	problem behavior graph
Protokollanalyse	protocoll analysis
Spur	trace (of a production system)
Symbol-manipulierendes System (SMS)	information-processing system

229

System bedingter Instruktionen	production system
(Instruktionssystem)	
Unstrukturiertes Problem	ill structured problem
Verarbeitungseinheit	(central) processer
Wissenszustand	knowledge state (= current
	data structure)
Wurzel (eines Graphen)	node
Zeichenfolge	symbol structure
"Zupassen"	"match" (method)

1. Problemdarstellung

1.1. Einleitung

Im Bereich erkenntnistheoretischer Studien aufgrund von Computerprogrammen werden gewöhnlich zwei deutlich verschiedene, jedoch miteinander verbundene methodologische Ansprüche erhoben. Der erste Anspruch besagt, daß man für bisher unerkannte Verhaltensweisen eine minimale Theorie dadurch aufstellen kann, daß man zeigt, es existiere eine Menge zulänglicher heuristischer Mechanismen, aufgrund deren eine Maschine das Verhalten approximieren kann.[1] Der zweite Anspruch lautet, daß man unter der Annahme, der Vollziehende sei ein symbol-manipulierendes System[2], eine praktische Methodologie definieren kann, mit Hilfe deren der vom Vollziehenden ausgeführte Plan (Programm) sich in der Form eines Systems bedingter Instruktionen (*productions*) erschließen läßt.[3]

---

[1] Newell, Allen, "Remarks on the Relationship Between Artificial Intelligence and Cognitive Psychology", *Theoretical Approaches to Non-Numerical Problem Solving*, hrsg. von Ranan B. Banerji und Mihajlo D. Mesarovic, Berlin und New York: Springer, 1970, S. 367. Siehe auch Newell, Allen und Herbert A. Simon, *Human Problem Solving*, Englewood Cliffs, NJ: Prentice-Hall, 1972, S. 13.

[2] Newell und Simon, a.a.O., S. 19-51 (insbesondere S. 20-21) und S. 787-868.

[3] Eine bedingte Instruktion (*production*) ist die linguistische Darstellung der Grundeinheit eines Programms; psychologisch kann sie als eine TOTE-Einheit (d.h. eine *test-operate-test-exit*-Einheit) aufgefaßt werden. Formal betrachtet, ist eine solche Instruktion eine Aussage, die einer Bedingung (Test) eine Reihe von Operatoren zuordnet; diese finden auf eine bestimmte Menge von Daten Anwendung, falls sie jene Bedingung erfüllt. In abstrakter Form lautet eine bedingte Instruktion: $\alpha(D) \rightarrow q_1, q_2, ..., q_n$, "wenn α in Bezug auf (D) wahr ist, dann folgt die Anwendung der Operatoren $q_1, q_2, ..., q_n$." Eine geordnete Menge von bedingten Instruktionen ist eine spezifische Form von Computerprogrammen. Von einem Programm im gewöhnlichen Sinne unterscheidet sie sich durch das Fehlen gerichteter Kontrolle; also ist ihre Ausführung sequentiell. Siehe dazu Allen Newell, *Production Systems: Models of*

Der erste Anspruch wird gewöhnlich mit der Disziplin der Künstlichen Intelligenz (oder heuristischen Programmierens) in Verbindung gebracht, der zweite mit Informationspsychologie. Ich selbst betrachte die mit diesen Ansprüchen verbundenen Methoden, nämlich Protokollanalyse und Angemessenheitsanalyse, als verschiedene, einander ergänzende Methoden. Die zwischen ihnen waltende Beziehung kann informell am besten durch die Feststellung deutlich gemacht werden, daß der entscheidende Test für Systeme Künstlicher Intelligenz in ihrer Konfrontation mit empirischer Einsicht in menschliches Verhalten liege; dies schließt nicht aus, daß solche Einsicht anfänglich - beim Entwurf solcher Systeme - außer acht gelassen werden kann.[4] Das bedeutet, daß der Entwurf und die Verwirklichung heuristischer Mechanismen, die kognitive Aufgaben lösen, ein wissenschaftliches Unterfangen eigenen Rechts darstellt.

Ich werde im folgenden die praktische Methodologie umreißen, die für Entscheidungen kompositorischen Problemlösens zur Verfügung steht. Insbesondere werde ich die Struktur und das Funktionieren des Systems OBSERVER erläutern. Außerdem werde ich Probleme andeuten, die OBSERVER zur Zeit nicht lösen kann.

1.2. Probleme induktiven Schließens

Um die Probleme induktiven Schließens verstehen zu können, wie sie Studien menschlichen Problemlösens im Allgemeinen und im Besonderen Studien kompositorischen Vollzuges stellen, vergegenwärtige man sich das folgende Modell eines symbol-manipulierenden Systems[5]:

Control Structure, Pittsburgh, PA: Garnegie-Mellon University, Department of Computer Science, 1973 (May), sowie auch Newell und Simon, a.a.O., S. 44.
[4] Newell, "Remarks on ...", a.a.O., S. 388-391.
[5] Das Diagramm wurde entwickelt aufgrund von Newell und Simon, a.a.O., S. 20.

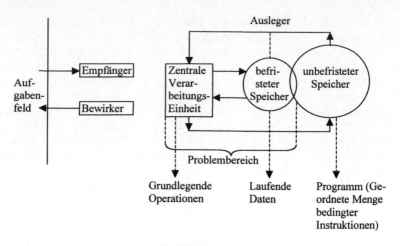

Abbildung 1

Um ein symbol-manipulierendes System definieren zu können, sind die folgenden Stipulationen notwendig[6]: die Existenz

1) einer Menge von Elementen, Symbole genannt;
2) einer Folge solcher Symbole, die wohldefinierte Beziehungen miteinander unterhalten[7];
3) eines Speichers, der Symbolfolgen zu enthalten und aufzubewahren vermag;
4) von Manipulationsprozessen, die Symbole als (einige ihrer) Eingaben akzeptieren oder zu Ausgaben haben;
5) einer (zentralen) Verarbeitungseinheit, bestehend aus
   a) einer begrenzten Menge von elementaren symbol-manipulierenden Prozessen,

---

[6] Ebd., S. 20-21.

[7] Eine Zeichenfolge kann entweder ein Objekt oder ein Programm darstellen. Das erstere ist der Fall, wo elementare symbol-manipulierende Prozesse existieren, die eine Zeichenfolge als Eingabe zulassen und entweder (a) das Objekt affizieren oder (b) von dem Objekt abhängige Zeichenfolgen als Ausgabe produzieren. Die Zeichenfolge ist ein Programm, falls das Objekt, das sie darstellt, ein elementarer symbol-manipulierender Prozeß ist und falls der Ausleger, dem das Programm vorgelegt wird, den von diesem bezeichneten Prozeß ausführen kann. In dem Maße, in dem ihre Hervorbringung (oder Bedeutungsfunktion) durch die elementaren symbol-manipulierenden Prozesse oder durch das externe Aufgabenfeld eines Systems festgelegt sind, kann man eine Zeichenfolge als ein primitives Element ansehen. Siese dazu Newell und Simon, a.a.O., S. 21.

b) einem (zeitlich) befristeten Speicher, der die Ein- und Ausgaben jener Prozesse enthält (psychologisch betrachtet: das Momentangedächtnis),

c) einem Ausleger, der die Folge der elementaren Manipulierungsprozesse aufgrund der in (b) enthaltenen Symbolfolgen bestimmt.

Das in Abbildung 1 dargestellte Modell eines kognitiven Systems wirft eine Reihe von Problemen induktiven Schließens auf. Es sind die Probleme, die im wesentlichen die Beschreibung des 'Ausleger' genannten Teils der zentralen Verarbeitungseinheit betreffen. Das Problem besteht erstens darin[8], "eine Menge von Regeln und Regelmäßigkeiten zu formulieren, welche die Folge der vom System ausgeführten elementaren Manipulationsprozesse beschreibt (also der Prozesse, wie sie dem System von dem Informationszusammenhang, in dem es sich jeweils befindet, aufgenötigt werden)." Das zweite Problem besteht darin, "herauszufinden, in welchem Ausmaß das System selbst einem Programm folgt, das als in seinem (unbefristeten) Speicher befindlich anzusehen ist."

Die Schwierigkeit dieser Aufgaben für den besonderen Fall einer Untersuchung kompositorischen Problemlösens wird noch dadurch gesteigert, daß Probleme der Komposition und Konstruktion unzulänglich definierte, d.h. unstrukturierte Probleme zu sein scheinen. Solche Probleme erfüllen anfänglich keine der an ein wohlstrukturiertes Problem gestellten Anforderungen.[9] Jedoch kann man, wie H. Simon feststellte[10], die Teilprobleme eines Kompositions- oder Konstruktionsproblems insofern als wohlstrukturiert betrachten, als es die Beziehungen der Teilprobleme untereinander sind, die das Problem insgesamt zu einem unzulänglich definierten machen. Probleme der Komposition und Konstruktion erscheinen als unstrukturierte Probleme (*ill structured problems*) vor allem deswegen, weil ein sie ausführendes System eine Abrufinstanz besitzt, "die den Problembereich beständig dadurch verändert, daß sie von dem unbefristeten Speicher neue Problembeschränkungen, Teilziele und Alternativen erzeugende Prinzipien abruft."[11] Infolgedessen hat man es in einem solchen Falle mit einer Folge von Umwandlungen eines Problembereichs zu tun, nicht aber mit einem einzigen, ein für allemal feststehenden Problembereich.

---

[8] Ebd., S. 31.
[9] Herbert A. Simon, "The Structure of ill Structured Problems", *Artificial Intelligence* 4 (Winter 1973), S. 183-184.
[10] Ebd., S. 189-194.
[11] Ebd., S. 191-192.

1.3. Erforderlicher Untersuchungsapparat

Der folgende methodologische Apparat erscheint notwendig, will man Probleme kompositorischen Vollzuges, zum Beispiel in der Musik, bearbeiten:

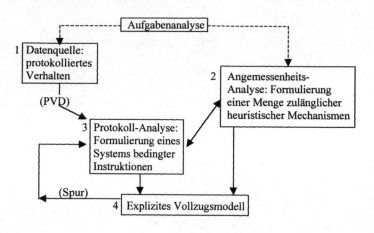

Abbildung 2

Das Diagramm bezieht sich auf die folgende (vereinfachte) Problemdarstellung:

PROBLEM:

Gegeben: eine Kompositions- oder Konstruktionsaufgabe, deren Lösung ein unstrukturiertes Problem darstellt;

Finde: a) eine geordnete Menge bedingter Instruktionen (*productions*), welche die Kontrollstruktur eines individuellen Planes vergegenwärtigt; (der Plan stellt das Programm dar, welchem ein Individuum beim Durchlaufen seines Problembereichs folgt)

b) eine Menge zulänglicher heuristischer Mechanismen, die nicht unmäßiger Rechenzeiten bedürfen und imstande sind, die jeweilige Aufgabe mechanisch zu lösen;

Vergleiche: c) das System bedingter Instruktionen (oder seine graphische Spur) mit dem beobachteten Verhalten und

ändere das System solange, bis es dem Verhalten
Rechnung trägt;
d) die Menge heuristischer Mechanismen mit dem beobachteten Verhalten und passe sie diesem an;
Formuliere: (aufgrund beider Vergleiche) definitives Modell des
jeweilig untersuchten Verhaltens;
METHODE:
für (a)   Prokollanalyse (manuell oder automatisch);
für (b)   Angemessenheitsanalyse (heuristisches Programmieren);
für (c-d)   Aufeinanderabstimmen von psychologischen Daten
mit einem programmierten Modell.

1.4. OBSERVER

Das OBSERVER genannte Instrument, das 1972-73 vom Autor in Zusammenarbeit mit Barry Truax und Henk Koppelaar entwickelt wurde, enthält die erste
und zweite Komponente des in Abbildung 2 dargestellten Untersuchungsappa-
rates. OBSERVER besteht also aus einem programmierten Aufgabenfeld einerseits (OBSERV/OBSVAR) und einem automatischen Problemlöser andererseits
(OBSYN). Das System ist nicht vollständig; die Analyse von Protokollen, also
der für die Theorie grundlegenden Daten, ist noch nicht automatisiert[12]; außerdem ist bis heute nur der erste Teil des automatisierten Kompositionsprozesses
auf einem (PDP-15) Computer realisiert worden.

1.5. Durchgeführte Aufgabenanalyse

Für die Anwendung sowohl der Protokollanalyse als auch der Angemessenheitsanalyse ist ein gründliches Verständnis der zu untersuchenden Aufgabe erforderlich. Die Analyse der Aufgabe dient zwei miteinander zusammenhängenden Zwecken: erstens dem, das zu erforschende Verhalten beobachtbar zu machen ('OBSERVER') und zweitens, es zu ermöglichen, die das Verhalten dar-
stellenden psychologischen Daten mechanisch auszuwerten sowie auch das Verhalten selbst durch ein Automaton nachzubilden. Die Analyse einer Aufgabe,
deren Vollzug ein (mehr oder weniger) unstrukturiertes Problem darstellt, ist

---

[12] Was die von automatisierter Protokollanalyse gestellten Probleme induktiven Schließens
anbetrifft, vergleiche man Allen Newell und Donald A. Waterman, "Protocol Analysis as a
Task for Artificial Intelligence", *Artificial Intelligence* 2/3-4 (Winter 1971), S. 285-318, insbesondere S. 292-294.

keine neutrale Angelegenheit. Sie bringt es mit sich, daß man einem solchen Problem eine Struktur verleiht, es also in ein mehr oder weniger wohlstrukturiertes Problem verwandelt. Aufgabenanalysen sind nur in dem Maße fruchtbar, in dem sie nicht an die Stelle des ursprünglichen (unstrukturierten) Problems ein *fingiertes* (wohlstrukturiertes) Problem setzen. Daher haben solche Analysen eine erkenntnistheoretische Einsicht in die zu untersuchende Aufgabe zur Voraussetzung.

1.6. Komposition als ein wohlstrukturiertes Problem.

Die für die Untersuchung in OBSERVER gewählte Aufgabe ist ein typisches Beispiel komplexen Verhaltens, das viele verschiedene Aspekte aufweist. Sie verbindet Elemente einer Wahrnehmungsaufgabe (1) mit Elementen einer Aufgabe des Begriffslernens oder Beurteilens (2); ferner enthält sie Elemente einer Aufgabe deduktiven Schließens (3) und, nicht zuletzt, produktiven (erfindenden) Denkens (4).

Um dem Kompositionsproblem Struktur zu verleihen und es automatisch lösbar zu machen, definieren wir Komposition als die Erzeugung einer (erklingenden) Zeichenfolge von zuvor definiertem Typ.[13] Außerdem nehmen wir an, daß die typologische Bestimmung einer Zeichenfolge (z.B. 'Typ x') als begriffliches Ziel (Zielstruktur) funktioniert. Die Zielstruktur (Zielfolge) ist mit einem mechanisch ausführbaren Test verbunden, mit Hilfe dessen sich eindeutig feststellen läßt, ob ein bestimmtes Ziel erreicht wurde oder nicht.[14] Wir definieren ferner eine Menge (zugelassener) Operatoren und (impliziter) Tests, mit Hilfe deren das Vollzugssystem das gesteckte Ziel erreichen kann, und zwar derart, daß es in einem definierten Problembereich schrittweise von einem Wissenszustand zum anderen fortschreitet.

Die Definition von Operatoren und Tests ermöglicht es uns, einen elementaren[15] Problembereich[16] zu stipulieren, in dem sich alle durch das System in Betracht gezogenen oder tatsächlich von ihm erreichten Wissenszustände dar-

---

[13] Der Typ dieser Zeichenfolge ist aufgrund musik-syntaktischer Kriterien definiert; eine Zeichenfolge kann sechs verschiedene Typen repräsentieren: $X(y_z)$, $X(z_y)$, $Y(x_z)$, $Y(z_x)$, $Z(x_y)$ und $Z(y_x)$; siehe dazu auch Erläuterungen weiter unten in diesem Aufsatz.

[14] Erste Bedingung eines wohlstrukturierten Problems; siehe Herbert A. Simon, "The Structure ...", a.a.O., S. 183.

[15] Siese Newell und Simon, a.a.O., S. 144-146.

[16] Ein Problembereich ist eine Menge von momentanen Wissenszuständen; der Bereich ist definiert durch die Operationen und Tests, die zur Verfügung stehen, um von einem Wissenszustand zu dem nächstfolgenden fortzuschreiten. Der Problembereich ist also ein finiter, mit Rücksicht auf die ihn definierenden Operationen geschlossener Bereich. Siehe dazu Newell und Simon, a.a.O., S. 59-80, 144-161, 809-823.

stellen lassen.[17] Der elementare Problembereich stellt die Grundlage erweiterter Problembereiche dar, welche durch komplexere Arten von Aufgabenwissen charakterisiert sind.[18] Die Verwandlung des Kompositionsproblems in ein wohlstrukturiertes Problem aufgrund eines explizit definierten, finiten Problembereichs stellt sicher, daß die für die Durchführung der Aufgabe stipulierten elementaren Manipulationsprozesse nur praktikable Rechenzeiten beanspruchen.[19]

Sowohl in dem programmierten Aufgabenfeld als auch auch in dem automatisierten Kompositionssystem machen wir von derselben Definition der Aufgabe und von demselben expliziten Test Gebrauch. In dem programmierten Aufgabenfeld unterscheiden wir Komposition als Umformung eines Repertoirs von Zeichen (OBSERV) von Kompositionen als auf Wahrnehmung gegründete Auslese von Zeichen aus einem Repertoir (OBSVAR).[20]

---

[17] Die Definition eines elementaren Problembereichs legt das grundlegende Aufgabenwissen fest, über das ein Individuum oder eine Maschine bei der Bearbeitung einer Aufgabe verfügen kann (siehe dazu Fußnote 58); sie bestimmt ferner die elementarsten Operatoren, die für die Erzeugung neuer Wissenszustände zur Verfügung stehen. Der elementare Problembereich ist eine Hypothese hinsichtlich des minimalen Wissens, dessen jemand bedarf, um eine bestimmte Aufgabe lösen zu können. Der Bereich heißt elementar (im Sinne von 'grundlegend'), insofern er die Grundlage des von Individuen tatsächlich verwandten, erweiterten Problembereichs darstellt. Der Benutzer des elementaren Problembereichs ist daher nicht auf diesen beschränkt (in der Tat ist Protokollanalyse gegenstandslos dort, wo nur der elementare Problembereich benutzt wird). Vielmehr kann ein Benutzer, der ausschließlich das minimale Wissen des elementaren Problembereichs verwendet, eine Lösung entweder nur in sehr zeitaufwendiger Weise oder aber gar nicht hervorbringen.

[18] Zweite bis vierte Bedingung eines wohlstrukturierten Programms; siehe dazu Herbert A. Simon, "The Structure ...", a.a.O., S. 183-184. Um einen erweiterten Problembereich zu definieren, muß man zusätzliche Relationen zwischen den Einheiten des Bereichs und entsprechende zulängliche Operatoren definieren. Siehe dazu Newell und Simon, a.a.O., S. 152-157.

[19] Sechste Bedingung eines wohlstrukturierten Problems (die fünfte Bedingung ist nur auf Systeme, die sonologische Probleme lösen, anwendbar). Die sechste Bedingung schließt ein, daß die (als im Problembereich verarbeitet angenommene) Information den elementaren symbol-manipulierenden Prozessen effektiv verfügbar ist, d.h. mit Hilfe praktikabler Suchaufwendung für sie auffindbar ist. Siehe dazu auch Herbert A. Simon, "The Structure ...", a.a.O., S. 184.

[20] Beide Problemformulierungen betreffen die Komposition elektronischer Musik mit Hilfe digitaler oder analoger Mittel. Das Aufgabenfeld für realzeitliche Komposition umfaßt Operatoren für die Synthese syntaktischer Strukturen aufgrund klanglicher Information und unter der Kontrolle irgendeines semantischen Schemas. Im Gegensatz dazu enthält ein Aufgabenfeld für instrumentale oder vokale Komposition, die in das Niederschreiben einer Partitur ausläuft, Information bezüglich der Parameter, die es zu notieren gilt. - Eine dritte Variante des Aufgabenfeldes für realzeitliche Komposition wurde in OBSERV-2 entworfen; die darin bearbeitete Kompositionsaufgabe betrifft Zeichenveränderungen, die zu einer Beurteilung ganzer Zeichenfolgen führen. Der elementare Problembereich für diese Aufgabe ist der folgende:

$Gruppe$ (Ordnungsnummer)   ::= 1/2/3/.../10
$Folge$ (Reihenfolge)   ::= 1,2,3,...,n/jede mögliche Permutation

1.7. Komposition als ein Problem induktiven Schließens

Während es möglich ist, mit Hilfe von Protokollanalyse erweiterten Problembereichen gerecht zu werden, besteht diese Möglichkeit dort kaum, wo man es mit heuristischen Mechanismen zu tun hat, jedenfalls nicht im ersten Zugriff. Aus diesem Grunde sind wir beim Entwurf von OBSYN in der Formulierung des Kompositionsproblems einen Schritt weiter gegangen. Um das Problem bearbeitbar zu machen, haben wir die 'Komposition' genannte Aufgabe produktiven (erfindenden) Denkens auf ein Problem deduktiven Schließens reduziert. Diese Reduktion dient zwei miteinander zusammenhängenden Zwecken. Erstens vermeiden wir es auf diese Weise, einer Folge von Umformungen eines Problembereichs gerecht werden zu müssen. Zweitens werden wir in die Lage versetzt, einen heuristischen Mechanismus zu definieren, der wichtige Merkmale mit dem (selbst nicht logischen) Prozeß logischen Beweisführens gemeinsam hat.

Automatische Beweisführung wird als ein Analogon der Situation verwandt, in der ein Komponist seine Aufgabe mit einer sehr allgemeinen Konzeption der hervorzubringenden Struktur (Klasse von Theoremen) beginnt und auf dem Niveau syntaktischen Details (Teilausdrücke) arbeitet, bis er über eine präzisere ('beste') Idee (Theorem) verfügt und danach auf dem Wege über einen konstruktiven Beweis (durch den Nachweis, daß Werte einer quantifizierten

---

\$Dimension(en)\$ (klangliche)	::= F(1/2/3/4) / E(2/3/4) / H(2/3/4) / S(2/3/4)
\$Grad(e)\$ (der Veränderung)	::= (+5)/(+4)/.../(-4)/(-5)
\$Veränderung(en)\$	::= \$Dimension(en)\$, \$Grad(e)\$ / \$(neue) Reihenfolge\$
\$Tests\$	::= Höre £\$Gruppe\$£ (ORIG / VAR / Höre) £\$Folge\$£ (ORIG/VAR)
\$Beurteilung\$ (Vergleich) £\$Gruppe\$£ (ORIG/VAR) oder £\$Folge\$£ (ORIG/VAR)	::= Ja-dieselbe/Nein-verschieden (in Bezug auf Kohärenz und Typ (£\$Folge\$£) oder Wohlgeformtheit (£\$Gruppe\$£)
\$Beschreibung\$ (Typ)	::= X(y,z) / Y(x,z) / Z(y,x)
\$Ausdruck\$	::= \$Gruppe\$ ← \$Veränderung(en)\$/\$Test\$/ \$Beurteilung\$; \$Folge\$ ← \$Veränderung(en)\$/\$Test\$/ \$Beurteilung\$;
\$Wissenszustand\$	::= 0 / \$Ausdruck\$ / \$Ausdruck\$, \$Wissenszustand\$
\$Operator\$	::= füge £\$Ausdruck\$£ hinzu
U: Menge (\$Wissenszustand\$) Q: Menge (\$Operator\$).	

Bemerkung: Die klangliche Dimensionen betreffenden Operationen (1 bis 4) (siehe dazu auch Fußnote 32) machen zusammen ein System aus; jede von ihnen steht für eine Veränderung ein, die zwar empirisch verschiedene Auswirkungen hat, begrifflich jedoch eine und dieselbe Art von Veränderung ist. Folglich gibt es nicht 12 (13) verschiedene Operationen, sondern nur 4 (die vierte ist nur auf eine einzige Dimension, die der Frequenz, anwendbar).

Variablen, die Argument des Theorems ist, in der Tat 'existieren') eine individuelle Struktur (Zielfolge) hervorbringt, welche die von dem Theorem erforderten Eigenschaften besitzt.[21]

Um das kompositorische Problem noch weiter zu vereinfachen, vernachlässigten wir die eigentlich semantischen und sonologischen Teilprobleme der gestellten Aufgabe.[22] Wir reduzierten also das Problem auf seine musik-syntaktischen Aspekte. Ferner schränkten wir das der Maschine verfügbare Wissen auf die Information ein, die erforderlich ist, um eine mono-lineare Zeichenfolge hervorzubringen. Das will sagen, wir sahen von den Beziehungen ab, welche Zeichenfolgen miteinander unterhalten. (Die beiden letztgenannten Einschränkungen gelten auch für OBSERV und OBSVAR). Dieser Problembeschränkung zufolge, wird das Element produktiven Denkens der Kompositionsaufgabe durch das Auffinden eines individuellen Repräsentanten einer Zielstruktur vergegenwärtigt, die zu Beginn des Prozesses nur in sehr allgemeiner Form bekannt ist. In OBSYN wird diese Zielstruktur aufgrund eines allgemeinen antizipatorischen Schemas[23] erzeugt, das wie eine Menge von Theoremen funktioniert.

---

[21] Die Verwendung eines einheitlichen Beweisverfahrens für eine Aufgabe produktiven (erfindenden) Denkens macht deutlich, daß man zum Zweck der Untersuchung kognitiver Aufgaben sprachlicher oder musikalischer Natur eines 'prozeduralen deduktiven Systems' (Hewitt) bedarf, das ausreichendes heuristisches Wissen, nicht nur das unmittelbar erforderliche 'deklarative' grammatikalische Wissen, enthält. Siehe dazu Terry Winograd, *Understanding Natural Language*, New York: Academic Press, 1972, S. 36-41 und S. 108-117. Siehe auch Carl Hewitt, "Teaching Procedures in Humans and Robots", *Artificial Intelligence Laboratory Memo* Nr. 208, Cambridge, MA: M.I.T., 1970 (September), S. 1-7.

[22] Semantische Probleme betreffen die Frage, wie das einem syntaktischen Prozeß zugrundeliegende antizipatorische Schema selbst zustandekommt. Siehe dazu auch Otto E. Laske, *Musical Semantics: A Procedural Point of View*, San Francisco, CA: Computer Music Association, 1974. Sonologische Probleme, sofern sie in einem Kompositionssystem auftreten, gehen die klangliche Realisierung einer syntaktischen Struktur an. Probleme sonologischer Untersuchung sind solche des Entwurfs einer Menge zulänglicher heuristischer Mechanismen für das Verstehen klanglicher Konfigurationen. Sonologische Probleme lassen sich nur dann in zureichender Weise untersuchen, wenn man sie nicht von Problemen syntaktischen und / oder semantischen Problemlösens abtrennt. Hinsichtlich der letzteren Einsicht, siehe William A. Woods und John Makhoul, "Mechanical Inference Problems in Continuous Speech Understanding", *Artificial Intelligence* 5/1 (Spring 1974), S. 73-91.

[23] Was die Definition eines 'Schemas' im Sinne der Informatik betrifft, siehe Stephen W. Smoliar, *Process Structuring and Music Theory*, Philadelphia, PA: University of Pennsylvania, The Moore School of Electrical Engineering, Technical Report, May 1974, S. 14 [Manuskript ohne Seitenzahlen]. Das in OBSYN benutzte antizipatorische Schema ist eine Hypothese hinsichtlich der musik-syntaktischen Dimensionen, innerhalb deren musikalische Strukturen konzipiert werden, und zwar unabhängig davon, ob es sich um einstimmige oder mehrstimmige (geschichtete) Strukturen handelt. Das Schema wurde aufgrund der Analyse von in OBSERV/OBSVAR produzierten musikalischen Abfolgen formuliert: es könnte an beliebigen musikalischen Abfolgen bestätigt werden. Für weitere Information hinsichtlich des Funk-

2. Methode

2.1. Protokollanalyse: OBSERV/OBSVAR

Der Begriff 'Protokollanalyse' bezeichnet eine methodologische Konzeption, die für einen umfangreichen Problemkreis einsteht. Die von ihr gestellten Teilprobleme sind die folgenden[24]: (1) ein Aufgabenfeld festzusetzen; (2) einen elementaren Problembereich zu definieren; (3) Problemverhalten zu beobachten und in kodierter Form (etwa der eines Protokolls) festzuhalten; (4) (aufgrund expliziter psychologischer Daten) den erweiterten Problembereich zu bestimmen, der von Individuen in der Tat verwandt wird; (5) die Bewegung eines Individuums durch einen Problembereich dynamisch - durch ein Problemverhaltensdiagramm - wiederzugeben; (6) hypothetisch eine geordnete Menge von bedingten Instruktionen (*productions*), d.h. ein Programm, zu formulieren, welches ein Modell des protokollierten Verhaltens darstellt; (7) das System bedingter Instruktionen (*productions*) auf einem Computer zu realisieren; (8) die Wirkungsweise des formulierten Systems graphisch, als eine Spur, derart darzustellen, daß daraus seine Fehlleistungen in Bezug auf das zu simulierende Protokoll eindeutig hervorgehen; (9) das Instruktionssystem solange zu verändern, bis es den tatsächlichen Pfad des Individuums durch den Problembereich fehlerfrei wiedergibt; (10) die Gültigkeit des Instruktionssystems als 'Mikrotheorie' durch einen Vergleich mit Systemen zu testen, die das Verhalten verschiedener Individuen bei derselben (oder bei einer anderen, vergleichbaren) Aufgabe wiedergeben. Für die Ausführung von Schritt (6) bis (10) kann es offenbar von großer Hilfe sein, über einen automatisierten heuristischen Problemlöser zu verfügen, da ein solches System als eine minimale Theorie der zu simulierenden Funktionen angesehen werden kann.

2.2. Explizite Problemstellung in OBSERV und OBSVAR

Das in OBSERV und OBSVAR behandelte Problem läßt sich durch die folgende mengentheoretische Formulierung wiedergeben[25]: "Gegeben sei eine Menge U (von möglichen Zeichenfolgen der Größe n); finde ein Element einer Untermenge von U (Zielmenge G genannt), das wohldefinierte typologische Eigen-

---

tionierens des Schemas in OBSYN siehe weiter unten in diesem Aufsatz; für sein Funktionieren in OBSERV/OBSVAR siehe S. 10-11.

[24] Newell und Waterman, a.a.O. Siehe auch Newell und Simon, a.a.O., S. 834-868.

[25] Newell und Simon, a.a.O., S. 74. Diese logische Problemformulierung sollte den Leser nicht dazu verleiten zu übersehen, daß die auszuführenden kompositorischen Operationen selbst sonologischer Natur, also konkrete nicht-logische Operationen (im Sinne von J. Piaget) sind.

schaften besitzt." Dieser Problemformulierung zufolge kann die Aufgabe des Programmbenutzers wie folgt definiert werden[26]: "Erzeuge U; prüfe, ob sich das erzeugte Element in G befindet; falls ja, ende und berichte über die Lösung; falls nein, fahre fort; ende und berichte, daß keine Lösung erreicht wurde." Für die Bewältigung dieser Aufgabe ist eine als "erzeugen-und-prüfen" bekannte heuristische Methode geeignet.[27] Die der Verwendung dieser Methode zugehörige Problemstellung ist die folgende[28]:

GEGEBEN: ein Erzeuger der Menge ((U));
            ein Test des für Elemente von definierten Prädikats P;
FINDE: ein Element in ((U)), das P(u) befriedigt,
            sich also in G befindet

Die dieser Methode zugehörige Verfahrensweise ist die folgende[29]:

$$P$$

$$((u)) \dashrightarrow \text{erzeugen} \xrightarrow{\text{Elementeingabe}} \text{Test} \xrightarrow{+ \quad \text{Lösung}}$$

2.3. Das Aufgabenfeld und der Problembereich in OBSERV

Das OBSERV ausmachende Aufgabenfeld besteht aus einem in realer Zeit wirksamen Klangerzeugungsprogramm, das über Digital-zu-Analog-Wandlern mit einem Paar von Lautsprechern verbunden ist. Das Programm wird mit Hilfe von Teletypeinstruktionen aktiviert (der Teletype dient zudem als Drucker der Protokolle). Das Aufgabenfeld setzt den Benutzer instand, Problembereiche variabler Komplexität, also eine Menge von Wissenszuständen zu erzeugen, deren jeder das unmittelbar verfügbare momentane Aufgabenwissen des Benutzers

---

[26] Newell und Simon, a.a.O., S. 96. Auch in OBSERV/OBSVAR wird die Zielstruktur aufgrund des antizipatorischen Schemas erzeugt (welches die zu lösende Aufgabe des Benutzers definiert). Die Erzeugung der Zielstruktur aufgrund des Schemas ist hier der Prozeß, aufgrund dessen man das Schema begreift, sei es bevor er die Aufgabe in Angriff nimmt oder während seiner Arbeit an der Aufgabe.

[27] Newell und Simon, a.a.O., S. 144. Siehe auch Allen Newell, "Heuristic Programming: ILL Structured Problems", *Progress in Operations Research*, hrsg. von Julius S. Aronofsky, Bd. 3, New York: Wiley, 1969, S. 387.

[28] Newell, "Heuristic Programming ...", a.a.O., S. 370-380.

[29] ((u)) und P stellen hier nicht Eingaben sondern Bestimmungen dar, aufgrund deren sich die Prozesse des Erzeugens und Prüfens definieren lassen; siehe dazu Newell, "Heuristic Programming ...", a.a.O., S. 377.

darstellt.[30] Die dem Programmbenutzer gegebenen Instruktionen informieren ihn über die zu verwendende Verfahrensweise und versehen ihn mit einem Beispiel der in einer bestimmten Zeitperiode hervorzubringenden Zielfolge. Das dem Benutzer verfügbare minimale Aufgabenwissen kann man in einem elementaren Problembereich der folgenden Form darstellen[31]:

$Klang(e)$ (Ordnungsnummer)	::= 1/2/3/.../n
$Reihenfolge$ ($Folge$)	::= 1,2,3,...,n/jede mögliche Permutation
$Dimension$ (klangliche)[32]	::= E/H/N/R/A/F/S
$Grad$ (der Veränderung)	::= (+5)/(+4)/.../(-4)/(-5)
$Veränderung$	::= $Dimension$, $Grad$ / $(neue) Folge$
$Test$	::= TEL £$Klang$£ / TSEQ £$Folge$£
$Ausdruck$	::= $Klang(e)$/$Reihenfolge$ ←$Veränderung$/$Test$
$Wissenszustand$	::= 0 / $Ausdruck$ / $Ausdruck$, $Wissenszustand$
$Operator$	::= füge £$Ausdruck$£ hinzu
U: Menge ($Wissenszustand$)	
Q: Menge ($Operator$).	

In dieser rekursiven BNF-Formulierung sind die Elemente des Problembereichs, Wissenszustände genannt, durch Ausdrücke dargestellt, die eine explizit definierte Veränderung oder einen Test einem Zeichen oder einer Zeichenfolge zuordnen. Der Operator, mit Hilfe dessen man von einem Wissenszustand zu dem nächstfolgenden fortschreitet, bezieht sich nicht auf das Aufgabenfeld, sondern auf dessen interne Darstellung, den Problembereich. Im elementaren Problembereich lassen sich Zielfolgen nicht explizit definieren; sie sind vielmehr indirekt durch einen Schlußtest definiert[33], der außerhalb des Problembereichs des Programmbenutzers fällt.

Die vom Benutzer zum Zwecke der Auffindung einer Lösung verwandte Verfahrensweise kann nur durch ein System von bedingten Instruktionen (*productions*), nicht durch ein Flußdiagramm dargestellt werden.[34] Jedoch macht das

---

[30] Newell und Simon, a.a.O., S. 145, 152, 815-820.

[31] Bezüglich der verwandten Notierungskonventionen vgl. Newell und Simon, a.a.O., S. 45 sowie S. 145-146. Das Symbol '$' vergegenwärtigt <Winkelklammern>, das Symbol '£', welches "parametrisiert durch" bedeutet, vergegenwärtigt [eckige Klammern]; '←' ist ein Zuordnungssymbol, '::=' ein Meta-Zuordnungssymbol. '/' steht für das disjunktive "Oder".

[32] Eine Dimension in OBSERV ist ein klangliches Attribut, wie z.B. Einsatzabstand (E), Hüllkurve (H), Einschwingvorgang (N), Ruhezustand (R), Ausschwingvorgang (A), Frequenz (F) und Schwingungsform (S).

[33] Newell und Simon, a.a.O., S. 416.

[34] Newell, *Production Systems*, a.a.O., S. 57-58. Das Flußdiagramm betrifft das durch OBSERV-1 zur Verfügung gestellte Aufgabenfeld; mit geringfügigen Veränderungen ist es auch für OBSERV-2 und OBSVAR gültig. Die im Diagramm verwendeten Bestimmungen 'Element, Prädikat, Differenz, Operator' beziehen sich auf das durch diese Programme bereitgestellte Aufgabenfeld, nicht (direkt) auf die mit ihnen zusammenhängenden Problembereiche.

folgende Diagramm das allgemeine Verfahren deutlich, mit Hilfe dessen sich ein Programmbenutzer dem Aufgabenfeld anpaßt und erweiterte Problembereiche erarbeitet:

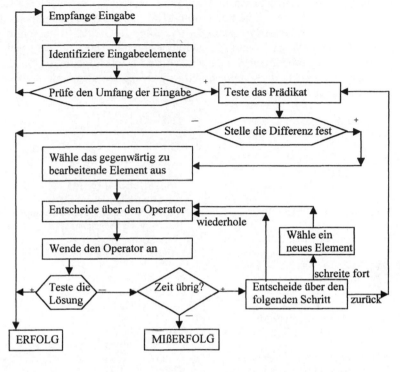

Abbildung 3

Ein 'Element' ist entweder ein Einzelklang oder eine Klanggruppe, deren Grenzen durch den Benutzer festgelegt werden; 'Prädikat' und 'Differenz' beziehen sich auf das typologische Schema, aufgrund dessen die Aufgabe des Benutzers definiert ist (siehe dazu die Fußnoten 26, 43 und 45). Der im Flußdiagramm erwähnte 'Operator' betrifft die in einem spezifischen Aufgabenfeld möglichen Operationen; indirekt bezieht er sich auf den Operator im Problembereich, mit Hilfe dessen neue Wissenszustände erzeugt werden. Die Bedeutung des Begriffs 'Operator' ist also von dem jeweiligen Aufgabenfeld, in dem er vorkommt, abhängig. In OBSERV-1 zum Beispiel stehen dem Benutzer drei Grundoperationen zur Verfügung, nämlich: "verändere den Klang (in einer seiner Dimensionen)", "verändere die Reihenfolge der Elemente der Abfolge" und "prüfe ein Element oder eine Abfolge insgesamt" (im Hinblick auf die zu verwirklichende Zielstruktur, so wie sie vom Benutzer verstanden wird). In der Definition des Problembereichs treten die Operatoren des Aufgabenfeldes als Bestimmungen auf, welche mögliche Wissenszustände definieren, d.h. in OBSERV-1 als 'Veränderung', 'Reihenfolge' und 'Test'.

2.4. Der elementare Problembereich in OBSVAR

In einer Variante von OBSERV, OBSVAR genannt, machen wir von einer anderen Formulierung der Kompositionsaufgabe Gebrauch. Der Hauptunterschied zwischen den beiden Aufgabenfeldern und, infolgedessen, Problembereichen, liegt darin, daß die Hervorbringung der Zielfolge in OBSVAR ausschließlich aufgrund (gehörsmäßiger) Beurteilung eines Repertoirs von Zeichen geschieht, das vom Programmbenutzer aufgestellt worden ist. Infolgedessen finden die axiologischen Aspekte der Kompositionsaufgabe in den elementaren Problembereich Eingang:

$Klang(e)$	::= 1/2/3/.../30
$Gruppe(n)$	::= 1/2/3/.../n
$Folge(n)$	::= 1/2/3/.../n
$Repertoir$ (Auswahl £$Gruppe$£ aus $Varianten$)	::= 1/2/3/.../10
$Varianten$ (VAP)	::= VAR £$Gruppe$£ (nr.) / VAR £$Folge$£ (Nr.)
$Neue Folge$ (NSEQ)	::= VAR £$Gruppe$£ + VAR £$Gruppe$£ + ... + VAR £$Gruppe$£
$(maschinelle) VariationS (innerhalb der Grenzen u,v)	::= VAR £$Gruppe$£ (u,v) / VAR £$Folge$£
$Veränderung$ (der NSEQ durch den Benutzer)	::= füge £$Gruppe$£ hinzu / Ändanz.£$Gruppe(n)$£ Perm £$Gruppe(n)$£[35]
$Auswahl$ (für das Repertoir, innerhalb der Grenzen u,v)	::= Ja-VAR £$Gruppe$£ (u,v) / Nein-VAR £$Gruppe$£
$Auswahl-NSEQ$ (vom Repertoir für NSEQ)	::= 1/2/3/.../n
$Test$	::= bewahre £$GruppeS£ auf / Nbewahre £$Gruppe$£ auf / Ja(genug) £$Gruppe(n)$£ / Nein(genug) £$Gruppe(n)$£ / Höre £$Folge$£ (Nr.)
$Beurteilung$ (VAR) £$GruppeS£	::= Ja (akzeptiere) /Nein (verwerfe)
$Beschreibung$	::= X(y,z)/Y(z,x)/Z(x,y)
$Ausdruck$	::= $Gruppe(n)$ / $Folge(n)$ ← $Variation$ $Gruppe(n)$ / $Folge(n)$ / $Varianten$ ← $Tests$ $Repertoir$ ← $Beurteilung$ / $Auswahl-NSEQ$ $Neue Folge$ ← $Veränderung$ /

---

[35] "Ändanz.£$Gruppe(n)$£" steht für "verändere die Anzahl der Gruppen", "Perm £$Gruppe(n)$£" für "permutiere die Gruppen".

$Wissenszustand$

$Beschreibung$
::= 0 / $Ausdruck$ / $Ausdruck$,
$Wissenszustand$

$Operator$
::= füge £$Ausdruck$£ hinzu

U: Menge ($Wissenszustand$)
Q: Menge ($Operator$).

Die Komplexität des elementaren Problembereichs in OBSVAR, verglichen mit OBSERV, hat ihren Grund darin, daß in OBSVAR die Kompositionsaufgabe in verschiedene Teilaufgaben zerlegt ist, nämlich in (a) die Auswahl von Zeichen für ein Repertoir, (b) die Auswahl von Zeichen aus einem Repertoir und (c) die obligatorische Beschreibung einer neuen Zeichenfolge (NSEQ), welche als (eine der) Lösung(en) ausgewählt wurde. In diesem dreistufigen Prozeß ist der Benutzer genötigt, eine und dieselbe Folge von Zeichen in verschiedener, vom Stand seiner jeweiligen Einsicht abhängigen, Weise zu betrachten.

2.5. Protokoll und Problemverhaltensdiagramm

Die aus der Benutzung von OBSERV und OBSVAR hervorgehenden Protokolle bestehen aus einer geordneten Menge von kodierten Ausdrücken, welche die vom Benutzer ausgeführten Operationen zum Gegenstand haben. Das folgende Protokollfragment stellt ein Beispiel aus OBSERV dar:

1	$1,2^{36}$
2	TSEQ
3	3,4,5,6,7,8,9,10
4	TSEQ
5	3,4,5,6,7,8,9,10,1,2 (neue Folge)
6	TSEQ
7	3-10, E (+5)
8	3-10, H (+4)
9	TSEQ
10	TSEQ
11	1,F (+3)
12	1, TEL
13	3,F (-5)
14	TSEQ
15	...

Um den vom Programmbenutzer durchlaufenen Pfad (im Problembereich) dynamisch wiederzugeben, übersetzen wir die diesen Bereich ausmachende Fol-

---

[36] Die Ordnungsnummer von Klängen dient als das ein Klangobjekt im Problembereich vergegenwärtigendes Zeichen.

ge von Wissenszuständen in einen Graphen. Jede Wurzel (*node*) des Graphen stellt einen individuellen Wissenszustand (Viereck), jede Abzweigung den an einer bestimmten Stelle angewandten Operator dar. Die Zeit im Graphen verläuft von links nach rechts (über die Seite hin), außer dort, wo der Programmbenutzer zu einem früheren Wissenszustand (dargestellt durch eine vertikale Linie) zurückkehrt.[37]

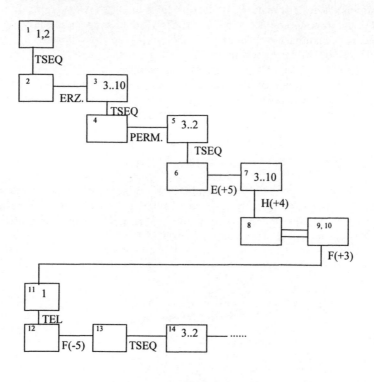

Abbildung 4

---

[37] Das obige Protokollfragment und seine - nun folgende - bildliche Darstellung beziehen sich auf den für OBSERV-1 definierten Problembereich. Unter Nr. 1 bis 10 des Fragments hat es der Benutzer mit der Abfolge als ganzer zu tun; von Nr. 11 an wendet er seine Aufmerksamkeit den individuellen Elementen der Abfolge zu. Das Protokoll insgesamt umfaßt 203 Schritte. Der Operator "erzeuge" (ERZ.), der im Graphen explizit auftritt, ist der Definition des auf die Methode "erzeugen-und-prüfen" gegründeten elementaren Problembereichs implizit; der Veränderungsoperator "permutiere" (PERM.) entspricht der $(neuen) Folge$. Die die beiden Vierecke Nr. 8-9 verbindende Doppellinie bezeichnet eine wiederholte Anwendung des Tests TSEQ.

2.6. Instruktionssystem

Die lineare Folge der Ausdrücke des Protokolls und ihre bildliche Aufgabe in einem Graphen geben nur die Oberflächenstruktur eines Verhaltensprozesses wieder. Um diesen Prozeß zu erklären, ist es erforderlich, ein hypothetisches symbol-manipulierendes System zu definieren, das den Suchprozeß eines Individuums fehlerfrei darzustellen vermag. Man definiert ein solches System dadurch, daß man eine geordnete Folge bedingter Instruktionen (P_1, P_2, ..., P_n) formuliert, welche die von einem Individuum entwickelte Folge von Wissensständen mechanisch zu erzeugen vermag. Die bei der Ausführung eines solchen Schemas befolgte Kontrollstruktur der Manipulationsprozesse kann als die Tiefenstruktur des nachzubildenden Verhaltens gelten. Ein System bedingter Instruktionen zu formulieren und zu testen, läuft also darauf hinaus, zu zeigen, inwiefern sich die hypothetisch angenommenen Manipulationsprozesse zu einer kohärenten Folge - oder einem Plan - zusammenschließen.

Von dem der Kontrollstruktur folgenden System stellt man sich vor, daß es eine Menge von augenblicklich im befristeten Speicher befindlichen Daten (Wissenszuständen) verarbeitet und diese Daten solange Veränderungen unterwirft, solange es notwendig ist, um ein bestimmtes Ziel zu erreichen. Appliziert man ein Intruktionssystem einer bestimmten Menge von Wurzeln (nodes) eines Graphen, so produziert es eine Spur, das heißt, eine Menge von Wissenszuständen, die einer bestimmten Kontrollstruktur gemäß organisiert ist. Vergleicht man diese Spur mit den Daten eines Problemverhaltensdiagramms, so kann man eindeutig die Auslassung (von Wurzeln) und Fehlleistungen des Systems (falscher Wissenszustand an einer bestimmten Wurzel evoziert) ermitteln.[38] Die zwischen dem Diagramm und der Spur des formulierten Instruktionssystems auftretenden Diskrepanzen machen es erforderlich, das letztere solange zu verändern, bis es einer fehlerfreien Nachbildung des im Problemverhaltensdiagramm festgehaltenen Verhaltensprozesses fähig ist.

In BNF-Notierung dargestellt, hat eine für OBSERV und OBSVAR typische Instruktion die folgende Form:

$$\$(Folge)£\$ = \$(Typ)X\$ ---- \quad \text{stelle-fest } £\$D(s_a\text{-}s_z)\$£;$$
$$\text{finde } £\$Operator\ (q)\$£;$$
$$\text{wende-an } £\$(f_a)\$£$$

Der Gleichheitsausdruck auf der linken Seite stellt die Bedingung dar, unter der die Folge der Operatoren der rechten Seite auf den Wissenszustand Anwendung findet, falls er die genannte Bedingung erfüllt. Den Inhalt der Instruktion selbst kann man wie folgt umschreiben: "Falls eine Zeichenfolge als dem Typ X zu-

---

[38] Newell, "Remarks on ...", a.a.O., S. 395.

gehörig erkannt wurde, stelle die Differenz (D) zwischen der erzeugten (f_a) und der erwünschten Zeichenfolge (f_z) fest; finde einen Operator q, der imstande ist, die Differenz zu vermindern und wende ihn (auf (f_a)) an". Das Instruktionssystem als ganzes ist eine geordnete Folge solcher Zuordnungen. Dadurch, daß man Instruktionssysteme, die verschiedenen Protokollen zugehören, miteinander vergleicht, ist man imstande, die von einem solchen System beinhaltete Minimaltheorie[39] zu verallgemeinern. Auf diese Weise kann man ein allgemeines Vollzugsmodell für die untersuchte Aufgabe formulieren.

2.7. Angemessenheitsanalyse: OBSYN

OBSYN wurde entworfen, um zu demonstrieren, daß eine Menge zulänglicher heuristischer Mechanismen existiert, aufgrund deren sich die in 1.6. bis 1.7. und in 2.2. definierte Kompositionsaufgabe mechanisch lösen läßt. Obgleich aufgrund der Definition der Aufgabe mit OBSERV und OBSVAR verbunden, ist OBSYN nicht zum Zweck der Simulierung menschlichen Aufgabenverhaltens entworfen worden. Vielmehr dient es der Angemessenheitsanalyse der Aufgabe, ist also ein Unterfangen eigenen Rechts. (Wie später gezeigt werden wird, besitzt OBSYN jedoch wichtige Merkmale, die in naher Übereinstimmung mit Tatsachen stehen, welche sich aufgrund der Analyse von Protokollen erschließen lassen).

2.8. Informelle Problemformulierung

OBSYN funktioniert aufgrund eines antizipatorischen Schemas. Das Schema dient dem Zweck, eine Zielstruktur hervorzubringen, mit deren Hilfe sich eine individuelle musikalische Abfolge produzieren läßt, in welcher die Zielstruktur verwirklicht ist. Analytisch betrachtet, bezeichnet das Schema den Rangunterschied zwischen den syntaktischen Dimensionen, in denen die Abfolge definiert ist. Eine Abtraktion von diesem Schema bestimmt die Kontrollstruktur des vorkompositorischen Prozesses, mit dessen Hilfe ein für die Erzeugung einer individuellen musikalischen Abfolge geeigneter Problembereich zustandekommt. Mit dem Schema ist eine Menge (stilistischer) Kriterien verbunden, die als Auswahlbeschränkungen innerhalb eines (anfänglich aleatorischen) Erzeugungsprozesses funktionieren; außerdem erfüllen diese Kriterien eine Testfunktion; sie stellen die Grundlage mechanischer Bewertungen dar. Auf einer späteren Stufe wird das allgemeine antizipatorische Schema durch eine spezifizierte Zielstruktur ersetzt. Diese Zielstruktur lenkt den eigentlich kompositorischen Prozeß der

---

[39] Newell und Simon, a.a.O., S. 165.

248

Hervorbringung einer individuellen musikalischen Abfolge. Dieser Prozeß ereignet sich innerhalb des durch den vorkompositorischen Prozeß zustandegekommenen Problembereichs.

Das in OBSYN für die Erzeugung einer Zielstruktur verwandte antizipatorische Schema beschreibt eine musikalische Abfolge aufgrund dreier aufeinander bezogener Komponenten. Jede dieser Komponenten ist durch eine Folge von Elementen von der Größe der hervorzubringenden musikalischen Abfolge vergegenwärtigt. Diese Folgen, und infolgedessen die Komponenten, sind miteinander durch eine Formel verbunden, welche das von den Folgen erzielte Prüfergebnis (d.h. ihren Rang im Hinblick auf die Abfolge als ganze) darstellt. Formal kennzeichnen wir das allgemeine Schema durch den Ausdruck $X(y_z)$, wobei X die primäre, y die sekundäre und z die tertiäre Komponente darstellt. Das kompositorische Problem wird in OBSYN aufgrund von Ausdrücken, die getrennt produzierbare Teile enthalten[40], gestellt, wie z.B. X-1, Y-2 und Z-3. Die ganzen Zahlen stellen Indizes dar, die den Klang jeder Komponente wiedergeben.[41] Jede Teilformel (wie z.B. X-1) steht für eine Elementfolge ein, die zusammen mit (zwei) anderen das syntaktische Skelett einer Zielfolge ausmacht.[42] Eine Ausgangsformel repräsentiert eine Klasse möglicher Theoreme[43], während eine bewiesene ('beste') Formel (Theorem)[44] für eine (individuelle) Klasse musikalischer Strukturen einsteht.[45] Dieser Problemformulierung gemäß, ist das Schema deduktiven Schließens, aufgrund dessen ein Ausdruck wie Struktur des Typs $X(y_z)$, in Unterausdrücke verwandelt wird, das folgende:

[40] Newell, "Heuristic Programming ...", a.a.O., S. 382; siehe auch Newell und Simon, a.a.O., S. 105-137.

[41] Im Laufe der Verarbeitung des Schemas werden ganzzahlige durch realzahlige Indizes ersetzt, welche das von einer Elementfolge erzielte Prüfergebnis zum Ausdruck bringen; ein ganzzahliger Index wie z.B. "1" stellt alle zwischen 1,99 und 1,00 liegenden analytischen Werte dar (wobei 1,00 als das beste Ergebnis anzusehen ist).

[42] Es gibt insgesamt drei Folgen von Elementen, die "Intervallklassen, Tonhöhenklassen und Dauernklassen (Klassen von Einsatzabständen)" heißen. Durch das Analyseprogramm PHRAN wird eine Elementfolge in einen Teilausdruck verwandelt.

[43] Z.B. "M-1, H-2, R-3", wobei M eine Reihe von Tonhöhenklassen, H eine Reihe von Intervallklassen und R eine Reihe von Klassen von Einsatzabständen darstellt.

[44] Einem Theorem ist die folgende Interpretation zugeordnet: D (Geltungsbereich): die Menge ((A)) von Teilausdrücken; F (Funktion über D): das disjunktive Oder ('/'); P (Relation): größer als; ein Theorem hat die Form (z.B.) P(z,f(x,y)) oder, in ausgeführter Form, $(\forall x/y)$ $(\exists z)$ P(z,x/y), "für alle Teilausdrücke x oder y gilt, daß es einige Teilausdrücke, z genannt, gibt, die wertmäßig größer als x oder y sind". Die Ableitung betrifft die wff. (z.B.) $(\exists z)$ W (z) aus der Menge ((G)) von wffs.; das Ableitungsproblem besteht darin, ein Existenzbeispiel für das z, "das es gibt", zu produzieren; siehe dazu Nils J. Nilsson, *Problem-Solving Methods in Artificial Intelligence*, New York: McGraw-Hill, 1971, S. 159-160 und 188.

[45] Z.B. "M-1.2, H-2.3, R-3.4", wobei "M-1.2" ein Teilausdruck ist, der für eine spezifische Reihe von Tonhöhenklassen einsteht; ein Teilausdruck vergegenwärtigt eine Klasse von Elementfolgen, nämlich diejenigen, welche die Eigenschaften besitzen, die er repräsentiert.

A Verarbeitung des antizipatorischen Schemas	B Zugeordnete musikalische Interpretationen	C Komponenten des kompositorischen Prozesses
I. BEWEIS Klasse von Theoremen: $X(y,z) \bigcup Y(x,z) \bigcup Z(y,x)$ z.B.	Superklasse musikalischer Strukturen des Typs $X \bigcup Y$ $\bigcup Z$	ENTWURF (vorkompositorischer Prozeß) Ziel- und Ausgangsbeschränkungen
X-1　　Y-2　　Z-3	Musik-syntaktische Komponenten x, y, z (z.B. Melos, Harmonie, Rhythmus)	Allgemeine Spezifikation des Produkts: Typ der Integration primärer kompositorischer Elemente
Elementfolge Nr. 1　　2　　3 　　Analyse z.B.	Folge musikalischer Elemente (z.B. Tonhöhenklassen, Intervallklassen, Dauernklassen)	Spezifikation des strukturellen Materials: Ausarbeitung musik-syntaktischer Einzelheiten (serielle Methode)
X-1.2　　Y-2.3　　Z-3.4 $\aleph(y_z)$ bewiesene Formel: Zielstruktur	Klasse musikalischer Strukturen	Begriffliches Modell des entworfenen Produkts (gebildet aufgrund der ausgeführten vorkompositorischen Experimente)
II. ABLEITUNG "$\aleph(y_z)$"		VERWIRKLICHUNG DES ENTWURFS (kompositorischer Prozeß)
Individueller Repräsentant eines Arguments der bewiesenen Formel	Individuelle, die Zielstruktur verwirklichende musikalische Abfolge	Ausgeführter Entwurf

Dem Teil A der Aufstellung zufolge wird der Kompositionsprozeß in OBSYN in zwei Schritten ausgeführt: erstens, dem Beweis (der von einer Klasse von Theoremen zu einer 'besten' oder bewiesenen Formel - also einem Theorem - fortschreitet), und zweitens der Ableitung (die von einem Theorem ein Existenzbeispiel eines der Argumente des Theorems ableitet). Der zweite Schritt ist das Analogon eines konstruktiven Beweises[46], mit dessen Hilfe ein tatsächlich existierendes Beispiel einer quantifizierenden Variablen (die Argument des Theorems ist) von diesem abgeleitet wird.

2.9. Vollständige Problemstellung in OBSYN

Obwohl bis zum gegenwärtigen Zeitpunkt nur der erste Beweisschritt realisiert worden ist, geben wir unten die vollständige Problemstellung in OBSYN wieder:

"Gegeben sei eine Klasse (möglicher)[47] Theoreme, U; finde zuerst einen Ausdruck, u, der ein Element der Menge U, nämlich der Zielmenge G, ist (die festgelegte theorematische Eigenschaften besitzt) und zeige, zweitens, daß für eine Variable von u (die ein Argument des Theorems darstellt) ein Existenzbeispiel vorhanden ist."[48]

---

[46] Nils J. Nilsson, a.a.O., S. 187 f. Im ersten, vorkompositorischen Schritt besteht die Aufgabe darin, eine Zielstruktur zu erzeugen, deren Komponenten das antizipatorische Schema einlösen, ohne notwendigerweise (oder sogar möglicherweise) miteinander in Übereinstimmung zu stehen. Im zweiten, eigentlich kompositorischen Schritt ist es darum zu tun, die Komponenten der Zielstruktur sowohl miteinander als auch mit der Zielstruktur als ganzer in Übereinstimmung zu setzen, d.h. sie einander als Teilausdrücke eines gefundenen besten Ausdrucks zu verbinden und diesen Ausdruck zu realisieren. (Allgemein ausgedrückt ist das hier gestellte kompositorische Problem dieses: miteinander in Konflikt stehende syntaktische Erfordernisse zu erfüllen, ohne dabei die durch das semantische Schema gestellten Bedingungen auszuweiten). Die Notwendigkeit zwischen einem allgemeinen Schema und einer spezifischen Zielstruktur zu unterscheiden, ergibt sich bei dem Versuch, innerhalb des Schemas eine beste, als Zielstruktur geeignete Struktur zu finden. Zwischen der Zielstruktur und einer sie verwirklichenden individuellen musikalischen Folge muß unterschieden werden, weil die Zielstruktur aufgrund von getrennt hervorgebrachten Teilausdrücken definiert ist; es kann sich zeigen, daß sich diese Teilausdrücke, die für Elementfolgen einstehen, als Elementfolgen unter den von der Zielstruktur gestellten Bedingungen nicht verwirklichen lassen.

[47] Indem wir den zu beweisenden Ausdruck nicht schon zu Beginn des Beweisverfahrens voraussetzen, sondern seine Auffindung dem Verfahren des Hügelsteigens überlassen, vermeiden wir den Nachteil eines jeglichen einheitlichen, inhaltsfreien Beweisverfahrens, daß es keinerlei prozedurale Information besitzt, aufgrund deren sich entscheiden ließe, "wann welches Theorem" anzuwenden sei.

[48] Ihrer gegenwärtigen Definition gemäß stellt die Ableitung ausschließlich ein musik-syntaktisches Problem dar. Sie könnte ohne weiteres ein klangliches Realisationsverfahren umfassen. Es wären dann mehr als drei voneinander abhängige Elementfolgen einander anzupassen. Außerdem würde eine solche Ausweitung des Verfahrens gegenwärtig noch ungelöste sonologische Probleme aufwerfen, nämlich des Erkennens klanglicher Konfigurationen in ihrer syntaktischen Bedingtheit.

Da in diesem Falle die zugelassenen Operatoren heuristische Verfahrensweisen wie "erzeugen-und-prüfen", "zupassen", "Hügelsteigen" und "Mittel-Zweck-Analyse" sind[49], nimmt die Problemformulierung die folgende Form an:

I.1. Beweis (Niveau der Elementfolgen)
GEGEBEN: ein (aleatorischer) Erzeuger der Menge ((a));
ein Test des in Hinsicht auf Elemente von ((a)) definierten Prädikats P;[50]
FINDE: ein Element in ((a)) das P(a) befiedigt;
VERFAHREN: erzeugen-und-prüfen.[51]

I.2. (Niveau der Teilausdrücke, die Elementfolgen darstellen)
GEGEBEN: aus Teilausdrücken der Menge ((A)) zusammengesetzte Ausdrücke;
eine Menge variabler ((v)), die Werte in ((A)) besitzen;
eine Variable enthaltende Formel F (Klasse von Theoremen);[52]
einen Ausdruck u, der zu beweisen ist;
FINDE: ob sich u in der durch F definierten Menge befindet, d.h. finde Werte für ((v)), derart, daß u=F (substituiere Variable falls notwendig);
VERFAHREN: zupassen.[53]

I.3. (Niveau von Ausdrücken, die Klassen musikalischer Strukturen bezeichnen)
GEGEBEN: ein Vergleich zweier Elemente der Menge ((u)) um festzustellen, welches Element das größere ist;
eine Menge von Operatoren ((q)), deren Geltungsbereich ((u)) ist;[54]

---

[49] Newell, "Heuristic Programming ...", a.a.O., S. 377-390.

[50] Die Menge ((a)) ist die Menge der Elementfolgen, welche Tonhöhenklassen, Intervallklassen und Dauernklassen darstellen; P ist eine Menge einschränkender Bestimmungen für die aleatorische Auswahl von Elementen.

[51] Die in Schritt I.1. verwandte grundsätzliche heuristische Methode ist blinde Permutation; da dies eine verschwendungsvolle Methode ist, ist sie für die Schritte I.2. und I.3 ungeeignet.

[52] Die Menge ((A)) ist die Menge von Teilausdrücken. Die in F vorkommenden Variablen sind V_h (Harmonie), V_m (Melos) und V_r (Rhythmus).

[53] Das Zupassungsverfahren ist kein geschlossenes Unterprogramm, da sich die Substitution einer Variablen im Falle fehlschlagender Zupassung durch Hügelsteigen verwirklicht; siehe dazu Newell, "Heuristic Programming ...", a.a.O., S. 393.

[54] Die in I.3. vorkommenden Operatoren wählen "beste" Ausdrücke aus einer Liste von Ausdrücken, die alle einer anfänglich genannten Klasse von Theoremen genügen. Welche Aus-

FINDE: das größte u ε ((U)).

VERFAHREN: Hügelsteigen.

II. Ableitung (Niveau der Teilausdrücke → Niveau der Element-
    folgen)
    GEGEBEN: eine Menge ((a)), der Problembereich; eine
             Menge von Operatoren, ((q)), deren Geltungs-
             bereich ((a)) ist;[55]
             ein Anfangselement a_o; ein Schlußelement a_d;
    FINDE: eine Folge von Operatoren $q_1,q_2,...,q_n$ für die
             Umformung von ao in ad (definiert durch einen
             Test);
    VERFAHREN: Mittel-Zweck Analyse.[56]

In der Form eines Diagramms stellen sich Beweis und Ableitung wie folgt dar:[57]

---

drücke als "bessere Ausdrücke" gewählt werden, hängt von dem Unterschied zwischen einem
jeweils gewählten und dem besten bereits gefundenen Ausdruck ab.

[55] Die Menge ((a)) ist die Menge miteinander verbundener Elementfolgen. Die in II. Vorkommenden Operatoren sind verschiedener Art. Sie sind vorwiegend Operatoren, welche Elementfolgen solange umformen, bis sie miteinander vereinbar sind. Welche Art von Operator
jeweils anzuwenden (d.h. welche Umformung jeweils vorzunehmen) ist, hängt von dem zwischen Teilausdrücken bestehenden Unterschied einerseits und dem zwischen einem (umge-
formten) Ausdruck und dem Theorem bestehenden Unterschied andererseits ab. (Der Versuch, Teilausdrücke (Elementfolgen) miteinander vereinbar zu machen, führt zu neuen Unterschieden zwischen Ausdrücken und dem Theorem.)

[56] Newell, "Heuristic Programming ...", a.a.O., S. 383-390; siehe auch Newell und Simon,
a.a.O., S. 92 und S. 928-929.

[57] Bezüglich der Problemformulierung und der die individuellen Verfahrensweisen veran-
schaulichenden Diagramme, vgl. Newell, "Heuristic Programming ...", a.a.O., S. 378, 383
und 387. Die vier Teilresultate des Prozesses sind die folgenden: (I.1.) Teilausdrücke, die
zwar dem Prädikat P, nicht aber notwendig auch dem Schema F genügen; (I.2.) eine Liste
von Teilausdrücken, welche das Schema genügen; (I.3.) eine Liste bester Ausdrücke, deren
Komponenten miteinander unvereinbar sind; (II.) eine individuelle musikalische Abfolge,
welche den besten (unter den von der Zielstruktur auferlegten Bedingungen) verwirklichba-
ren Ausdruck tatsächlich verwirklicht.

Darstellung des gesamten Beweis- und Ableitungsverfahrens in OBSYN

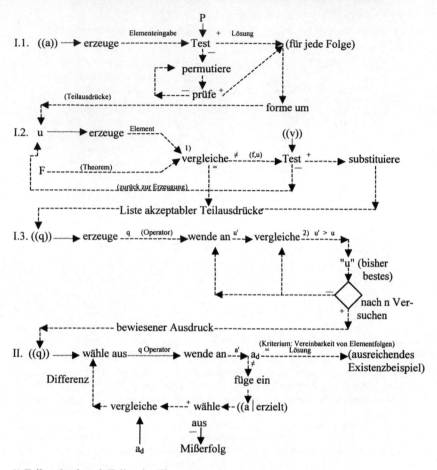

1) Teilausdrücke mit Teilen des Theorems
2) Ausdrücke mit dem besten bisher gefundenen Ausdruck

Abbildung 5

2.10. Problembereich und Maschinenprotokoll der Stufe I.1. in OBSYN

In vereinfachter Form stellt sich der elementare Problembereich für die Erzeugung einer Anfangsmenge dreier miteinander verbundener Elementfolgen wie folgt dar:[58]

$Folgen$	::= a_h; a_m; a_r;[59]
$Elemente$	::= 1,2,3,...,30
$Prädikat(e)$	::= p_h; p_m; p_r;
$Unterprädikate$	::= p_V, p_F, p_D, p_K, p_C, p_S;[60]
$Veränderungen$	::= permutiere £$Folge$£ / wiederhole Wahl,
	substituiere Wert £$Unterprädikat$£
$Test$	::= p ε (P)? / a = P(a)?[61]
$Beurteilung$	::= $Folge$ ← $Prädikat$ ($P_{h,m,r}$)
$Ausdruck$	::= $Unterprädikat$ ← $Veränderung$ / $Test$
	$Folge$ ← $Veränderung$ / $Test$ / $Beurteilung$

---

[58] Das Erzeugungsverfahren folgt einer unveränderlichen Kontrollstruktur, derzufolge das Verfahren H (Harmonie) den Verfahren M (Melos) und K (Rhythmus) vorausgeht. Zwischen dem für einen Benutzer und für eine Maschine definierten elementaren Problembereich besteht ein gewichtiger Unterschied. Während der erstere nur das minimale Wissen des vom Benutzer tatsächlich verwandten Problembereichs enthält, ist der letztere der Bereich, in dem die Maschine tatsächlich funktioniert. Mit anderen Worten: die Maschine kann über den für sie definierten Problembereich nicht (wie der Benutzer) hinausgehen, es sei denn, daß für sie heuristische Mechanismen definiert wurden, die in bestimmter Weise definiertes maschinelles Lernen möglich machen.

[59] Die Variable "a" bezeichnet eine Folge von Elementen, die entweder Intervallklassen (a_h), Tonhöhenklassen (a_m) oder Dauernklassen (a_r) sind; jeder Folge ist ein Prädikat P zugeordnet. $P_{(h,m,r)}$ bezeichnet individuelle Teilausdrücke, die Elementfolgen darstellen. Das Symbol ';' steht für das nicht-numerische "und".

[60] V,F; D,K; C,S sind musik-syntaktische Kriterien, welche das Prädikat spezifizieren; sie sind dem allgemeinen antizipatorischen Schema zugeordnet. Eine musikalische Abfolge erzielt ein ausgezeichnetes harmonisches Prüfergebnis dann, wenn sie die höchstmögliche Anzahl (angenäherter) konsonanter Intervalle in sich enthält, und zwar sowohl in Zeitfeldern verschiedener Größe (F) als auch im Sinne des zeitunabhängigen Vorkommens konsonanter Intervalle überhaupt (V). Eine Abfolge wird dann als vorwiegend melisch betrachtet, wenn sie eine komplexe Verteilung von Abweichungen (D) und Gipfeln (K) in Hinsicht auf die Axe verwirklicht, welche durch den von ihr durchschrittenen Tonhöhenraum verläuft. Eine Abfolge gilt als primär rhythmisch, sofern sie sich in gegensätzlichen Dauernklassen (C) entfaltet und außerdem eine minimale Anzahl von identischen, einander folgenden Dauern (S) enthält. Die Tatsache, daß aufgrund der gewählten Testkriterien bestimmte syntaktische Ereignisklassen nicht vorkommen können, impliziert nicht nur eine methodologisch notwendige Beschränkung, sondern auch stilistische Entscheidungen. Folglich sind alle verwandten Kriterien als minimale Kriterien anzusehen, deren psychologische Stimmigkeit (in Hinsicht auf musikalische Wahrnehmung) es zu verbessern gilt.

[61] Das Symbol "=" bedeutet "befriedigt". Der erste Test betrifft Unterprädikate in ihrer Beziehung auf ein Prädikat; der zweite, Elementfolgen im Hinblick auf das Gesamtprädikat.

$Wissenszustand$ ::= 0 / $Ausdruck$ / $Ausdruck$, $Wissenszustand$
$Operator$ ::= füge £$Ausdruck$£ hinzu
U: Menge ($Wissenszustand$)
Q: Menge ($Operator$).

Im Folgenden geben wir das kommentierte Beispiel eines Maschinenprotokolls wieder, welches das Erzeugungsverfahren der Stufe I.1. (Einzelversuch), formuliert im Sinne des Problembereichs, darstellt:

Prädikat		H-3; M-2; R-1;
Variante Nr. 1		
Verfahren H (Harmonie):		
1 p_V		31 (%)[62]
2 p_F		48,63,14 (%)
3	(wiederholte Wahl)	48,13,43
4 a_h		8,10,11,8,1,5,9,9,4
Verfahren M (Melos):		
5 p_D		69 (%)[63]
6	(expliziert)	1,3,34,62,0 (%)
7	(Ereignisse per Klasse)	0,0,3,7,0,0
8 p_F	(substituiert)	48,51,71 (%)
9	(wiederholte Wahl)	48,50,43
10		48,25,57
11		48,38,57
12		48,63,100
13		48,38,14
14 p_K		0,0,100,0,0 (%)
15 a_m	(Halbtöne bezogen auf eine Axe)	-27,-19,-29,-18,26,27,44,35,-34,18
16 p_V	(angepaßt)	38 (%)
17	(Axe für a_m, Hz)	466
18 a_m	(in Hz)	98,155,87,165,2096,2220,5928,3525,65, 1320[64]
19 p_C		23,13,9,53,3 (%)
20	(Ereignisse per Klasse)	2,1,1,6,0
21 p_S	(impliziert)	4,2,4,3,4,1,4,4,4,1[65]

---

[62] Alle Prozentangaben beziehen sich auf Klassen syntaktischer Ereignisse in den von den Unterprädikaten spezifizierten Dimensionen.

[63] p_D ist von einer umfangreicheren Anzahl von Spezifikationen melischer Ereignisklassen abhängig.

[64] Wie aus dem Protokoll ersichtlich ist, bringt das melische Verhalten eine Revision harmonischer Resultate mit sich. Das Resultat unter Nr. 13 ist eine Revision des Resultats unter Nr. 2 (p_F); unter Nr. 16 findet man eine Revision des Resultats unter Nr. 1 (p_V). Nichtsdestoweniger entspricht das Resultat für a_m (Nr. 15) dem unter Nr. 4 aufgeführten Resultat für a_h; die Werte der Unterprädikate p_F und p_V wurden verändert, jedoch innerhalb der vom melisch-harmonischen Prädikat gesetzten Grenzen.

22 a_r (in Sekunden)	0.31,1.42,0.32,0.54,0.23,3.34,0.25,0.28, 2.14
23 Beurteilung	H-3.3; M-1.1; R-2.6
24 ENDE	

2.11. Vergleich der Problembereiche von OBSYN und OBSERV

Aufgrund von Untersuchungen von OBSERV-Protokollen wird deutlich, daß das wichtigste, beiden Problembereichen gemeinsame methodologische Merkmal die Reduktion von Problemen auf Teilprobleme, vor allem aber die Anwesenheit der Mittel-Zweck-Analyse ist. Obwohl sich Mittel-Zweck-Analyse in dem für OBSERV definierten elementaren Problembereich nicht definieren läßt, kann man zeigen, daß das von OBSERV gestellte Problem für jemanden, der außerstande ist, die Differenz zwischen einer Zielfolge und der jeweilig produzierten Abfolge einzuschätzen, unlösbar ist. Ein Benutzer von OBSERV kann Mittel-Zweck-Analyse nur anwenden, falls er imstande ist, die musiksyntaktischen Komponenten der von ihm hervorgebrachten Folge voneinaner zu unterscheiden. Ebenso wie von OBSYN wird von ihm verlangt, daß er Differenzen zwischen einer Ausgangs- und einer Endfolge unter dem Aspekt dreier Hauptkomponenten beurteile; dies Erfordernis legt dem Programmbenutzer eine Faktoriesierung des Problembereichs nahe.[66]

Ein bedeutsamer Unterschied zwischen menschlichem und mechanischem Verhalten liegt darin, daß die Maschine, die keine auf Wahrnehmung gegründeten Beurteilungen vollzieht, hinsichtlich der Unterschiede zwischen Elementfolgen ausschließlich auf analytische Tests angewiesen ist. Ein weiterer Unterschied besteht darin, daß die Maschine, jedenfalls ihrer gegenwärtigen Definition gemäß, im Gegensatz zu einem menschlichen Vollzugssystem außerstande ist, drei Elementfolgen gleichzeitig ihre Aufmerksamkeit zuzuwenden. Vielmehr produziert die Maschine jede einzelne komponentielle Folge für sich und unternimmt es erst im Anschluß daran, die produzierten Folgen einander anzupassen. Folglich kann die Maschine Mittel-Zweck-Analyse erst dann anwenden, wenn sie einen besten Ausdruck (bewiesene Formel) gefunden hat; diese Formel dient ihr dann als Norm bei der Bewertung produzierter Elementfolgen.

Aufgrund dieser und anderer, noch nicht entdeckter Unterschiede in der Verfahrensweise beider Systeme ist es unangemessen, nach unmittelbaren Ähnlichkeiten zwischen menschlichem und mechanischem Verhalten zu suchen. Je-

---

[65] Diese ganzen Zahlen repräsentieren proportionale Dauernwerte, welche drei verschiedene Vorgänger-Nachfolger Beziehungen implizieren: "länger als", "ebenso lang wie" und "kürzer als".
[66] Newell und Simon, a.a.O., S. 828-830.

doch schließt dies nicht aus, daß OBSYN - sollte es sich als eine (für die Ausführung der definierten Kompositionsaufgabe) zulängliche Menge heuristischer Mechanismen erweisen - eine explizite Minimaltheorie des in beiden Systemen untersuchten Aufgabenverhaltens darstellen könnte.

Bibliographie

Apter, Michael J., *The Computer Simulation of Behaviour*, London: Hutchinson, 1970.

Bruner, Jerome S., *A Study of Thinking*, New York: Wiley, 1956.

Ernst, George Werner, und Allen Newell, *G.P.S.: A Case Study in Generality and Problem Solving*, New York: Academic Press, 1969.

Hewitt, Carl, "Teaching Procedures in Humans and Robots", *Artificial Intelligence Laboratory Memo* Nr. 208, Cambridge, MA: M.I.T., 1970 (September).

Knuth, Donald Ervin, *The Art of Computer Programming, Volume 1: Fundamental Algorithms*, Reading, MA: Aiddison-Wesley, 1968.

Laske, Otto E., "Introduction to a Generative Theory of Music", *Sonological Reports* Nr. 1, Utrecht, Netherlands, Institute of Sonology, Utrecht State University, 1973 (Winter).

Laske, Otto E., *Musical Semantics: A Procedural Point of View*, San Francisco, CA: Computer Music Association, 1974.

Laske, Otto E., "Toward a Musical Intelligence System: OBSERVER", *Numus West* 4 (Fall 1973), S. 11-16.

Miller, George A., *Plans and the Structure of Behavior*, New York: Holt, 1960.

Miller, George A., *The Psychology of Communication*, New York: Basic Books, 1967.

Newell, Allen, "Heuristic Programming: ILL Structured Problems", *Progress in Operations Research*, hrsg. von Julius S. Aronofsky, Bd. 3, New York: Wiley, 1969, S. 362-414.

Newell, Allen, "Remarks on the Relationship Between Artificial Intelligence and Cognitive Psychology", *Theoretical Approaches to Non-Numerical Problem Solving*, hrsg. von Ranan B. Banerji und Mihajlo D. Mesarovic, Berlin und New York: Springer, 1970, S. 363-400.

Newell, Allen, *Production Systems: Models of Control Structure*, Pittsburgh, PA: Garnegie-Mellon University, Department of Computer Science, 1973 (May).

Newell, Allen, und D. Raj Reddy, et al., *Artificial Intelligence Study Guide '72*, Pittsburgh, PA: Carnegie-Mellon University, Department of Computer Science, 1972 (October).

Newell, Allen, und Herbert A. Simon, "The Simulation of Human Thought", *Current Trends in Psychological Theory*, hrsg. von Wayne Dennis, Pittsburgh, PA: University of Pittsburgh Press, 1961, S. 152-179.

Newell, Allen, und Herbert A. Simon, *Human Problem Solving*, Englewood Cliffs, NJ: Prentice-Hall, 1972.

Newell, Allen, und Donald A. Waterman, "Protocol Analysis as a Task for Artificial Intelligence", *Artificial Intelligence* 2/3-4 (Winter 1971), S. 285-318.

Nilsson, Nils J., *Problem-Solving Methods in Artificial Intelligence*, New York: McGraw-Hill, 1971.

Reitman, Walter Ralph, *Cognition and Thought: An Information-Processing Approach*, New York: Wiley, 1965.

Simon, Herbert A., "Perception du Pattern Musical par 'AUDITEUR'", *Sciences de l'Art* 5/2 (1968), S. 28-34.

Simon, Herbert A., und P. K. Sumner, "Patterns in Music", *Formal Representation of Human Judgment*, hrsg. von Benjamin Kleinmuntz und Raymond B. Cattell, New York: Wiley, 1968, S. 219-250.

Simon, Herbert A., "The Structure of ill Structured Problems", *Artificial Intelligence* 4 (Winter 1973), S. 181-201.

Smoliar, Stephen W., *Process Structuring and Music Theory*, Philadelphia, PA: University of Pennsylvania, The Moore School of Electrical Engineering, Technical Report, May 1974.

Winograd, Terry, *Understanding Natural Language*, New York: Academic Press, 1972.

Woods, William A., und John Makhoul, "Mechanical Inference Problems in Continuous Speech Understanding", *Artificial Intelligence* 5/1 (Spring 1974), S. 73-91.

Methodology of Music Research
Methodologie der Musikforschung

Edited by Nico Schüler

Vol.   1   Nico Schüler (Ed.): Computer-Applications in Music Research. Concepts, Methods, Results. 2002.

Vol.   2   Mirjana Veselinović-Hofman: Fragmente zur musikalischen Postmoderne. 2003.

Vol.   3   Otto E. Laske: Musikalische Grammatik und Musikalisches Problemlösen. Utrechter Schriften (1970–1974). Herausgegeben von Nico Schüler. 2004.

www.peterlang.de